ŒUVRES

DE LAGRANGE.

PARIS. — IMPRIMERIE GAUTHIER-VILLARS ET FILS.

Quai des Grands-Augustins, 55.

À Mademoiselle

Mademoiselle Julia
de St Clair.

Mademoiselle.

J'ai reçu avec autant de plaisir que de reconnaissance, comme une marque flatteuse de votre souvenir le beau présent que M. de Charlieu m'a apporté de votre part. J'ai attendu son retour pour vous en remercier et vous envoyer en même temps un petit cadeau que je vous prie d'accepter comme un foible hommage de mes sentimens pour vous et comme un témoignage des désirs que j'ai de conserver l'amitié dont vous voulez bien m'honorer.

J'ai l'honneur de vous offrir l'assurance de mon tendre respect.

Paris ce 13 Mars 1813

Lagrange

ŒUVRES

DE LAGRANGE,

PUBLIÉES PAR LES SOINS

DE M. J.-A. SERRET

(t. I-X et XIII)

ET

DE M. GASTON DARBOUX,

SOUS LES AUSPICES DE

M. LE MINISTRE DE L'INSTRUCTION PUBLIQUE.

TOME QUATORZIÈME ET DERNIER.

PARIS,

GAUTHIER-VILLARS ET FILS, IMPRIMEURS-LIBRAIRES

DU BUREAU DES LONGITUDES, DE L'ÉCOLE POLYTECHNIQUE.

Quai des Grands-Augustins, 55.

—

M DCCC XCII

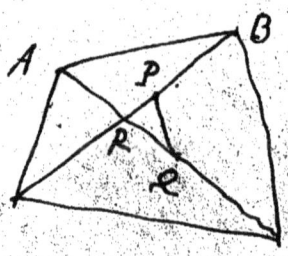

Soit le quadrilatère $ABCD$ ayant tiré les diagonales AC, BC, et les ayant divisé en deux également aux points P, et Q, on aura toujours

$$\overline{AB}^2 + \overline{BC}^2 + \overline{CD}^2 + \overline{AD}^2 = \overline{AC}^2 + \overline{BD}^2 + 4\overline{PQ}^2$$

Soit $AB = a$, $BC = b$, $CD = c$, $DA = d$

$AC = AR = 2p$, $BD = BP = 2q$, $RQ = m$, $RP = n$, $PRC = \alpha$ nous aurons

$$a^2 = (q-n)^2 + (p-m)^2 + 2(q-n)(p-m)\cos\alpha$$

$$b^2 = (q-n)^2 + (p+m)^2 - 2(q-n)(p+m)\cos\alpha$$

$$c^2 = (q+n) + (p+m)^2 + 2(q+n)(p+m)\cos\alpha$$

$$d^2 = (q+n)^2 + (p-m)^2 - 2(q+n)(p-m)\cos\alpha$$

$$a^2 + b^2 + c^2 + d^2 = 2p^2 + 2q^2 + 4m^2 + 2n^2 + 8mn\cos\alpha.$$

or $m^2 + n^2 + 2mn\cos\alpha = \overline{PQ}^2$ dans α.

Ce théorème est d'Euler et il est démontré dans les Commentaires ou dans les Actes de Petersbourg.

Si le quadrilatère est un parallélogramme il est évident que les points P et Q coincident alors $\overline{AC}^2 + \overline{BD}^2 = \overline{AB}^2 + \overline{BC}^2 + \overline{CD}^2 + \overline{AD}^2$
cette proposition est démontrée par Lagrange dans les Mémoires de 1306 p. 319

SIXIÈME SECTION.

CORRESPONDANCE ET MÉMOIRES INÉDITS.

CORRESPONDANCE DE LAGRANGE

AVEC

CONDORCET, LAPLACE, EULER

ET

DIVERS SAVANTS,

PUBLIÉE ET ANNOTÉE

PAR LUDOVIC LALANNE.

A la séance du 22 mai 1815 de l'Académie des Sciences, on lut une lettre du Ministre de l'Intérieur (Carnot) annonçant à la Compagnie qu'il avait acquis, par ordre de l'Empereur, les manuscrits laissés par Lagrange. Ils devaient être déposés à l'Institut « qui nommerait une Commission pour les mettre en ordre et en surveiller l'impression ». La Commission, nommée immédiatement, se composa de MM. Legendre, Prony, Poisson et Lacroix ([1]), et le 3 novembre 1817 Lacroix lut à l'Académie le Rapport qui a été imprimé dans le Tome XII (p. 387) de la présente édition et dont les conclusions furent adoptées ([2]).

Ces papiers, classés avec soin et conservés à la Bibliothèque de l'Institut, forment deux séries.

La première comprend dix volumes in-f°; la seconde six volumes in-4°. C'est dans cette série (t. IV, V et VI) que se trouvent les lettres adressées à Lagrange par d'Alembert, Euler, etc. Le don que Mme O'Connor, fille de Condorcet, fit à l'Institut des papiers de son père, vint heureusement compléter cette précieuse collection. Ils contenaient, en effet, non seulement les lettres de Lagrange à Condorcet,

---

([1]) Procès-verbaux manuscrits, année 1815, p. 291.

([2]) Ce Rapport n'avait pas été communiqué au Ministère. Aussi, au mois de juin 1820, le Ministre de l'Intérieur (le comte Siméon) écrivit à l'Académie pour demander ce qui avait été fait des manuscrits de Lagrange, achetés, disait-il, *par son prédécesseur*. On lui répondit en lui envoyant une copie du Rapport de Lacroix (Procès-verbaux manuscrits, séance du 19 juin 1820, p. 24).

mais celles qu'il avait écrites à d'Alembert qui les avait léguées à Condorcet.

La correspondance entre Lagrange et d'Alembert occupe tout le treizième Volume de la présente édition; elle est, en dehors des questions scientifiques, fort intéressante et pourra fournir de curieux détails aux biographes futurs de ces deux illustres géomètres.

Des lettres que Lagrange échangea avec Condorcet, il ne nous reste que les siennes. Il est probable qu'à l'époque de la Terreur, où il ne fut pas sans inquiétude pour lui-même, il se décida par prudence à détruire celles que lui avait écrites le célèbre girondin.

La correspondance avec Euler roule uniquement sur des sujets scientifiques. Elle est tirée soit du Tome IV de la série in-4°, soit d'une brochure publiée en 1877 par le prince Boncompagni d'après les originaux conservés à Saint-Pétersbourg, où le grand géomètre passa une partie de sa vie (¹).

C'est à l'obligeance de la petite-fille de Laplace, feu Mme la marquise de Colbert-Laplace, que nous sommes redevables de la Correspondance de Lagrange avec Laplace, qui, heureusement, avait eu le soin de conserver les minutes des lettres toutes scientifiques qu'il lui écrivait.

Quant aux *Lettres et pièces diverses* qui terminent ce Volume, elles nous viennent de divers côtés, et nous avons eu soin d'indiquer la provenance de chacune d'elles.

Nous devons tout particulièrement remercier le savant géomètre

(¹) *Lettres inédites de Joseph-Louis Lagrange à Léonard Euler, tirées des archives de la salle des Conférences de l'Académie impériale des Sciences de Saint-Pétersbourg;* Saint-Pétersbourg, 1877, 52 p. in-4°. Ces lettres sont reproduites en héliogravure.

de Göttingen, M. le professeur Schering, pour la complaisance qu'il a mise à nous envoyer la copie des deux lettres de Lagrange à Gauss.

Ces lettres et pièces sont rangées par ordre chronologique, à partir de la page 268. Elles nous mènent jusqu'à un mois avant la mort de Lagrange. La dernière lettre qu'il ait écrite est un remerciement adressé à une demoiselle de Saint-Clair, dont la famille était intimement liée avec lui, comme on le voit par la lettre suivante d'un ami qui a assisté à ses derniers moments :

Mon cher Saint-Clair, on m'apporte votre lettre dans un moment d'affliction la plus vive que j'aie éprouvée de ma vie. Nous sommes tous dans la désolation. M. Delagrange, cette connaissance que je vous dois, car cet homme, qui avait tant de bontés pour moi et que je révérais comme un père, vient de mourir dans les bras de ma femme. Après douze jours d'une maladie qui n'annonçait pas le moindre danger, il s'est éteint ; il n'a pas souffert. Ah ! si vous l'eussiez vu dans les derniers moments : quelle bonté ! quelle force d'âme ! quelle philosophie ! Toujours cette tête pensante qui ne sera point remplacée. Son épouse a pensé mourir de douleur. M. Parfouru et moi sommes chargés des tristes fonctions de consoler sa femme et de faire rendre à l'époux les derniers devoirs. Il est mort hier à 9 heures du matin. On l'a embaumé aujourd'hui. Mardi on le conduira au Panthéon. Potel a été son médecin ; il a montré une sagacité étonnante, et un cœur comme il y en a peu. La maison est fermée ; nous essuyons des larmes et nous en versons....

Présentez mes respects à Mme de Saint-Clair et recevez mes tendres amitiés,

MAINE (¹).

11 avril 1813.

. L'impression de ce Volume était commencée depuis longtemps, lorsque la mort vint frapper M. Serret, qui, comme on sait, avait

(¹) L'adresse porte : *à Monsieur, Monsieur de Cheux de Saint-Clair, à la Pinsonnière près Vire, à Vire, département du Calvados.* L'original appartient à M. Lud. Lalanne. — *Voir le Précis historique sur la vie et la mort de J.-L. Lagrange,* par MM. J.-J. Virey et Potel. Paris, Vve Courcier, 1813, 22 p. in-4°.

dirigé la publication des *OEuvres de Lagrange*. Il fut remplacé par M. Darboux, que je ne saurais trop remercier de l'obligeance avec laquelle il a bien voulu me donner ses conseils. Je n'ai pas besoin de dire que c'est à lui seul qu'est due la revision de la partie scientifique contenue dans les lettres.

J'ai tenu à faire, pour chacun de ces deux Volumes de Correspondance, des sommaires assez détaillés du contenu des lettres. Enfin j'ai rédigé une Table alphabétique des matières que j'ai tâché de rendre aussi complète que possible.

LUDOVIC LALANNE.

SOMMAIRE.

CORRESPONDANCE

DE

LAGRANGE AVEC CONDORCET.

CORRESPONDANCE

DE

LAGRANGE AVEC CONDORCET.

I.

LAGRANGE A CONDORCET.

A Berlin, ce 30 septembre 1771 ([1]).

Mon cher et illustre ami, je ne saurais vous exprimer combien j'ai été enchanté de recevoir une marque de votre souvenir. Quoique votre correspondance souffre souvent d'assez longues interruptions, je me flatte que votre amitié n'en est pas moins inaltérable, et je n'ai jamais cessé d'y répondre par toute la mienne. Je sens tout le prix du suffrage dont vous voulez bien honorer mes faibles travaux, et je vous en remercie de tout mon cœur. Je suis surtout très sensible à l'honneur que vous me faites en donnant un précis de ma méthode pour la résolution des équations numériques, dans les *Suppléments de l'Encyclopédie* ([2]). Cette matière, l'une des plus importantes de l'Analyse, et assez négligée jusqu'ici, ne peut que gagner beaucoup en passant par vos mains. Il est bon qu'elle se trouve développée dans un Ouvrage tel que l'*Encyclopédie*, et qu'elle puisse devenir par là aussi familière aux géomètres que son importance l'exige.

([1]) Ms. f° 15.
([2]) *Voir* dans le Tome III du *Supplément à l'Encyclopédie* (1777, in-f°) les articles *Indéterminés* (problèmes), p. 571; *Maximum*, p. 874; *Milieu*, p. 937.

Quant à mes recherches sur les problèmes indéterminés, je vous suis d'autant plus obligé d'avoir pris la peine de les lire, que je vous crois le seul qui m'ait fait cet honneur; car M. Euler, qui s'est beaucoup occupé autrefois de ce sujet, et qui en a fait longtemps ses délices, m'a mandé que, la perte de sa vue ne lui ayant pas permis de lire mes Mémoires, il n'avait cependant pas manqué de se les faire lire, mais qu'il lui avait été impossible de suivre mes raisonnements et mes calculs. J'ai tâché de les rendre un peu plus clairs et plus concis dans des *additions* que j'ai faites à la traduction française de l'Algèbre allemande d'Euler ([1]). Je ne sais si j'y ai réussi, vous en jugerez dès que cet Ouvrage paraîtra; j'ai chargé l'imprimeur, M. Bruyset, de Lyon, de vous en faire remettre un exemplaire de ma part, et je vous prie d'avance de l'accepter comme une marque de ma haute estime et du désir que j'ai de mériter la vôtre.

La démonstration que vous donnez de mon théorème sur la résolution de l'équation $y - x + \varphi(x) = 0$ est très bonne, mais elle n'est, ce me semble, qu'*a posteriori*. Je me suis servi de cette même méthode pour le vérifier en général dès que je l'eus trouvé. Ce qui reste à trouver c'est une méthode directe et *a priori* et indépendante de la théorie des équations pour prouver en général que si l'on a l'équation

$$x = y + \varphi(y) + \frac{d\,\varphi(y^2)}{2\,dy} + \frac{d^2\,\varphi(y^3)}{2.3.dy^2} + \dots$$

on aura aussi

$$\psi(x) = \psi(y) + \varphi(y)\,\psi'(y) + \frac{d\,\varphi(y^2)\,\psi'(y)}{2\,dy} + \frac{d^2\,\varphi(y^3)\,\psi'(y)}{2.3.dy^2} + \dots,$$

quelles que soient les fonctions $\varphi(y)$ et $\psi(y)$. De là, il s'ensuivrait d'abord l'équation $y - x + \varphi(x) = 0$; car, faisant $\psi(x) = \varphi(x)$ dans la seconde série, elle deviendrait

$$\varphi(x) = \varphi(y) + \frac{d\,\varphi(y^2)}{2\,dy} + \frac{d^2\,\varphi(y^3)}{2.3.dy^2} + \dots,$$

laquelle étant retranchée de la première, on aurait $x = \varphi(x) + y$.

([1]) *Voir* t. XIII, p. 181, 191.

J'ai lu avec la plus grande satisfaction votre Mémoire sur les suites infinies ([1]), et j'y ai trouvé des vues très profondes et très ingénieuses sur cette matière. Je souhaiterais seulement que vous eussiez pris la peine de descendre dans de plus longs détails pour en faire voir l'utilité et l'application; peut-être les trouverai-je dans les Mémoires que vous destinez au Volume de 1771, et dont j'ai d'avance une grande idée ([2]). La méthode d'approximation que vous donnez à la page 281 m'a paru très belle, et j'ai d'abord voulu en faire l'application à l'équation

$$\frac{d^2y}{dt^2} + Ky^2 + iMy^2 + i^2Ny^3 + \ldots = o,$$

que j'ai traitée ailleurs ([3]) (K, M, N étant des coefficients constants et i une quantité très petite); voulant pousser l'exactitude jusqu'aux termes de l'ordre de i^2 inclusivement, j'ai employé le multiplicateur

$$(X + iPy + i^2Qy^2)\,dt + i(p + iqy)\,dy + i^2N\frac{dy^2}{dt^2}\,dt,$$

X, P, Q, ... étant les fonctions de t, et, ayant négligé les quantités au-dessus de i^2, et achevé le calcul, j'ai trouvé que la valeur de y en t contiendrait des arcs de cercle, quoique elle ne doive point en contenir, et n'en contienne point en effet suivant ma méthode.

Il ne me reste de papier que pour vous embrasser, et vous renouveler les assurances de ma tendre et inviolable amitié.

M. Bernoulli m'a chargé de vous faire ses très humbles compliments.

A Monsieur le Marquis de Condorcet, de l'Académie Royale des Sciences,
à Ribemont (par Saint-Quentin).

([1]) *Mémoire sur la nature des suites infinies,* dans les Mémoires de l'Académie des Sciences, p. 193, année 1769.

([2]) Le Volume de 1771 contient les Mémoires suivants de Condorcet : *Sur la détermination des fonctions arbitraires qui entrent dans les intégrales des équations aux différences partielles* (p. 49); — *Réflexions sur les méthodes d'approximation connues jusqu'ici pour les équations différentielles* (p. 281); — *Théorèmes sur les quadratures* (p. 693).

([3]) Dans le Tome III des *Miscellanea taurinensia.* — *Voir* le Tome I, p. 554 de la présente édition.

2.

LAGRANGE A CONDORCET.

A Berlin, ce 1er décembre 1772 ([1]).

Je vous dois deux réponses, mon cher et illustre ami : l'une à la lettre du 22 juillet et l'autre à celle du 29 octobre; je suis tout honteux de ne m'être pas acquitté plus tôt de ce double devoir.

Je vous remercie bien sincèrement du suffrage que vous voulez bien accorder à mes recherches sur les tautochrones ([2]), et sur les équations. J'ai examiné la démonstration donnée par M. Fontaine du théorème sur les fonctions homogènes, et je la trouve en effet un peu louche; voici ce me semble de quelle manière on pourrait la présenter, en partant toujours du même principe. F étant la fonction homogène de $x, y, z, \ldots$, il faudra qu'en y mettant $ax, ay, az, \ldots$ à la place de ces variables elle devienne $a^e F$, e étant la dimension de la fonction, et a un coefficient quelconque. Mettons $1 + \alpha$ à la place de a, et regardons α comme infiniment petit : la fonction F deviendra, d'un côté,

$$F + \frac{\partial F}{\partial x} \alpha x + \frac{\partial F}{\partial y} \alpha y + \frac{\partial F}{\partial z} \alpha z$$

et, de l'autre,

$$(1 + \alpha)^e F = F + \alpha e F;$$

donc

$$e F = \frac{\partial F}{\partial x} x + \frac{\partial F}{\partial y} y + \frac{\partial F}{\partial z} z.$$

Je serais bien curieux de lire le précis historique que vous avez fait de sa vie ([3]). Si vous le faites imprimer, je vous prie de ne me pas oublier. Cet écrit doit m'intéresser doublement, et parce qu'il vient de vous, et parce qu'il regarde un homme dont la mémoire me sera tou-

([1]) Ms. f° 17.
([2]) *Voir* t. XIII, p. 213.
([3]) L'éloge de Fontaine se trouve au Tome II, p. 139 de l'édition de Condorcet, publiée par Arago.

jours chère, quoiqu'il en ait usé, en dernier lieu, avec moi d'une manière peu honnête.

J'ai fait depuis longtemps bien des recherches relatives à sa théorie des équations, et je crois pouvoir démontrer qu'elle ne s'étend pas au delà du quatrième, qui parait être le *non plus ultra* dans cette matière; j'en ferai quelque jour le sujet d'un Mémoire pour notre Académie. La suite de mes recherches sur les équations est sous presse; je vous demande d'avance pour celles-ci la même indulgence que vous avez eue pour les premières. Je me suis occupé beaucoup, il y a quelque temps, des équations aux différences partielles, et vous jugez bien que j'ai fait mon profit de vos Mémoires remplis d'idées et de vües très intéressantes; mais, d'autres recherches étant venues à la traverse, j'ai été obligé de remettre à un autre temps la continuation de ce travail; c'est ce qui me fait encore différer de vous communiquer les remarques que j'ai faites sur quelques points de vos Mémoires; il faut que j'attende pour cela que j'aie repris le fil de mes idées. En attendant, je serais charmé de lire la suite de vos recherches; peut-être même qu'elle rendra mes remarques inutiles. Je suis maintenant après la question de l'accélération de la Lune; je trouve des résultats singuliers et qui peuvent mériter l'attention des géomètres et des astronomes. Je compte envoyer mes recherches pour le concours, si rien ne s'y oppose. Je souhaiterais bien qu'il nous vînt de chez vous une bonne pièce pour le prix sur la théorie des comètes. Quoique la partie qui regarde les perturbations soit tout à fait étrangère à la question proposée, l'Auteur peut être assuré que l'Académie aura égard à ce surcroît de travail dans son jugement; cependant il me semble que la question en elle-même renferme déjà assez de difficultés pour qu'on ne soit pas tenté d'y en ajouter de nouvelles. On demande simplement une méthode analytique et un peu praticable pour déterminer l'orbite d'une comète par les observations, en la supposant elliptique ou même seulement parabolique. Vous savez que Newton, Fontaine, Euler, etc., ont échoué dans la solution de ce problème, qui est un des plus importants de l'Astronomie; ce dernier nous a donné dernièrement un grand Ouvrage sur cette matière (¹), mais nous n'en sommes guère plus avancés, et les astronomes sont toujours réduits à employer des paraboles de carton pour trouver les premières déterminations approchées.

Dites-moi comment va l'affaire du secrétariat (²); je souhaite de tout mon cœur qu'elle réussisse, tant pour votre satisfaction que pour l'avantage du corps auquel j'ai maintenant l'honneur d'appartenir. Si le marquis Caraccioli est à Paris et que vous ayez occasion de le voir, je vous prie de l'assurer de mon attachement et de mon respect. Je vous prie aussi de donner de mes nouvelles à M. d'Alembert: je lui ai écrit, il y a environ un mois, par la voie de M. Michelet(³); je compte que ma lettre lui aura été rendue. En attendant sa réponse, je vous prie de lui faire mille tendres compliments de ma part.

Je vous embrasse de tout mon cœur; vous savez combien je vous suis attaché et combien je fais de cas de votre amitié.

3.

LAGRANGE A CONDORCET.

Ce 1ᵉʳ janvier (1773) [⁴].

Voici, mon cher et illustre Confrère, un précis de la vie du naturaliste Müller qui m'a été remis par notre M. Gledistch. J'ai présenté à l'Académie l'addition que vous m'avez envoyée pour une de nos pièces sur les

---

(¹) *Recherches et calculs sur l'orbite de la comète de* 1769, *exécutés sous la direction de M. L. Euler par M. Lexell;* Saint-Pétersbourg, in-4°; 1770.

(²) Il s'agissait pour Condorcet d'être nommé Secrétaire de l'Académie des Sciences, en remplacement de Grandjean de Fouchy.

(³) Le 15 octobre (*voir* t. XIII, p. 249).

(⁴) Ms. fᵒ 5o. —Cette Lettre n'est pas datée, mais elle est certainement de 1773. D'abord elle ne peut être d'une date antérieure, puisque Lagrange y appelle Condorcet son *Confrère*, ce qu'il ne pouvait faire avant le mois de mai 1772, où il fut nommé Associé étranger de l'Académie des Sciences; puis les bruits de guerre dont il est question se rattachent au premier partage de la Pologne, qui eut lieu, comme on sait, en 1772.

comètes; nous avons aussi reçu quelques autres pièces, de sorte que nous donnerons sûrement le prix. Il ne tiendra pas à moi de rendre à la pièce *quæ in vero sint, etc.*, la justice qui lui est due.

Je suis d'autant plus flatté de ce que vous me dites sur mon Mémoire des nœuds (¹), qu'en le composant il m'avait paru que je devais en être moins mécontent que je le suis ordinairement de tout ce que je fais; votre suffrage me prouve que je ne me suis pas trompé, et que je n'ai pas été séduit par mon amour-propre.

Je suis charmé que nos Tables astronomiques vous aient fait quelque plaisir. Si vous souhaitez quelque autre chose de ce pays, ne m'épargnez pas; c'est une grâce que mon amitié demande à la vôtre.

Si vous voyez M. de la Place, voudriez-vous bien lui demander s'il a reçu mon dernier envoi. Comme je n'ai plus eu de nouvelles de la personne à qui j'ai remis le paquet, je serais curieux de savoir s'il est parvenu à sa destination.

Adieu, mon cher et illustre Confrère, je n'ai rien de nouveau à vous dire; on parle ici beaucoup de guerre, ce qui ne me fait pas plaisir.

Embrassez, je vous prie, M. d'Alembert de ma part. J'ai reçu sa dernière lettre; je compte qu'il aura reçu en même temps la mienne; n'ayant rien de particulier à lui dire, je différerai encore un peu ma réponse pour ne pas le constituer en frais mal à propos; mais je vous prie de lui présenter de ma part tous les souhaits que je fais pour lui dans ce renouvellement d'année. Recevez aussi tous ceux que je fais pour vous et croyez que personne ne vous est plus sincèrement attaché que moi. Adieu.

(¹) Ce Mémoire, intitulé : *Recherches sur les équations séculaires des mouvements des nœuds et des inclinaisons des planètes,* inséré dans les Mémoires de l'Académie des Sciences de Paris, année 1774, est réimprimé dans la présente édition, t. VI, p. 635 à 712.

4.

LAGRANGE A CONDORCET.

A Berlin, ce 5 avril 1773 ([1]).

Mon cher et illustre ami, j'apprends dans ce moment, par les gazettes, que vous avez enfin obtenu la place de secrétaire de l'Académie à laquelle vous aspiriez ([2]), et je prends sur-le-champ la plume pour vous en féliciter. Je suis charmé que cette Compagnie vous ait rendu la justice qu'elle vous devait, et qu'elle ait fait un choix si digne d'elle et si avantageux aux Sciences. Je suis surtout, en mon particulier, très enchanté de vous voir occuper cette place dans un corps dont j'ai l'honneur d'être membre, et auquel je ne suis maintenant que plus glorieux d'appartenir. S'il dépend de vous, comme je n'en doute pas, de hâter la publication du neuvième Volume du Recueil des prix, je vous prie de vouloir bien vous employer pour qu'elle ne soit pas différée plus longtemps. Je suis impatient, et le public doit l'être aussi, de voir les deux pièces de M. Euler sur la Lune ([3]) dont il a lui-même parlé avec tant d'emphase, et qu'il a annoncées, surtout la dernière, comme un ouvrage achevé ([4]).

M. le marquis Caraccioli, que je vous prie de vouloir bien assurer de mes respects, me mande que vous avez fort approuvé le sujet du Mémoire que je destine pour votre Académie, et que je compte de lui envoyer par la première occasion que je pourrai trouver. Je ne sais si vous serez également content de la manière dont je l'ai traité; mais je compte beaucoup sur votre indulgence, ainsi que sur celle de M. d'Alembert et de tous les autres géomètres. Je n'ai pas encore eu le

---

([1]) Ms. f° 19.

([2]) En mars 1773 (*voir* t. XIII, p. 261, note I).

([3]) Cette impatience ne devait pas être satisfaite de si tôt, car ce fut seulement en 1777 que parut le IXᵉ Volume des *Prix de l'Académie*, où furent insérés les Mémoires d'Euler. Ils sont intitulés : *Théorie de la Lune et spécialement sur l'équation séculaire* (1770); — *Nouvelles recherches sur le vrai mouvement de la Lune* (1772).

([4]) *Voir* t. XIII, p. 212.

loisir nécessaire pour m'occuper de la théorie des équations à différences partielles avec toute l'application qu'elle demande, et pour étudier à fond ce que vous avez fait sur cette matière. Parmi les découvertes que vous y avez faites, il en est une qui mérite, ce me semble, la plus grande attention, et qui peut donner lieu à des réflexions importantes sur cette espèce d'analyse : c'est que toute équation à différences partielles d'un ordre supérieur au premier n'a pas toujours une intégrale d'un ordre immédiatement inférieur, quoiqu'elle puisse avoir d'ailleurs une intégrale finie. Quoique je sois assuré *a posteriori* de la vérité de cette proposition, j'avoue que je n'en vois pas encore assez bien la raison *a priori*; et je me flatte de trouver dans vos autres recherches les éclaircissements qui m'y paraissent nécessaires. Voici un théorème assez simple que j'ai trouvé depuis peu, relativement à l'intégration des équations à différences partielles du premier ordre. Si l'on a une équation entre u, $\frac{\partial u}{\partial x}$, et $\frac{\partial u}{\partial y}$, et qu'on connaisse une valeur particulière de u, laquelle ne renferme point de fonctions arbitraires, mais qui contienne cependant deux constantes arbitraires, on peut toujours par son moyen trouver l'intégrale complète. Et il est remarquable que toutes les équations de cette espèce qu'on a intégrées jusqu'à présent par différentes voies peuvent l'être par ce théorème, parce que les intégrales particulières se présentent nat rellement; c'est ce que j'ai fait voir dans un Mémoire que je viens de lire à l'Académie sur ce sujet (^{1}). On peut étendre le théorème aux équations qui renferment u, $\frac{\partial u}{\partial x}$, $\frac{\partial u}{\partial y}$, $\frac{\partial u}{\partial z}$, et il faut alors que la valeur particulière de u renferme trois constantes arbitraires, et ainsi de suite.

Je vous prie de me rappeler dans le souvenir de M. d'Alembert et de l'embrasser pour moi; j'attends avec impatience l'envoi que M. de la Lande vient de faire à M. Bernoulli, parce que je compte y trouver un paquet de sa part contenant le reste de ses derniers *Opuscules;* c'est pourquoi je remets à lui écrire que j'aie reçu ce paquet.

(^{1}) *Voir* ce Mémoire dans le Tome III, p. 549 de la présente édition.

Adieu, mon très cher et très illustre Confrère, je vous embrasse de tout mon cœur.

5.

LAGRANGE A CONDORCET.

Berlin, ce 19 octobre (1773)[1].

Mon cher et illustre ami, étant incertain de votre demeure, j'ai différé jusqu'à présent à vous répondre et à vous remercier du beau présent dont vous m'avez honoré. J'ai lu vos *Éloges* avec la plus vive satisfaction; ils m'ont également plu pour le fond et pour la manière. Le style simple, noble et vrai dont ils sont écrits me paraît le seul propre à ces sortes de matières et les rend infiniment supérieurs à beaucoup d'autres qui ne brillent que par un style précieux ou guindé. J'ai d'avance une grande idée de l'Histoire des Sciences à laquelle vous vous proposez de travailler; je vous exhorte de tout mon cœur à ne pas perdre cet objet de vue; vous êtes plus en état que personne de le bien remplir, parce que vous joignez l'ardeur de la jeunesse à un grand fond d'esprit et de savoir. J'attends avec beaucoup d'empressement les Mémoires que vous m'annoncez, parce que je ne doute pas qu'ils ne soient aussi intéressants que les précédents, et que je ne les lise avec autant de plaisir et de fruit. La matière du Calcul intégral que vous avez particulièrement entrepris d'approfondir est maintenant une des plus importantes et des plus difficiles : j'ai déjà eu plus d'une fois la tentation de m'y appliquer aussi, mais j'en ai toujours été distrait par d'autres objets; d'ailleurs, je ne pourrais guère qu'ajouter des bagatelles à vos recherches et glaner après vous.

---

(1) Ms. f° 46.—Cette Lettre n'est point datée, mais il ne peut y avoir de doute sur l'année où elle a été écrite. En effet, l'Ouvrage pour lequel Lagrange adresse ses remerciements à Condorcet est celui qui a paru, en 1773, sous le titre de : *Éloges des Académiciens de l'Académie royale des Sciences, morts depuis* 1666 *jusqu'en* 1699; Paris, in-12. Ils ont été réimprimés dans les Tomes II et III de l'édition des *OEuvres de Condorcet*, publiée par Arago.

Le Mémoire que j'avais prié le marquis Caraccioli de vous annoncer est prêt depuis longtemps; mais j'ai fait scrupule de l'envoyer à l'Académie à cause de sa longueur, qui pourrait bien aller à cent pages d'impression : cela vient de ce que j'ai voulu éclaircir la matière par différents exemples pour rendre mes méthodes familières aux astronomes, et, comme cette partie de mon travail n'est pas celle qui m'a coûté le moins, j'avais quelque regret de la supprimer. Si vous croyez que, malgré cela, je doive vous l'envoyer, je vous obéirai de grand cœur, et je me servirai pour cela de la voie que vous m'indiquez; sinon, je le réserverai pour un de nos Volumes, et je tâcherai de vous envoyer quelque autre chose qui soit moins long. Je suis après une solution d'un problème déjà résolu par Euler et par M. d'Alembert : c'est celui du mouvement d'un corps de figure quelconque, qui n'est animé par aucune force accélératrice; ma méthode est tout à fait différente des leurs et est indépendante de toute considération de *rotation* et d'*axes principaux*. Elle est d'ailleurs fondée sur des formules qui peuvent être utiles dans d'autres occasions, et qui ont quelque chose de remarquable par elles-mêmes. Si ce Mémoire vous convient mieux que l'autre, je vous l'enverrai au premier mot que vous m'en direz. Je suis bien flatté de votre suffrage par rapport à ma théorie des équations, et je suis très aise de m'être débarrassé de cette matière qui m'a occupé plus longtemps qu'elle ne devait. On va imprimer, dans le Volume qui est sous presse, trois de mes Mémoires dont un sur la forme de racines imaginaires (¹).

M. Formey m'a dit dernièrement à l'Académie qu'il avait reçu de chez le marquis de Pons un Mémoire pour notre prix des comètes; comme le concours est ouvert jusqu'à la fin de l'année, cette pièce restera entre ses mains jusqu'à ce temps-là.

Je connais quelqu'un que différents obstacles ont empêché de concourir cette année pour votre prix parce que son Mémoire ne s'est pas

---

(¹) *Sur la forme des racines imaginaires des équations,* dans le Volume de 1772 du *Recueil de l'Académie de Berlin* qui contient encore de lui trois autres Mémoires; *voir* ces quatre Mémoires aux pages 441, 479, 519 et 549 du Tome III de la présente édition.

trouvé prêt à temps; il s'engagerait de l'envoyer d'ici à la fin de l'année s'il pouvait espérer qu'il fût encore reçu; je vous prie de me répondre sur ce point le plus tôt que vous pourrez.

Avez-vous reçu la traduction de l'Algèbre d'Euler, et le IVe Volume de Turin? Ce Volume ne m'est pas encore parvenu et j'en ignore totalement le contenu. Je ne sais pas même si l'on y a inséré tous les Mémoires que j'avais envoyés dans cette vue. Comme il y a apparence que vous le verrez plus tôt que moi, je vous prie de me dire votre avis tant sur ce qui me regarde que sur le reste de l'Ouvrage.

On ne m'a jusqu'à présent fait aucune proposition pour m'engager à retourner à Turin, ainsi je vis tranquille à mon ordinaire. Dès qu'il y aura quelque chose de nouveau à ce sujet, je vous en instruirai pour vous demander vos conseils et vos lumières, que je recevrai comme une nouvelle marque de votre amitié. Je vous adresse cette lettre en Picardie, parce que je m'imagine qu'elle vous y trouvera encore, mais je vous prie de me marquer, dans votre réponse, votre adresse à Paris. Adieu, mon cher et illustre Confrère; il y a bientôt dix ans que j'ai eu le bonheur de faire votre connaissance à Paris, et que j'ai conçu pour vous le plus tendre attachement. Je regarde toujours cette époque comme une des plus heureuses de ma vie. Adieu, *iterum vale et me ama.*

6.

LAGRANGE A CONDORCET.

A Berlin, ce 23 novembre (1773) [1].

Je viens de remettre, mon cher et illustre ami, à M. le chevalier de Gauseins, secrétaire de l'ambassadeur de France, un paquet à votre

(1) Ms. f° 48. — Cette Lettre, qui ne porte que la date du mois, a été écrite en 1773, car d'Alembert y fait allusion dans une Lettre à Lagrange du 6 décembre de cette année (*voir* t. XIII, p. 272). A ce propos, nous dirons que la note mise au bas de cette page doit être supprimée et remplacée par celle-ci : *voir* dans le Tome XIV la Lettre de Lagrange à Condorcet du 23 novembre 1773.

adresse, contenant un Mémoire manuscrit de ma façon pour votre Académie : c'est celui dont je vous ai parlé depuis longtemps, et qui renferme des méthodes générales pour construire des Tables des planètes d'après les seules observations (¹). Vous jugerez s'il est présentable ou non, et mon amitié exige de la vôtre que vous ne lui fassiez point grâce à cause de moi, si vous le trouvez peu digne, soit pour le fond, soit pour la forme, d'occuper une place dans vos Volumes; car je vous prie d'être intimement convaincu que je n'attache aucun prix à mes faibles productions, et qu'on ne saurait avoir moins de prétentions que je n'en ai en quoi que ce soit. Vous m'obligerez donc véritablement d'examiner ce Mémoire à la rigueur, et de le supprimer si vous le jugez à propos. Vous me le renverriez ensuite par la première occasion qui s'offrirait, et je m'engage à vous en envoyer un autre sur quelque autre matière. Surtout je vous prie de ne pas le présenter à l'Académie avant d'avoir pris avis de M. d'Alembert, au jugement duquel je le soumets entièrement.

Il y a un siècle qu'il ne m'a fait l'honneur de m'écrire, mais je ne puis croire qu'il soit indisposé contre moi. Il est vrai que M. Bitaubé m'a fait il y a quelque temps des compliments de sa part, et m'a dit qu'il avait remis une de ses lettres pour moi à une personne qui se proposait de venir à Berlin; mais Dieu sait quand je la recevrai. En attendant, je vous supplie de lui parler un peu de moi et de l'assurer de mes sentiments les plus tendres et les plus respectueux. Je souhaiterais encore que vous lui demandassiez si, dans le paquet que M. de la Lande a dû lui remettre de ma part, il n'a pas trouvé un Livre adressé au marquis Caraccioli; comme ce dernier m'a marqué qu'il ne l'avait pas reçu, je serais curieux de savoir ce qu'il est devenu; vous pourriez aussi, en tout cas, prendre des informations de M. de la Lande même. J'attends une occasion pour envoyer à M. d'Alembert le IIIᵉ Volume de Göttingue et la pièce qui a remporté notre prix sur les lunettes; mais, comme ni

---

(¹) Ce Mémoire, intitulé : *Recherches sur la manière de former des Tables des planètes, d'après les seules observations*, a été publié dans les *Mémoires de l'Académie des Sciences* de l'année 1772, p. 513 et suiv. Il est réimprimé dans la présente édition, t. VI, p. 507.

l'un ni l'autre de ces Ouvrages ne renferme rien d'intéressant, je ne me suis pas donné encore la peine de la chercher; et, au pis aller, je pourrai attendre que je puisse lui envoyer en même temps le Volume de nos Mémoires qui est actuellement sous presse.

On m'a chargé de vous assurer que le Mémoire sur l'équation séculaire de la Lune partira de Berlin vers la fin de cette année ou même avant s'il est possible. Comme vous m'avez parlé d'une lettre d'avis qu'il faudra écrire à cette occasion pour établir la date de la pièce, je vous prie de me dire s'il s'agit de la véritable date ou d'une date supposée qui remonterait avant la clôture du concours. Au reste, je dois vous prévenir que vous ne trouverez dans ce Mémoire rien de piquant, peut-être même rien qui soit au-dessus du médiocre; aussi l'auteur ([1]) est fort tranquille sur son sort. Je compte que vous aurez reçu à l'heure qu'il est le IVe Volume de Turin, qui paraît depuis plus d'un mois; je dois aussi le recevoir incessamment par un de mes compatriotes qui vient à Berlin, et vous jugerez bien que j'en suis très impatient par le désir que j'ai de lire vos Mémoires, ainsi que ceux de M. d'Alembert. Vous ne trouverez dans les miens rien de bien intéressant, mais vous m'obligerez toujours beaucoup de m'en dire votre avis.

On m'a mandé de Turin qu'on n'y parle plus du tout de l'établissement de la Société; peut-être à cause que le Roi a des affaires plus importantes dans la tête ou peut-être aussi parce que, depuis la retraite du comte Saluce, on en aura abandonné le projet ([2]); quoi qu'il en soit, je suis fort tranquille là-dessus, et je suis même bien aise d'avoir cette espèce de souci de moins. Je crois vous avoir déjà dit que la pièce sur les comètes ([3]), que vous vous étiez chargé de faire parvenir à M. Formey pour notre concours, lui a été rendue. Je ne la verrai qu'à la fin de cette année lorsque le concours sera fermé; mais j'en ai d'avance une très bonne idée, parce qu'elle a passé par vos mains. J'ai reçu aussi de chez le marquis de Pons, envoyé de France, le paquet que vous m'avez

([1]) Lagrange.
([2]) *Voir* t. XIII, p. 263.
([3]) Par Condorcet.

annoncé et qui contient les Mémoires que vous avez destinés au Volume de 1771; je n'ai pas encore eu le loisir nécessaire pour les bien étudier, parce que la matière demande une application suivie que je ne peux y donner jusqu'à ce que je sois débarrassé de quelques autres objets; il y a surtout deux articles que je me propose de lire avec toute l'attention dont je suis capable : celui qui traite des équations à différences finies et infiniment petites, et celui qui concerne la continuité des fonctions; je ne doute pas que je ne sois extrêmement satisfait de la manière dont vous les avez traités.

Adieu, mon aimable et illustre ami, je vous embrasse de tout mon cœur; quand pourrai-je vous embrasser réellement?

P.-S. Me permettez-vous de vous prier de faire remettre l'incluse à son adresse. J'ai retiré votre lettre pour M. le comte de Crillon; et je vous remercie de m'avoir procuré cette occasion de connaître une personne de son rang et de son mérite.

7.

LAGRANGE A CONDORCET.

A Berlin, ce 24 février 1774 ([1]).

J'ai reçu, mon cher et illustre Confrère, vos deux paquets, ainsi que celui que M. de la Lande m'a envoyé et qui contenait les Mémoires de M. de Marguerie ([2]) et le Volume de l'Académie de 1770. Je profite de la permission que vous m'avez donnée de me servir de votre voie pour répondre tant à ce dernier qu'à M. de Vandermonde ([3]), et je

---

([1]) Ms. f° 21.

([2]) Jean-Jacques de Marguerie, officier de Marine et géomètre, né le 12 avril 1742 à Mondeville (Calvados), blessé mortellement au combat de la Grenade le 6 juillet 1779. Les Mémoires dont parle Lagrange sont au nombre de cinq et forment à eux seuls le premier et unique Volume des *Mémoires de l'Académie de Marine* (établie à Brest). Brest, in-4°; 1773. — Dans ces Mémoires, Marguerie prend le titre de : *Enseigne de vaisseau du roi.*

([3]) N. Vandermonde, géomètre, Membre de l'Académie des Sciences (1771), Directeur du Conservatoire des Arts et Métiers, né en 1735 à Paris, où il est mort le 1er janvier 1796.

vous envoie ici des lettres pour eux, auxquelles je prends encore la liberté d'en joindre une de M. Bernoulli pour M. de Lalande. M. de Vandermonde me paraît un très grand analyste, et j'ai été très enchanté de son travail sur les équations. Ce que vous me dites de son caractère augmente beaucoup encore mon estime pour lui, et le désir que j'ai de mériter la sienne. Pour M. de Marguerie, il paraît avoir hérité également du génie et du caractère de feu notre ami Fontaine; il vaudrait peut-être mieux qu'il se contentât du premier, mais peut-être que l'un tient nécessairement à l'autre. Au reste, ses travaux annoncent un talent et un courage capables de venir à bout des plus grandes difficultés. Je désirerais seulement qu'il ne négligeât pas de se mettre au fait des travaux de ses prédécesseurs, pour ne pas risquer de donner pour nouvelles des méthodes déjà connues, comme il me semble qu'il a fait dans son Mémoire sur les séries ([1]).

J'ai lu avec la plus grande satisfaction vos recherches sur les équations séculaires ([2]); votre analyse des méthodes connues d'approximation m'a beaucoup plu et ne laisse, ce me semble, rien à désirer pour cette matière; mais l'application aux cas particuliers, tels que celui de la Lune, pourrait encore renfermer bien des difficultés; et je suis presque convaincu qu'à moins que l'on ne trouve un terme tout constant dans l'expression de la force perpendiculaire au rayon, on ne pourra jamais prononcer sur l'existence de l'équation séculaire de cette planète, au moins d'après la théorie. Vous distinguez avec raison les cas où $L = o$, et celui où L n'est pas zéro, et vous observez très bien que, dans le premier cas, nos méthodes donnent toujours la même valeur de f quelque loin qu'on pousse l'approximation; c'est pourquoi ces méthodes donneront toujours des arcs de cercle, quoiqu'il ne doive point y en avoir dans le cas de l'équation que vous avez examinée; c'est pour remédier à cet inconvénient, qui s'est d'abord présenté à moi lorsque je

---

([1]) *Voir* ce Mémoire dans l'Ouvrage cité plus haut, p. 142.

([2]) Le travail dont Lagrange parle ici est intitulé : *Mémoires sur la résolution des equations*, et occupe les pages 365 à 416 du Volume de l'année 1771 des *Mémoires de l'Académie des Sciences*, qui parut en 1774.

m'occupai de cette matière en 1765, que je n'ai pas à proprement parler employé ma méthode telle que vous l'exposez, mais que j'ai cru devoir faire usage de la valeur de $\frac{dy^2}{dx^2}$ tirée de l'intégration de la proposée, ainsi que vous pourrez le voir (art. XLVI de mon Mémoire); en effet, cette valeur de $\frac{dy^2}{dx^2}$ renferme une constante arbitraire qui entre ensuite dans l'équation en f, au lieu qu'en n'employant que les valeurs tirées des différentiations, cette constante ne peut jamais entrer en ligne de compte, ce qui rend nécessairement la solution fautive. Je vous prie de vouloir bien réfléchir un moment sur ce point et m'en dire votre avis. Vous êtes maintenant mieux en état que moi d'en juger; j'ai toujours eu des doutes sur cette méthode, que je serais charmé que vous voulussiez bien dissiper.

L'auteur de la pièce sur l'équation séculaire est fort reconnaissant de la grâce qu'on lui a faite d'admettre son Ouvrage au concours; quel qu'en puisse être le sort, il aura toujours la même obligation à ceux qui auront bien voulu prendre la peine de la lire pour la juger. Je suis un peu impatient de savoir comment aura été reçu mon Mémoire sur la manière de former des Tables d'après les observations; quoique votre suffrage ne doive me rien laisser à désirer, je crains avec raison que ce travail ne réponde pas à l'idée qu'on a bien voulu en concevoir d'avance; aussi j'ai toujours eu la plus grande répugnance à vous l'envoyer; si vous croyez et si, en général, l'Académie trouve cet Ouvrage peu propre à figurer dans vos Volumes, je vous prie de ne pas me le laisser ignorer; je vous enverrai d'autres Mémoires, et je garderai celui-là pour les Volumes de Berlin ou de Turin.

Si le marquis Caraccioli est encore à Paris, je vous prie de vouloir bien lui faire mes très humbles compliments; j'ai reçu sa lettre, mais, n'ayant rien de particulier à lui mander, je m'abstiens de lui écrire pour ne pas l'importuner mal à propos, surtout s'il est déjà sur son départ.

Voudriez-vous bien embrasser de ma part notre cher ami M. d'Alembert, et me recommander à son souvenir et à son amitié? J'ai appris par une lettre de M. Melander (¹), qui vient d'être associé à notre Académie par ordre du Roi, à qui il s'est adressé par mon conseil, que M. d'Alembert ne se porte pas bien; mais, comme vous ne m'en dites rien, je juge que cette nouvelle n'est pas fondée.

Je suis charmé que vous soyez enfin débarrassé de Boscovich (²) : quel que soit le mérite de ses Ouvrages, je crois qu'ils valent toujours mieux que sa personne. Il est moine et jésuite à brûler.

Adieu, mon cher et illustre Confrère, je vous aime et vous embrasse bien tendrement, et je vous prie d'être persuadé que vous ne sauriez avoir d'ami plus zélé ni d'admirateur plus sincère que moi.

———————

8.

LAGRANGE A CONDORCET.

A Berlin (1774) [³].

Je vous remercie de tout mon cœur de la bonne nouvelle que vous venez de me donner touchant le sort de ma pièce sur l'équation séculaire de la Lune; je vous supplie d'agréer ma vive reconnaissance de l'indulgence que vous avez eue pour mon Ouvrage, et de la faire agréer aussi à ceux de vos Confrères qui ont bien voulu l'honorer de leur suffrage. Quant à l'argent du prix, vous me l'enverrez quand vous trouverez quelque commodité. Si M. d'Alembert voulait avoir la bonté de s'en charger, comme il a fait il y a deux ans (⁴), je lui en serais infiniment obligé, parce que, tout bien considéré, je crois que la voie qu'il a

(¹) Daniel Melander (anobli sous le nom de Melanderhielm), astronome et géomètre suédois, né le 9 novembre 1726, mort à Stockholm en janvier 1810.

(²) Il est question très souvent de l'abbé Boscovich dans le Volume précédent, où d'Alembert en parle avec un grand dédain. *Voir*, entre autres, p. 216.

(³) Ms. f° 23. — Cette Lettre n'est point datée, mais elle est certainement de 1774 et du mois d'avril ou du commencement de mai. En effet, il y est question du prix décerné à Lagrange, et le 25 avril de cette année d'Alembert lui écrivait : « Vous avez appris par M. de Condorcet votre nouveau triomphe..... » (*Voir* t. XIII, p. 281.)

(⁴) *Voir* la Lettre de d'Alembert du 21 mai 1772, t. XIII, p. 240.

prise alors est encore la plus sûre et la meilleure à bien des égards. Au reste, comme je ne suis pas pressé de toucher cet argent, je vous laisse le maître de me l'envoyer quand et comme vous voudrez; je ne serais pas même fâché qu'il pût rester en France, s'il était possible de l'y laisser d'une manière sûre et de façon qu'il pût être retiré aisément au besoin; car, comme je pense d'y faire encore quelque jour un voyage, ce serait un avantage pour moi d'y trouver de l'argent sous la main. Mais, encore une fois, je m'en rapporte entièrement à vous là-dessus; j'approuve d'avance tout ce que vous et M. d'Alembert jugerez à propos de faire.

Lorsque je vous ai mandé que la pièce sur les comètes (¹) que vous savez était la seule qui eût concouru, j'ignorais que M. Formey venait encore d'en recevoir une autre. Je m'opposerai à ce que l'on donne le prix à cette dernière, qui n'a d'autre mérite que l'application des méthodes proposées à la théorie de l'une des dernières comètes; mais je ne sais si je réussirai à le faire adjuger à la première qui, a, à la vérité, le mérite d'une analyse ingénieuse et profonde, mais qui ne répond pas assez aux vues que l'Académie a eues en proposant cette question. Comme je n'ai qu'une voix sur cinq, tout ce que je pourrai faire au cas qu'on ne veuille pas couronner cette pièce, comme je le souhaiterais, ce sera de faire remettre le prix à un autre temps.

Je vous prie de dire à M. Cassini (²) que son Mémoire sur la réfraction a été lu à l'Académie et qu'il sera imprimé sans doute dans le Volume de 1773; je ne crois pas qu'on ait encore fait les recherches qu'il désire, parce que M. Bernoulli, qui est chargé de l'Observatoire, n'est guère en état, à cause de sa mauvaise santé, de contribuer aux progrès de l'Astronomie autant que sa place le demanderait.

Je ne suis pas fort empressé de voir paraître ma pièce sur l'*équation séculaire*; j'aimerais beaucoup mieux que l'Académie fît imprimer celle

----

(¹) Le Mémoire de Condorcet.

(²) César-Fr. Cassini de Thury, Directeur de l'Observatoire, Membre de l'Académie des Sciences, né le 17 juin 1714, mort le 4 septembre 1784. — Son Mémoire, intitulé : *Méthode directe pour déterminer les réfractions*, fut imprimé, en effet, dans le Volume de 1773 des *Mémoires de l'Académie de Berlin* (p. 251-264).

de 1766 sur la théorie des satellites (¹); n'y aurait-il aucun moyen d'en hâter la publication? J'ai lu avec une satisfaction infinie vos Mémoires et ceux de M. d'Alembert dans le IVᵉ Volume de Turin; je ne doute pas que vous n'ayez aussi reçu ce Volume, et je vous prie de me dire votre avis sur ce qui me regarde.

Je ne négligerai rien pour vous procurer les observations que vous désirez, s'il en existe de telles à Berlin.

Je vous prie de faire bien des compliments de ma part à M. du Séjour (²), et de l'assurer d'avance du plaisir avec lequel je lirai ses recherches sur les racines imaginaires. J'aimerais cependant mieux les lire imprimées que manuscrites. Dites-moi si le marquis Caraccioli est déjà parti et où on peut lui écrire. J'écrirai à M. d'Alembert par M. le comte de Crillon (³) qui doit arriver bientôt, et je lui enverrai par son canal tout ce que j'ai pour lui; je lui remettrai aussi un paquet pour vous contenant les Mémoires de notre nouveau Volume. Embrassez-le en attendant de ma part et renouvelez-lui l'assurance de mes plus tendres sentiments; adieu, portez-vous bien et soyez persuadé que je vous aime autant que je vous estime. On me mande de Turin qu'on y parle de nouveau de me faire des propositions; quelles qu'elles puissent être, je ne me déciderai point sans avoir pris votre avis et celui de M. d'Alembert (⁴).

A Monsieur le marquis de Condorcet,
de l'Académie royale des Sciences, rue de Louis-le-Grand,
vis-à-vis la rue Neuve-Saint-Augustin, à Paris.

(¹) Ces Mémoires, insérés dans les Tomes VII (1773) et IX (1766) du *Recueil des Prix de l'Académie des Sciences*, sont réimprimés dans la présente édition, t. VI, p. 335 et 67.

(²) Pierre-Achille du Séjour, géomètre et astronome, Membre de l'Académie des Sciences, né le 11 janvier 1734 à Paris, où il est mort le 22 août 1794. Le Mémoire en question est intitulé : *Mémoire dans lequel on propose une méthode pour déterminer le nombre des racines réelles et des racines imaginaires des équations, et le signe des racines réelles, par la seule inspection des conditions entre les coefficients des différents termes de ces équations.* Il est inséré dans le Volume de l'Académie de 1772 (publié en 1776), IIᵉ Partie, p. 377 à 456.

(³) Il arriva à Berlin en décembre 1773 (*voir* t. XIII, p. 274 et 277).

(⁴) *Voir* t. XIII, p. 262.

9.

LAGRANGE A CONDORCET.

A Berlin, ce 20 juin (1774) [1].

Vous aurez sans doute déjà appris que notre Académie a renvoyé le prix sur les comètes : voici maintenant le programme qu'elle vient de publier (2); je suis assuré que, si l'auteur de la pièce que vous connaissez voulait y faire les additions nécessaires pour faciliter l'usage des méthodes qu'il propose, et les mettre à la portée des astronomes, il ne pourrait manquer de réunir tous les suffrages en sa faveur; si le mien en particulier peut le flatter en quelque façon, je vous prie de lui dire que j'ai lu son Ouvrage avec beaucoup de satisfaction, qu'il m'a paru qu'il annonçait un génie profond et des connaissances de calcul très étendues, et qu'il n'aurait certainement rien laissé à désirer si les recherches qu'il contient avaient joint au mérite de la généralité celui des détails nécessaires pour la pratique. Dans l'article 3 du Chapitre I, où il est question de déterminer l'orbite de la comète supposée rectiligne d'après trois observations, l'auteur trouve que le problème est de l'onzième degré, et il exige une quatrième observation pour en obtenir une solution approchée; mais, en choisissant d'autres inconnues, on parvient facilement à une solution complète de ce problème qui n'est de sa propre nature que linéaire, comme on peut le voir par un Mémoire

(1) Ms. f° 25. — La date de 1774 n'est pas douteuse, car c'est dans son assemblée du 2 juin de cette année que l'Académie des Sciences de Berlin remit au concours pour l'année 1776 la question relative aux comètes (voir l'imprimé qui se trouve au f° 27 du Ms.).

(2) Voici l'énoncé de la question mise au concours, tel que le donne le Recueil de l'Académie de Berlin : « Il s'agit de perfectionner les méthodes qu'on emploie pour calculer les orbites des comètes d'après les observations; de donner surtout les formules générales et rigoureuses qui renferment la solution du problème où il s'agit de déterminer l'orbite parabolique d'une comète par le moyen de trois observations et d'en faire voir l'usage pour résoudre ce problème de la manière la plus simple et la plus exacte. » (Histoire de l'Académie royale de Berlin, année 1774, p. 8). Ce prix, qui devait être adjugé en 1774, fut remis à l'année 1778, et le 4 juin de cette année il fut partagé entre Condorcet et un capitaine d'artillerie dans l'armée prussienne, Georges-Frédéric de Tempelhoff, qui devint Membre de l'Académie en 1786.

de M. Bouguer qui se trouve parmi ceux de votre Académie pour l'année 1733 ([1]). Il y a cependant un inconvénient qui empêche qu'on ne puisse faire usage de cette solution dans la détermination de l'orbite des comètes : c'est que, comme il faut employer des lieux de la comète très peu distants entre eux, il arrive que l'équation finale donne pour la valeur de l'inconnue cherchée une expression dont le numérateur et le dénominateur sont à la fois des quantités très petites du même ordre que les différences des longitudes et des latitudes observées; d'où il suit qu'une erreur très petite commise dans les observations peut en causer une très grande dans la valeur de la quantité cherchée. C'est peut-être la raison qui a empêché qu'on n'ait jamais fait usage de la solution de M. Bouguer, quelque simple et facile qu'elle soit; et cela prouve aussi, ce me semble, la nécessité de considérer ces sortes de questions moins en abstrait qu'en concret.

M. d'Alembert m'a mandé que l'Histoire du Volume de 1771 est tout entière de vous; je suis impatient de la lire et d'en profiter, ne doutant pas qu'elle ne soit également instructive et amusante; j'ai d'ailleurs pris goût à ces sortes de lectures, et j'ai déjà parcouru la partie historique des vingt premiers Volumes de votre Académie, dont je suis véritablement enchanté; mais je suis beaucoup moins content de ce qui a rapport à la Géométrie que de tout le reste; c'est là un point sur lequel votre travail doit l'emporter de beaucoup sur celui de Fontenelle.

Je suis bien éloigné de croire que mon Mémoire sur la manière de former des Tables d'après les observations mérite les éloges que vous lui avez donnés. Lorsque vous en parlerez dans le Volume de 1772, auquel M. d'Alembert me marque qu'il est destiné, je vous prie d'oublier de qui il est et de le juger avec la même impartialité que fera le public. Je suis maintenant après un autre Mémoire que j'ai dessein de présenter à votre Académie si vous l'approuvez; il roule sur le mouvement des nœuds et les variations des inclinaisons des orbites planétaires ([2]);

([1]) *De la détermination de l'orbite des comètes*, année 1733, p. 331.

([2]) Ce Mémoire a été publié dans le Volume de 1774 de l'Académie de Berlin (p. 276 à 307). Il est réimprimé au Tome IV, p. 111 de la présente édition.

matière qui n'a pas encore été traitée sous son véritable point de vue; il ne sera pas, à beaucoup près, aussi long que le précédent, et vous en ferez d'ailleurs l'usage que vous voudrez.

Comme le duc d'Aiguillon, qui vous avait permis de vous servir de sa voie pour tout ce qui serait adressé à l'Académie, vient de se retirer (¹), je ne sais si votre envoyé voudra continuer à se charger de mes paquets; si vous pouviez obtenir une nouvelle permission du bureau, cela lèverait toutes les difficultés.

Je me suis adressé à M. Lambert pour avoir les observations de la déclinaison de l'aimant, et il m'a donné le papier ci-joint, m'assurant qu'il avait fait depuis longtemps d'inutiles recherches pour en avoir du siècle passé. Dites-moi si le marquis Caraccioli est stationnaire à Paris pour quelque temps : l'incertitude où je suis toujours sur son voyage m'empêche de lui écrire; je vous prie de lui parler de moi et de mon vif et respectueux attachement. J'ai lu dans le *Mercure* quelques morceaux de votre bel éloge de M. de la Condamine, lesquels me font désirer ardemment de pouvoir le lire tout entier. J'applaudis de tout mon cœur à vos nouveaux succès, et je partage votre gloire comme la personne du monde qui vous aime et vous estime le plus.

Adieu, mon cher et illustre ami; je vous embrasse et je vous prie d'embrasser pour moi M. d'Alembert; il n'y a rien de nouveau de Turin.

A Monsieur le marquis de Condorcet,
de l'Académie royale des Sciences, etc., rue de Louis-le-Grand,
vis-à-vis la rue Neuve Saint-Augustin, à Paris.

(¹) Il fut renvoyé avec les autres Ministres de Louis XV quelques jours après la mort de celui-ci (10 mai 1774).

10.

LAGRANGE A CONDORCET.

A Berlin, ce 18 juillet 1774 (¹).

Je n'ai reçu, mon cher et illustre Confrère, que depuis deux jours votre paquet du 10 février, contenant un exemplaire de ma pièce sur la libration de la Lune. J'ignore ce qui a pu causer un si grand retardement, et je me hâte de vous en accuser la réception, et de vous en témoigner ma reconnaissance. Comme depuis ce temps vous auriez pu changer d'avis relativement aux commissions dont vous me chargez dans votre lettre, j'attendrai pour les exécuter que vous me réitériez vos ordres là-dessus. En attendant, j'ai demandé au libraire le prix de nos Mémoires, et il l'a fixé à 10^{fr} de France le Volume pour les vingt-cinq anciens Volumes, et à 11^{fr} pour les suivants dont il y a déjà trois, le quatrième étant prêt à mettre sous la presse. Il m'a dit aussi qu'il serait bien aise qu'on fît payer l'argent à Strasbourg à un de ses correspondants, qu'il m'indiquera lorsqu'il fera l'envoi des livres à l'adresse que vous m'avez marquée ou bien à telle autre qu'il vous plaira de me donner. J'attends donc votre décision là-dessus, et je ne négligerai rien pour vous servir du mieux que je pourrai. A l'égard du *Journal littéraire* de Berlin, je vous prie de me dire aussi si vous en avez encore besoin; il en paraît six Volumes par an, et le prix en est, si je ne me trompe, d'un écu le Volume; j'aurai soin qu'il soit envoyé à l'éditeur de la *Gazette de la Littérature* (²), sous l'adresse du chancelier, comme vous me le marquez. M. d'Alembert me mande que ma pièce sur l'*équation séculaire* est déjà sous presse; cela me fait croire que les précédentes sont déjà imprimées, ce qui me fait beaucoup de plaisir; car, en vérité, je commençais presque à désespérer de la voir paraître, et je vous en ai d'autant plus d'obligation.

(¹) Ms. f° 28.
(²) La *Gazette universelle de Littérature* avait commencé à paraître en 1770.

Le libraire m'a annoncé qu'il y avait en chemin un paquet de votre part pour moi; je souhaite y trouver le Volume de 1771 de vos Mémoires, dont je sais que l'Histoire est de votre façon. Je me fais d'avance une grande fête de la lire et d'en profiter; et je vous promets de vous en dire mon avis avec toute la sincérité que l'amitié exige. Vous avez vu par ma dernière lettre que notre prix a été remis, et les raisons qui y ont donné lieu, ainsi que mon sentiment sur la pièce pour laquelle vous paraissiez vous intéresser.

Le Mémoire sur le mouvement des nœuds et les variations des inclinaisons des orbites des planètes dont je vous ai déjà parlé ([1]), et que je destine à votre Académie, si elle veut bien me permettre de le lui présenter, sera bientôt achevé. Il contiendra une théorie nouvelle sur cette matière, et l'application numérique à chacune des planètes premières, aussi bien qu'aux satellites de Jupiter; mais je ne vous l'enverrai qu'à condition que vous et M. d'Alembert voudrez bien le juger d'avance et le supprimer au cas que vous ne le trouviez pas digne de l'Académie.

Adieu, mon cher et illustre ami, je vous embrasse de tout mon cœur et je vous aime avec toute la tendresse possible. Embrassez pour moi M. d'Alembert; dites-lui que j'ai reçu sa lettre du 1er et que je lui répondrai par la première occasion qui se présentera.

Je suis un peu surpris de ce que vous me dites de M. de la Place : c'est assez, ce me semble, le défaut des jeunes gens de s'enfler de leurs premiers succès; mais la présomption diminue ensuite à mesure que la science augmente. Dites-moi un peu pourquoi M. de la Lande a renoncé à la *Connaissance des Temps*. Adieu *iterum*.

A Monsieur le Marquis de Condorcet,
de l'Académie royale des Sciences de Paris, etc., rue de Louis-le-Grand,
vis-à-vis la rue Neuve-Saint-Augustin, à Paris.

_____

[1] *Voir* t. XIII, p. 287.

11.

LAGRANGE A CONDORCET.

A Berlin, ce 1er octobre 1774 (¹).

Voici, mon cher et illustre Confrère, le Mémoire que je vous ai promis. Il a besoin de toute votre indulgence et de celle de vos Confrères; je vous prie de ne le présenter à l'Académie que lorsque vous et M. d'Alembert l'aurez examiné. Quoiqu'il m'ait coûté beaucoup de travail à cause des calculs numériques que j'ai été obligé d'entreprendre en faveur des astronomes, je suis bien éloigné d'y attacher le moindre prix; et je m'en rapporte entièrement à votre jugement et à celui de notre illustre ami. J'adresse le paquet à M. de Maurepas, ainsi que vous me le marquez; dès que vous l'aurez reçu, je vous serai infiniment obligé de m'en donner avis pour m'ôter toute inquiétude à son égard.

Vous avez dû recevoir deux ou trois de mes lettres; j'ai reçu à mon tour tous vos paquets. Je vous remercie de tout mon cœur des feuilles que vous avez bien voulu m'envoyer; tout ce qui me vient de vous m'est doublement précieux; j'aime vos ouvrages, et comme ceux d'un des premiers savants du siècle, et comme ceux d'un de mes meilleurs amis. J'ai lu votre Histoire de l'Académie ainsi que l'éloge de Fontaine avec une satisfaction que je ne saurais vous exprimer; votre manière me plait infiniment, et je la préfère, à plusieurs égards, à celle de Fontenelle; vous avez du moins sur lui l'avantage d'être bien versé dans les matières sur lesquelles vous raisonnez. J'ai trouvé souvent dans les articles de Géométrie et de Mécanique de Fontenelle un galimatias inintelligible : à force de vouloir mettre les choses à la portée du commun, il devenait souvent obscur pour les savants.

Vos *Théorèmes sur les quadratures* (²) m'ont donné lieu d'admirer de

(¹) Ms. f° 30.
(²) *Voir* le Mémoire inséré dans le Volume de l'Académie de 1771 (publié en 1774), p. 693 à 704.

plus en plus votre génie et la force de votre tête; quand même ces théorèmes seraient sujets à des exceptions, il y aurait toujours beaucoup de mérite à s'être frayé une route nouvelle dans des matières déjà si rebattues. Il me reste cependant un scrupule sur l'exactitude de votre méthode; car il ne suffit pas, ce me semble, de prouver que le nombre des coefficients indéterminés contenus dans P, Q, R peut toujours être supposé plus grand que le nombre des conditions à remplir : il faut encore que ces conditions soient telles qu'elles renferment réellement autant de quantités indéterminées qu'on en a supposées. Soit, comme dans le théorème III, la courbe représentée par l'équation

$$A y^m + B y^{m-1} + C y^{m-2} + \ldots + S = 0;$$

je suppose que cette courbe soit carrable algébriquement, en sorte que l'on ait

$$\int y \, dX = \alpha + \beta x + \gamma y + \delta x^2 + \varepsilon x y + \ldots = v$$

(v étant une fonction algébrique rationnelle et entière de x et y du degré μ); j'aurai de cette manière $\dfrac{(\mu + 1)(\mu + 2)}{2}$ coefficients indéterminés $\alpha, \beta, \gamma, \ldots$; or, en différentiant, j'ai

$$y = P + Q \frac{\partial y}{\partial x},$$

où P et Q sont des fonctions de x et y du degré $\mu - 1$; mais l'équation de la courbe donne

$$\frac{\partial y}{\partial x} = \frac{X}{Y},$$

où Y et X sont des fonctions algébriques du degré $m - 1$; donc, substituant après avoir multiplié par X, on aura

$$(y - P)X - QY = 0,$$

équation qui, après la substitution de la valeur de y^m tirée de l'équation à la courbe, doit devenir nulle identiquement. Or il est visible que le premier membre de cette équation sera du degré

$$\mu - 1 + m - 1 = \mu + m - 2;$$

donc elle contiendra, après la substitution, toutes les puissances de x

jusqu'à $\mu + m - 2$, et celles de y jusqu'à $m - 1$ seulement; donc le nombre de ses termes sera (en faisant $\mu + m - T = n$)

$$n + n - 1 + n - 2 + \ldots + n - (m - 1)$$
$$= mn - \frac{(m - 1)m}{2} = m\mu + \frac{m(m - 1)}{2};$$

ainsi il n'y aura que $m\mu + \frac{m(m - 1)}{2}$ conditions à remplir, tandis qu'il y a $\frac{(\mu + 1)(\mu + 2)}{2}$, ou plutôt $\frac{(\mu + 1)(\mu + 2)}{2} - 1$ indéterminées, à cause que la différentiation en fait d'abord disparaître une; or, m étant donné, on pourra toujours prendre μ, tel que le nombre des indéterminées soit égal ou surpasse celui des conditions; donc, etc.: par exemple, si $m = 2$, on aura $2\mu + 1$ conditions, et $\frac{\mu(\mu + 3)}{2}$ indéterminées, en sorte que, prenant $\mu = 2$, on aura cinq conditions et cinq indéterminées; d'où il s'ensuivrait que l'aire de toute courbe du second degré pourrait être supposée

$$= \alpha + \beta x + \gamma y + \delta x^2 + \varepsilon xy + \zeta y^2.$$

Vous démêlerez aisément le vice de ce raisonnement, et vous jugerez aussi si votre méthode est sujette aux mêmes inconvénients que la précédente.

Le jugement que vous portez sur les méthodes de M. Fontaine me paraît fort juste; j'ajouterai cependant que les deux suppositions sur lesquelles est fondée sa méthode de résoudre les équations sont précaires et fausses dans plusieurs cas. Je suppose, par exemple, une équation du cinquième degré dont les racines soient de la forme $a + e\sqrt{-1}$, $a - e\sqrt{-1}$, b, c, d (a, b, c, d, e étant des quantités réelles positives et $a > b$, $b > c$, $c > d$, $d > e$). Si on fait $b = a$, on trouvera cette condition $P = o$, et il n'est pas difficile de démontrer a $priori$, par la nature même des équations, que la fonction P sera de cette forme

$$8(a - b)(a - c)(a - d)(b + c - 2d)(c + d - 2b)(b + d - 2c)$$
$$\times [(a + b - 2c)^2 + e^2][(a + b - 2d)^2 + e^2][(a + c - 2b)^2 + e^2]$$
$$\times [(a + c - 2d)^2 + e^2][(a + d - 2b)^2 + e^2][(a + d - 2c)^2 + e^2]$$
$$\times [(a - b)^2 + qe^2][(a - c)^2 + qe^2][(a - d)^2 + qe^2][(b + c - 2a)^2 + 4e^2]$$
$$\times [(b + d - 2a)^2 + 4e^2][(c + d - 2a)^2 + 4e^2];$$

or il est visible que cette fonction, qui devient nulle lorsque $a = b$, ne sera pas toujours $>$ ou $<$ o, lorsque $a > b$; car, quoique les facteurs $a - b$, $a - c$, $a - d$, $b + c - 2d$, $c + d - 2b$ ne puissent jamais changer de signe tant que $a > b$, $b > c$, $c > d$, on voit néanmoins que le facteur $b + d - 2c$ peut devenir dans cette supposition positif, ou négatif et même nul.

Quant à la seconde supposition de M. Fontaine, elle est encore plus sujette à caution que la première; je pourrais vous communiquer une autre fois les remarques que j'ai faites sur toute cette théorie, si vous en étiez curieux; je les ai mises par écrit sur des paperasses que je n'ai pas à présent sous ma main.

Je vous prie de remercier, de ma part, MM. de la Place et de Vandermonde de ce qu'ils ont bien voulu m'envoyer; je répondrai à ce dernier au premier jour; je dois depuis longtemps une réponse au premier, dont je ne manquerai pas de m'acquitter aussi; en attendant, je vous prie de vouloir bien leur faire mes excuses et leur dire que j'ai lu leurs recherches avec le plus grand plaisir.

Je ne mérite en aucune façon l'honneur que l'Auteur (¹) de la pièce des comètes veut me faire; et je le supplie de vouloir bien m'épargner la confusion que me causerait une distinction dont je me reconnais si peu digne; ma reconnaissance n'en deviendra par là que plus grande; je ne doute pas que les additions que l'Auteur se propose de faire à cette pièce ne la rendent aussi parfaite que l'on peut le désirer, et je suis très convaincu que notre Académie se trouverait très flattée d'avoir un pareil Ouvrage à couronner.

Adieu, mon cher et illustre ami; je vous embrasse de tout mon cœur, et je me recommande à votre précieuse amitié. Je joins ici une lettre pour M. d'Alembert, que je vous prie de vouloir bien lui faire remettre.

(¹) Condorcet.

12.

LAGRANGE A CONDORCET.

A Berlin, ce 6 janvier 1775 ([1]).

Je suis, mon cher et illustre ami, depuis trois semaines incommodé d'un rhume affreux qui m'interdit toute sorte d'application, et qui me permet à peine d'écrire. Je ne veux cependant pas différer plus long-temps à vous donner de mes nouvelles, et à répondre à votre lettre du 25 octobre qui m'est parvenue dans son temps, et par laquelle j'ai été charmé d'apprendre que vous aviez reçu et goûté mon Mémoire sur les inclinaisons des planètes. Je suis infiniment sensible à ce que vous me dites de flatteur sur ce sujet; et je vous prie d'être convaincu que personne ne fait plus de cas de votre suffrage ni n'en sent mieux le prix que moi. M. d'Alembert me mande ([2]) que vous venez de faire avec lui à l'Académie le rapport de mon Mémoire; je serais assez curieux de savoir comment il aura été reçu par vos astronomes; mais je le suis surtout d'apprendre le résultat de la comparaison des déterminations que M. Le Gentil ([3]) a apportées des Indes, avec mes Tables. Si cette comparaison se trouvait sujette à des difficultés, je m'en chargerais volontiers moi-même, et je la ferais pour plus d'exactitude, non avec les Tables, mais avec les formules mêmes, de la précision desquelles je crois pouvoir répondre hardiment, puisque les calculs numériques ont été refaits à plusieurs reprises, jusqu'à ce qu'il ne restât plus de scru-pule sur leur justesse.

J'ai reçu votre dernier paquet contenant vos Mémoires pour l'an-

---

([1]) Ms. f° 227.

([2]) *Voir* la Lettre du 15 décembre 1774, t. XIII, p. 293, et les procès-verbaux manu-scrits de l'Académie, année 1774, séance du 14 décembre, f° 312 v°.

([3]) G.-J.-H.-Jean-Baptiste Le Gentil de la Galaisière, astronome, Membre de l'Académie des Sciences (1753), né à Coutances le 12 septembre 1725, mort le 22 octobre 1792. Il avait été envoyé dans l'Inde en 1760 pour y observer le passage de Vénus sur le Soleil (1761) et ne revint en France qu'à la fin de 1771. Son *Voyage dans les mers de l'Inde* parut de 1779 à 1781 (2 vol. in-4°).

née 1772; j'ai lu et relu ces Mémoires avec le plus grand intérêt (¹), et je les ai trouvés, comme tout ce que vous faites, remplis de vues neuves et profondes qui pourraient fournir la matière de plusieurs Ouvrages. La méthode du dernier article m'a singulièrement plu par son élégance et son utilité; elle mériterait que vous prissiez la peine de lui donner plus de développement, et que vous en fissiez l'objet d'un Mémoire à part, pour pouvoir le mettre plus à portée du commun des analystes. Les séries récurrentes (²) avaient déjà été si souvent traitées qu'on eût dit que cette matière était épuisée; cependant voilà une nouvelle application de ces séries, plus importante, à mon avis, qu'aucune de celles qu'on en a déjà faites, et qui ouvre pour ainsi dire un nouveau champ pour la perfection du Calcul intégral.

Comme l'Académie me fait l'honneur de m'envoyer ce qu'elle publie, je vous prie de vouloir bien vous charger de retirer ce qui m'est destiné, et de le faire remettre au libraire Durand neveu, rue Galande, quartier Saint-Jacques, pour être envoyé à Haude et Spener à Berlin. Outre le Volume de 1771 que je n'ai pas encore reçu, je crois qu'il vient de paraître le VIIIᵉ Tome des Tables de l'Histoire et des Mémoires; au cas que ce dernier Ouvrage ne soit pas du nombre de ceux que l'Académie m'envoie, je vous serais infiniment obligé de vouloir bien engager ledit libraire à me le faire aussi parvenir par le même canal; j'en payerais alors le prix à son correspondant Spener.

Qu'est-ce que c'est que l'*Essai sur les comètes* (³) que je vois annoncé quelque part? Qui en est l'Auteur?

Je vous prie de dire à M. de la Lande que j'ai reçu la *Connaissance des Temps de* 1775, et que je l'en remercie de tout mon cœur.

La théorie des équations de Fontaine (⁴) est, comme vous l'avez très

---

(¹) Il s'agit des *Recherches de Calcul intégral,* qui occupent les pages 1 à 98 du Volume des Mémoires de l'Académie, de 1772.

(²) Elles sont le sujet de l'Article XIII (p. 84 à 98) des *Recherches.*

(³) *Essai sur les comètes en général et particulièrement sur celles qui peuvent approcher de l'orbite de la Terre,* par Dionis du Séjour. Paris, in-8°; 1775.

(⁴) Au sujet de cette discussion, *voir* la Note VII de la *Résolution des équations numériques,* Tome VIII de la présente édition, p. 176.

bien remarqué, fondée sur deux principes : le premier, que l'on peut toujours, pour chaque système de facteurs, trouver une fonction des coefficients, qui devienne nulle lorsque deux des quantités consécutives $a, b, c, \ldots, o$ deviennent égales, et qui hors ce cas-là soit toujours plus grande ou plus petite que zéro. L'exemple que je vous ai apporté prouve que ce principe est en défaut dès le cinquième degré; mais, pour les quatre premiers degrés, on en peut démontrer la justesse *a priori*; cependant il est faux que dans la formule

$$x^3 + m x^2 - n x - p$$

(p. 546) la condition

$$2 m^3 - mn - p = o$$

soit particulière au système

$$(x - a)(x + a + b\sqrt{-1})(x + a - b\sqrt{-1});$$

car la même condition se trouve avoir lieu dans le système

$$(x + a)(x - b)(x + c),$$

lorsque $a = 2b - c$. De même il est faux que dans la formule

$$x^4 - n x^2 + px - q$$

les deux systèmes

$$(x + a)(x - b + c\sqrt{-1})(x - b - c\sqrt{-1})(x - b),$$
$$(x + a)(x - c + b\sqrt{-1})(x - c - b\sqrt{-1})(x - c)$$

soient distingués de tous ceux de leur formule par la condition

$$2^4 . 3^4 \ldots n^4 q + \ldots = o$$

(p. 571); car cette même condition se trouve avoir lieu pour le système

$$(x + a)(x - b)(x - c)(x - d)$$

(lequel appartient aussi à la même formule) toutes les fois que

$$b = 2c - d.$$

Le second principe c'est que, lorsque deux systèmes de facteurs de la même formule ont la même équation de condition pour le cas de l'éga-

lité de deux des quantités a, b, c, ..., o, différentes dans les deux systèmes, on peut toujours trouver une fonction des coefficients qui soit
nulle dans le cas commun aux deux systèmes, et qui soit toujours plus
grande que zéro dans l'un, et plus petite dans l'autre. Cela est vrai, et
même on peut trouver cette fonction directement et sans tâtonnement :
par exemple, pour la formule

$$x^3 + m x^2 + n x + p,$$

les deux systèmes

$$(x + a)(x + b)(x + b) \quad \text{et} \quad (x + a)(x + a)(x + b)$$

ont la même condition ; pour trouver celle qui doit les distinguer je
n'ai qu'à considérer que l'équation

$$x^3 + m x^2 + n x + p = 0$$

a dans les deux cas des racines égales ; et il est facile de trouver par les
méthodes connues que la racine double doit être exprimée par

$$\frac{mn - 9p}{2m^2 - 6n};$$

par conséquent la racine restante et simple le sera par

$$m - 2\,\frac{mn - 9p}{2m^2 - 6n};$$

or, pour le premier système, celle-ci doit être plus grande que celle-là,
et, pour le second système, elle doit en être plus petite ; donc on aura

$$m - 2\,\frac{mn - 9p}{2m^2 - 6n} > \quad \text{ou} \quad < \frac{mn - 9p}{2m^2 - 6n};$$

donc, multipliant par $2m^2 - 6n$, on aura nécessairement

$$2m^3 - 9mn + 27p > 0$$

dans le premier et < 0 dans le second ; puisque m^2 est nécessairement
$> 3n$, à cause que $m = \alpha + 2\beta$ et $n = 2\alpha\beta + \beta^2$, en nommant α la racine
simple et β la double. Cela s'accorde avec ce qui se trouve page 512.

Mais ce qui n'est pas vrai et qui met en défaut toute la théorie, c'est que la fonction, qui est plus grande que zéro dans l'un des systèmes et plus petite que zéro dans l'autre, tant qu'il y a dans ces systèmes égalité entre deux des quantités a, b, c, ..., o, le soit aussi lorsque cette égalité cesse; or c'est ce que la théorie de Fontaine suppose nécessairement puisque autrement on n'aurait que les conditions distinctives des systèmes où deux quantités sont égales. Par exemple, de ce que pour le système

$$(x + a)(x + b)(x + b)$$

on a

$$2m^3 - 9mn + 27p > 0,$$

M. Fontaine conclut qu'on aura la même condition pour le système

$$(x + a)(x + b + c\sqrt{-1})(x + b - c\sqrt{-1}),$$

lequel peut devenir celui-là par l'égalité de c à zéro. Cela est exact dans ce cas; mais il y en a où la conclusion devient fausse : par exemple, de ce que le système

$$(x + a)(x - b)(x - c + d\sqrt{-1})(x - c - d\sqrt{-1})$$

peut devenir, en faisant $d = 0$,

$$(x + a)(x - b)(x - c)^2$$

et que, pour ce dernier système, on a trouvé

$$2n^3 + 2^3 . 3^2 nq - 3^3 p^2 > 0$$

(p. 571), on conclut (p. 576) que cette même condition aura lieu en général dans le système proposé; cependant il est aisé de prouver que, si b ne diffère que très peu de c et d'une quantité plus petite que d, on aura

$$2n^3 + 2^3 . 3^2 nq - 3^2 p^2 < 0;$$

car, faisant $b = c$, on a

$$2n^3 + 2^3 . 3^2 nq - 3^2 p^2 = -3^2 . 2^5 b^2 d^4 - 2 d^6,$$

quantité toujours négative.

Si vous demandez un plus grand détail sur cette matière, je tâcherai de vous satisfaire une autre fois, lorsque ma tête sera un peu meilleure. Je crois que votre pièce sur les comètes sera toujours très bien reçue des géomètres comme remplie d'excellentes recherches d'Analyse; mais il me semble qu'elle serait plus propre pour un Mémoire d'Académie que pour un Traité particulier; au reste, si vous ne la publiez pas avant le temps, on lui conservera les droits de concours, et je ne désespère pas de pouvoir lui faire rendre la justice qui lui est due.

Adieu, mon cher et illustre ami; je vous demande pardon de vous avoir écrit une si longue lettre, et je vous prie d'être persuadé qu'on ne saurait rien ajouter aux vifs sentiments d'estime et d'amitié que je vous ai voués pour la vie. Je vous embrasse de tout mon cœur.

Lorsqu'on imprimera mes Mémoires je serais bien aise, si la chose est faisable, d'en avoir un exemplaire à part. Je vous prie de faire avertir l'imprimeur de ne pas prendre les etc. pour des α grecs, ainsi qu'il a fait souvent dans la pièce sur l'équation séculaire.

Je viens de lire le drame (¹) fort édifiant du conclave dont vous aurez sûrement entendu parler; en vérité, ne vous semble-t-il pas que ces gens se moquent de nous? Mais, Dieu merci, nous leur rendons bien la pareille. Adieu *iterum, vale et me ama.*

_____

(¹) Je crois que ce drame est l'écrit dont le cardinal de Bernis, ambassadeur de France à Rome, parle dans une Lettre adressée au comte de Vergennes le 23 novembre 1775. C'était au moment du conclave qui, grâce à l'influence de la France, donna Pie VI pour successeur à Clément XIV. « Le fanatisme de nos adversaires (le parti des Jésuites) s'est démontré non seulement par les inventions et les suppositions les plus absurdes répandues avec fureur dans tous les coins de l'Europe, mais par des satires infâmes renouvelées chaque jour et par une comédie en trois actes, intitulée *le Conclave,* où l'élection du vicaire de Jésus-Christ est tournée en ridicule et où dix-huit cardinaux, ainsi que les Ministres des Cours, sont cruellement offensés. Pendant les trois jours que j'ai eu l'honneur d'être à la tête des *chefs d'ordre,* j'ai fait brûler toutes ces infamies en place publique par la main du bourreau, et arrêter quelques écrivains et copistes soupçonnés d'avoir eu part à ces scandaleuses calomnies. » (Voir *Histoire des souverains pontifes,* par Artaud de Montor, t. VIII, p. 95; 1847.)

13.

LAGRANGE A CONDORCET.

A Berlin, ce 4 septembre 1775 (¹).

Ce n'était sûrement pas pour me plaindre de votre silence que j'avais prié M. d'Alembert de vous demander si vous aviez reçu m dernière lettre (²) : c'était uniquement pour être assuré que vou n'aviez pas à me reprocher le mien. C'est une faute que je commets fo souvent vis-à-vis de mes amis; je suis quelquefois longtemps sans leu donner de mes nouvelles, surtout quand je suis occupé de quelqu matière qui m'intéresse; je suis ensuite obligé de leur demander pardo de ma négligence; et je crois que je me suis déjà trouvé plus d'une foi dans ce cas vis-à-vis de vous. Je vous félicite de tout mon cœur de l charge qu'on vous a donnée (³); je crois que vous êtes le premier géo mètre après Newton, et peut-être aussi avant lui, qui ait rempli une tell place; je m'en réjouis avec vous comme d'une chose qui vous intéress en particulier, et qui fait honneur à votre pays. Le projet que vous ave de réduire les poids et les mesures est digne d'un savant et d'un philo sophe tel que vous. La Société des Arts d'Angleterre vient de propose ce sujet pour le prix de 1777; elle paraît souhaiter une mesure inva riable mais indépendante du pendule; je doute cependant qu'on puisse trouver quelque chose de mieux et de plus commode.

Je n'ai point travaillé sur les comètes, mais je serais fâché qu'on remît le prix; peut-être MM. Euler auront-ils envoyé quelque chose : en ce cas on n'aurait pas lieu de le remettre.

J'ai grande envie de voir votre Ouvrage sur les approximations (⁴);

(¹) Ms. f° 32.
(²) *Voir* la Lettre en date du 29 mai 1775, t. XIII, p. 299.
(³) Condorcet avait été nommé Directeur de la Monnaie (*voir* t. XIII, p. 302).
(⁴) Probablement le célèbre Ouvrage sur le *Calcul des Probabilités.*

je vous exhorte fort à ne pas le négliger, et à nous le donner le plus tôt
que vous pourrez. La matière est très digne de vous occuper, et vous
êtes, si je ne me trompe, plus propre que personne à le traiter comme
il le faut, témoins les essais que vous avez déjà donnés là-dessus; enfin
je suis impatient d'en faire mon profit. On a imprimé, il y a quelque
temps, dans nos gazettes une lettre de vous à M. Euler, concernant la
gratification que vous lui avez fait obtenir pour son Ouvrage sur la navi-
gation (¹). Je l'ai trouvée très belle et bien digne de l'un et de l'autre.
Je vous en fais mon compliment comme d'une chose qui intéresse la
gloire des sciences et qui fait beaucoup d'honneur à votre pays. Je vous
réitère mes remerciements de la complaisance que vous avez eue de
hâter l'envoi des livres qui m'étaient destinés. M. de la Lande vient de
mander à M. Bernoulli qu'il a encore quelques livres à m'envoyer et
qu'il se charge de me les faire parvenir par le premier envoi qu'il lui
fera; ainsi je me reposerai dorénavant sur les soins de M. de la Lande
pour recevoir les Ouvrages de l'Académie; vous pourrez même lui
remettre ce que vous aurez à m'envoyer. Je compte que M. d'Alembert
aura reçu le paquet que je lui ai envoyé il y a quelque temps par une
personne de la connaissance de M. Thiébaut, qui m'a assuré que le
paquet serait remis promptement et franc de port. Il y a dans ce paquet
un exemplaire de mes Mémoires pour vous; je vous demande d'avance
votre indulgence : les sujets que j'ai traités ne vous paraîtront peut-être
pas bien intéressants; j'espère donner quelque chose de mieux dans le
Volume prochain. Je n'entends plus parler de la Société de Turin, je
crois que toutes les belles espérances qu'on avait s'en sont allées en
fumée. Vous avez chez vous chaque jour de nouveaux sujets de consolation, par les ministres sages et vertueux que le Roi choisit. Je vous
assure que j'y prends autant de part que si j'étais votre compatriote.

Adieu, mon cher et illustre ami, je vous prie de ne me répondre que
lorsque vous n'aurez rien de mieux à faire; il me suffit d'avoir quel-

---

(¹) *Voir* la Lettre de d'Alembert à Lagrange en date du 15 décembre 1775, t. XIII, p. 313,
et la note 2.

quefois de vos nouvelles et d'être assuré de la continuation de votre amitié. Je vous embrasse mille fois de tout mon cœur.

A Monsieur le Marquis de Condorcet, Inspecteur général des Monnaies, Secrétaire de l'Académie royale des Sciences, etc., rue de Louis-le-Grand, vis-à-vis la rue Neuve-Saint-Augustin, à Paris.

14.

LAGRANGE A CONDORCET.

A Berlin, ce 3 janvier (1777) [1].

J'ai reçu, mon cher et illustre ami, tous les paquets que vous m'avez envoyés par M. Spener. Je ne puis vous dire combien je suis sensible à ces marques de votre souvenir et de votre amitié. Votre éloge de la Condamine m'a paru extrêmement beau et m'a confirmé dans l'idée que je m'en étais faite d'après quelques morceaux que j'avais lus dans les journaux. Quelque peu ambitieux que je sois, je vous avoue que mon amour-propre est très flatté de l'idée d'avoir après ma mort un panégyriste tel que vous; je fais des vœux pour que vous puissiez surpasser Fontenelle en âge autant que vous le surpassez déjà dans tout le reste. Les *Pensées de Pascal* me font beaucoup de plaisir; l'éloge et les notes rendent cette édition bien précieuse; comme je ne la connaissais pas, je vous ai la plus grande obligation de m'en avoir envoyé un exemplaire. A l'égard de votre Ouvrage sur le commerce des blés (2), je n'en puis guère juger; il me semble que les données sont encore trop vagues pour qu'on puisse établir quelque chose de bien certain sur ce sujet; il ne m'a cependant pas moins plu par la manière dont il est écrit, et je vous remercie du plaisir que sa lecture m'a donné.

(1) Ms. f° 34. — Cette Lettre, où une déchirure a enlevé la date de l'année, est de 1777, car il y est parlé de l'édition des *Pensées de Pascal*, publiée par Condorcet en 1776.
(2) *Lettres sur le commerce des grains* (anonyme). Paris, in-8°; 1775.

Je vais répondre maintenant à votre lettre du 6 août. Je suis enchanté que vous ayez goûté mon Mémoire sur les *intégrales particulières;* ce que vous m'en dites m'en donne une meilleure idée que je n'en avais; mais je n'ai garde de prendre vos éloges à la lettre. J'attends votre Ouvrage sur le Calcul intégral avec beaucoup d'impatience. Un pareil Ouvrage est devenu maintenant bien nécessaire, surtout après toutes les découvertes que vous avez faites dans cette matière; et il n'y a que vous qui puissiez le bien exécuter.

Le théorème que M. Euler vous a envoyé revient à celui que j'ai trouvé dans mon Mémoire : *Sur le milieu à prendre entre plusieurs obser-vations (Mém. de Turin,* t. V, p. 177); mais la méthode par laquelle vous le démontrez est la seule directe; peut-être par le moyen de cette méthode parviendrait-on à d'autres théorèmes du même genre pour les puissances supérieures au carré. J'ai vu, dans le dernier Volume des *Transactions philosophiques,* un théorème de M. Landen qui me paraît bien singulier. Il réduit la rectification des arcs elliptiques à celle des arcs hyperboliques. Je n'ai pas encore eu le temps d'examiner s'il n'y a pas de paralogisme dans la démonstration.

Je vous prie de remercier de ma part M. de Vandermonde de la lettre dont il m'a honoré. Les théorèmes qu'elle contient sont très beaux; et je ne puis assez admirer avec combien de sagacité il traite ces sortes de matières si difficiles et si compliquées. Tout ce que j'ai vu de lui jusqu'ici me donne l'idée d'un génie bien rare, et je le crois destiné à faire les plus grandes découvertes dans l'Analyse. Je ne me presserai pas de lui répondre; en attendant, je vous prie de lui faire tous mes compliments.

On croit ici généralement que M. d'Alembert viendra cette année à Potsdam; je ne vous dirai pas combien je le souhaite, mais je n'ose encore m'en flatter. Si quelque chose pouvait augmenter ma joie de revoir M. d'Alembert, ce serait de pouvoir vous embrasser avec lui. Je vous assure que ce voyage vous ferait beaucoup de bien, et vous seriez reçu comme vous l'auriez été en Italie, et mieux encore s'il est possible.

Embrassez bien M. d'Alembert pour moi; je compte qu'il aura reçu la lettre et les livres que M. Thiébaut a bien voulu se charger de lui remettre de ma part. Je lui ai envoyé, entre autres, un exemplaire des Tables astronomiques que l'Académie a fait imprimer; je n'en avais reçu que ce seul exemplaire; j'en ai maintenant quelques-uns dont je puis disposer. Si vous en souhaitez un, ce sera un grand plaisir pour moi d'avoir cette occasion de vous obliger. Adieu, je vous embrasse de tout mon cœur, et vous prie de ne pas oublier celui qui vous aime et vous respecte plus que personne au monde.

A Monsieur le Marquis de Condorcet,
Secrétaire de l'Académie royale des Sciences, etc.,
rue de Louis-le-Grand, vis-à-vis la rue Neuve-Saint-Augustin,
à Paris.

15.

LAGRANGE A CONDORCET.

A Berlin, ce 13 avril 1776 (¹).

Je profite du départ d'un de nos libraires pour la foire de Lepizig, pour vous faire parvenir ce paquet, très enchanté d'avoir par là une occasion de me rappeler à votre souvenir et à votre amitié. Le Mémoire que je vous envoie est un de ceux que j'ai donnés dans notre Volume pour 1774, lequel ne paraîtra peut-être que dans six mois. Comme il a rapport au Calcul intégral, dont vous vous êtes occupé si longtemps et avec tant de succès, je m'empresse de le soumettre à votre jugement, et je vous prie de m'en dire votre avis librement et sans craindre d'offenser mon amour-propre. Si je n'avais craint de trop grossir ce paquet j'y aurais joint deux autres exemplaires du même Mémoire, l'un pour M. d'Alembert, l'autre pour M. de la Place; mais je compte trouver

(¹) Ms. f° 36.

bientôt une occasion plus commode pour cela; en attendant, vous pourrez le leur communiquer si vous le jugez à propos.

Dites-moi si votre Ouvrage sur les séries est sous presse et quand je pourrai me flatter de le lire. J'en ai d'avance la meilleure opinion, et je ne doute pas qu'il ne soit digne de vous; la matière est aussi vaste qu'intéressante, et mérite à tous égards de vous occuper.

Je viens de recevoir le premier Volume de vos Mémoires pour 1772, où j'ai trouvé mon Mémoire sur les Tables des planètes imprimé ([1]); je remercie l'Auteur de l'Histoire ([2]) de la manière dont il en a parlé, d'autant plus que je suis persuadé qu'il ne mérite pas à beaucoup près les éloges qu'on lui donne.

Le petit Mémoire de M. de Vandermonde ([3]) m'a plu singulièrement; je vous prie de lui en faire mon compliment. Je ne vous dirai rien de votre grand Mémoire ([4]), parce que je crois vous en avoir déjà parlé dans mes lettres précédentes; il est rempli d'idées sublimes et fécondes qui auraient pu fournir la matière de plusieurs Ouvrages; je l'ai relu dernièrement avec un nouveau plaisir et je me propose de le relire encore pour en mieux profiter.

Je m'attendais à trouver dans les Mémoires de 1772 les recherches de M. du Séjour sur les racines imaginaires; peut-être paraîtront-elles dans la seconde Partie de ces Mémoires ([5]); je les attends avec impatience, parce que j'ai depuis longtemps sur cet objet différents brouillons que je brûlerai avec plaisir si l'Ouvrage de M. du Séjour les rend inutiles. J'apprends qu'il vient de publier un Ouvrage sur l'anneau de Saturne ([6]); s'il a traité cette matière avec autant de netteté et d'exac-

---

([1]) C'est le Mémoire intitulé : *Recherches sur la manière de former des Tables des planètes d'après les seules observations,* dont il a été question plus haut, p. 15.

([2]) *Voir* le même Volume, p. 70.

([3]) *Mémoire sur des irrationnelles de différents ordres avec une application au cercle,* p. 489 à 498.

([4]) *Recherches de Calcul intégral,* p. 1 à 98.

([5]) En effet, elles sont imprimées dans le II⁰ Volume (p. 377) de l'année 1772, sous le titre de : *Mémoire dans lequel on propose une méthode pour déterminer le nombre des racines réelles et des racines imaginaires des équations.*

([6]) *Essai sur les phénomènes relatifs aux dispositions périodiques de l'anneau de Saturne.* Paris, in-8°; 1776.

titude que celle des comètes, il peut être assuré du suffrage et de la reconnaissance des savants.

Comme je me flatte que vous voyez quelquefois notre illustre ami M. d'Alembert, je vous prie de l'embrasser pour moi et de lui demander s'il a reçu une lettre que je lui ai écrite il n'y a pas longtemps (¹); elle ne contient rien de particulier ni qui mérite réponse, mais seulement l'hommage des sentiments que je lui dois, et dont je me fais un devoir de lui renouveler les assurances de temps en temps. Je suis curieux de savoir la décision de l'Académie touchant le prix des comètes; quelle qu'elle soit, j'espère pouvoir me mettre sur les rangs pour l'année prochaine.

Adieu, mon cher et illustre ami, conservez-moi votre précieuse amitié, et n'oubliez pas celui qui vous aime et vous honore plus que jamais.

————

16.

LAGRANGE A CONDORCET.

Ce 12 juin (1777) [²].

J'ai exécuté votre commission, mon cher et illustre ami, auprès de M. Margraff; il m'a paru aussi sensible à cette distinction qu'on peut l'être dans son état, et il m'a chargé de vous en témoigner sa vive reconnaissance. J'ai toujours eu peu d'espérance de voir ici M. d'Alembert malgré les assurances que j'en recevais de tous côtés; et je crois, après tout, que, vu son aversion pour les voyages, il a bien fait de rester chez lui. Je ne désespère pas de l'embrasser un jour, mais ce voyage dépend de quelques circonstances qui ne sont pas encore en mon pouvoir. Ce qui m'intéresse le plus, c'est qu'il se porte bien, et je suis enchanté que

____

(¹) Le 25 mars (*voir* t. XIII, p. 314).

(²) Ms.-f° 38. — Cette Lettre est de 1777, car il y est question de la nomination de Margraff comme Associé étranger de l'Académie, nomination qui fut annoncée à la Compagnie le 28 mai de cette année, par une Lettre d'Amelot, Secrétaire d'État (*Procès-Verbaux*, mss., année 1777, f° 349).

vous me donniez d'assez bonnes nouvelles de sa santé. J'observe en général que les gens de lettres, s'ils ne meurent pas d'indigestion, vivent assez longtemps, et les géomètres peut-être encore plus que les autres, témoin Newton, Bernoulli, etc. Je vous prie de l'embrasser de ma part, et de lui dire que j'ai reçu sa dernière lettre, à laquelle je n'ai pas encore répondu, parce que je me flattais toujours de pouvoir le faire de vive voix : je m'acquitterai de ce devoir incessamment.

J'ai reçu la deuxième Partie de vos Mémoires de 1772; je n'ai encore eu le temps que de les feuilleter; le Mémoire de M. de Vandermonde sur l'élimination m'a surtout frappé. Tout ce qui sort de sa plume me plaît singulièrement; j'y trouve un air de simplicité, de généralité et d'originalité qui m'enchante. J'ai reçu aussi en même temps vos expériences sur le système des fluides. C'est un des Ouvrages les plus intéressants qui aient paru jusqu'ici par l'importance de la matière et par la délicatesse et la précision avec laquelle elle est traitée. Vous jugez bien que je n'ai pas manqué de lire la belle théorie que vous y avez ajoutée; vous vous moquez de moi quand vous dites qu'elle n'a d'autre avantage que d'être moins savante que la mienne; je crois au contraire que c'est ce que j'aurais dû dire de la mienne si la vôtre m'avait été connue. J'attends une occasion pour vous envoyer mes recherches sur les équations linéaires à différences partielles et sur leur application aux problèmes de la théorie des hasards. Elles sont imprimées depuis longtemps, mais je n'ai pu trouver encore une conjoncture favorable pour vous les envoyer. Je serais flatté que vous y trouvassiez quelque chose à revendiquer; cela prouverait que j'ai profité de vos Ouvrages. J'attends avec impatience celui que vous m'annoncez sur le Calcul intégral, et je me propose aussi d'en faire bien mon profit. Quoique vous ne me disiez pas si vous êtes bien aise d'avoir un exemplaire de nos Tables astronomiques dont j'en ai envoyé un à M. d'Alembert, je vous le ferai néanmoins parvenir en même temps que mes Mémoires; si vous ne vous souciez pas de ces sortes d'Ouvrages, vous pourrez en obliger quelqu'un de vos amis. On imprime actuellement ici les Tables de Gardiner; mais l'édition en sera plus commode, plus belle et infiniment plus complète que celle d'Avignon ([1]); je crois que vous ne serez pas fâché d'en avoir un exemplaire. Adieu, mon cher et illustre ami, conservez-moi votre précieuse amitié, que je regarde comme un des plus grands avantages que la Géométrie m'ait procurés, et croyez que personne au monde ne vous aime ni ne vous estime plus que moi. Je vous embrasse de tout mon cœur.

17.

LAGRANGE A CONDORCET.

Berlin, ce 2 août 1777 ([2]).

Mon cher et illustre ami, je vous remercie bien tendrement de vos soins obligeants. Si la personne en question avait pu prévoir qu'au cas que son Ouvrage ne pût être prêt pour le temps marqué l'Académie voudrait bien condescendre à ce qu'on lui en envoyât une partie d'abord et le reste ensuite, elle aurait pris de bonne heure des mesures pour cela; mais, dans l'état où est maintenant son travail, il est impossible de profiter de cette complaisance de l'Académie, à laquelle elle est d'ailleurs infiniment sensible. Je souhaite en mon particulier que vous ayez reçu d'assez bonnes pièces pour pouvoir donner le prix; car le sujet est très ingrat, et à moins que de répéter ce que d'autres ont déjà dit, ou de se jeter dans des digressions, il me paraît difficile de se tirer d'affaire honnêtement. J'ai vu dernièrement M. Margraff qui m'a paru un peu inquiet de ce qu'il ne reçoit point d'avis direct de l'Académie touchant son élection, de laquelle il est infiniment flatté. Je lui ai dit que cela pouvait venir de ce que le Ministre n'avait peut-être pas encore expédié la lettre, et que la même chose m'était arrivée. Je vous prie de lui donner

---

([1]) Les *Tables of logarithms,* par M. Gardiner, 1742, in-4°, réimprimées à Avignon en 1770 par Pezenas, le furent par Callet en 1783 et 1795. Lalande, dans sa *Bibliographie astronomique,* ne mentionne pas l'édition annoncée par Lagrange.

([2]) Ms. f° 40.

cette consolation le plus tôt que vous pourrez. Je compte que M. d'Alembert aura peut-être déjà reçu un paquet que je lui envoyai depuis peu par un négociant d'ici. S'il l'a reçu et qu'il vous ait communiqué mon Mémoire sur les équations aux différences finies et partielles, comme je l'en ai prié, obligez-moi de m'en dire votre avis. Embrassez toujours bien M. d'Alembert pour moi, et dites-lui que M. Bitaubé m'a fait ses compliments et m'a lu l'article de sa lettre qui me regarde. Est-il vrai que vous avez renoncé à votre place d'Inspecteur des Monnaies, comme on l'a annoncé dans quelques gazettes? Sachant combien je m'intéresse à tout ce qui vous regarde, je me flatte que vous ne trouverez pas mauvais que je vous demande ce qui en est. Adieu, mon cher et illustre ami, portez-vous bien et croyez qu'il n'y a personne au monde qui vous aime et vous honore plus que moi.

A Monsieur le Marquis de Condorcet,
Secrétaire perpétuel de l'Académie royale des Sciences, etc.,
Hôtel des Monnaies, à Paris.

––––––––

18.

LAGRANGE A CONDORCET.

A Berlin, ce 12 août 1777 ([1]).

Mon cher et illustre Confrère, un de mes amis ([2]) qui souhaiterait pouvoir concourir pour votre prix des comètes, mais qui, par des circonstances imprévues, et surtout parce qu'il a trouvé que la matière demandait plus de travail et de recherches qu'il n'avait cru d'abord, se voit dans l'impossibilité de vous faire parvenir sa pièce dans le temps fixé par le programme, m'a prié de vous demander s'il pourrait se flatter que sa pièce fût reçue au cas qu'elle ne fût envoyée qu'avant la fin

([1]) Ms. f° 42.
([2]) C'est Lagrange lui-même.

de cette année. Vous ne devez point regarder cette demande comme une indiscrétion de la part de la personne qui m'a chargé de vous la faire; elle n'a aucune prétention au prix, et elle verra avec plaisir les succès des autres concurrents, soit qu'elle puisse être du nombre ou non. J'ai envoyé ces jours passés à M. d'Alembert un paquet contenant mes Mémoires pour le Volume qui est sous presse. Il y en a un très long, sur les équations aux différences finies et partielles, sur lequel je suis empressé de savoir votre jugement. Son mérite, s'il en a quelqu'un, consiste moins dans la méthode que dans les applications que j'en fais à différentes questions de la théorie des hasards, et c'est surtout sur cette partie de mon travail que je vous demande votre avis. Vous devez avoir reçu ma réponse à la lettre que vous m'écrivites pour m'annoncer l'élection de M. Margraff; je crains que ni vous ni moi nous n'ayons l'avantage de le posséder longtemps. Il est depuis deux ans paralytique de la moitié du corps, et il est maintenant obligé de garder le lit. J'ai vu ces jours passés la foudre de bien près; elle est tombée sur la maison que j'habite, et une grande flamme ondoyante a paru dans la chambre où j'étais, à environ 9^h du soir, venant d'un croc de fer qui est au milieu du plafond, et y a laissé une très forte odeur de soufre et de poudre à canon; mais heureusement j'en ai été quitte pour la peur, et il n'y a eu absolument aucun dommage chez moi; mais, dans l'appartement contigu au mien, ce coup de tonnerre a fait beaucoup de ravages, et, par les trous qu'il a laissés, on voit qu'il a choisi de préférence les endroits où il y a du fer, en brisant ce qui pouvait s'opposer à son passage. Adieu, mon cher et illustre ami, je vous embrasse de tout mon cœur et je vous souhaite une bonne santé. Mes compliments à M. d'Alembert; puisqu'il ne veut pas nous venir voir, il faudra bien que je me résolve à l'aller voir moi-même.

A monsieur le marquis de Condorcet,
Secrétaire perpétuel de l'Académie royale des Sciences,
Hôtel des Monnaies, à Paris.

19.

LAGRANGE A CONDORCET.

A Berlin, ce 27 septembre 1777 ([1]).

Mon cher et illustre Confrère, M. Bitaubé, mon Confrère à l'Académie, et dont le mérite vous sera peut-être déjà connu, a bien voulu se charger de vous rendre cette lettre et ce paquet. Il vient à Paris presque uniquement pour voir les gens de lettres, et vous jugez bien qu'il doit être empressé de faire votre connaissance. Vous trouverez en lui un homme qui joint beaucoup d'esprit et de lumières à une grande douceur dans le caractère; il est depuis longtemps ami de M. d'Alembert ([2]), et cela me dispense de vous en dire davantage. Le paquet que M. Bitaubé vous remettra contient le Recueil de Tables astronomiques que notre Académie a fait imprimer l'année passée. C'est le meilleur cours d'Astronomie qu'on puisse avoir, et je crois que vous en serez content. Ce qui augmente maintenant le mérite de cet Ouvrage, c'est que l'on vient de perdre celui à qui on le doit. M. Lambert est mort, avant-hier au soir, de consomption ([3]), fort regretté de tous ceux qui l'ont connu, par son profond savoir, et par la droiture et la bonté de son cœur. Je suis touché de cette perte au delà de tout ce que je puis vous dire, et je la regarde comme irréparable pour notre Académie en particulier, et pour les sciences en général. J'étais un peu prévenu contre lui lorsque j'arrivai ici; mais, dès que j'eus connu tout son mérite, je conçus pour lui la plus forte estime, et je n'ai pas à me reprocher de ne lui avoir pas rendu du fond de mon cœur, en toute occasion, la justice qui lui était due. Il n'avait pas encore cinquante ans et était plein de santé il y a un an. Il a dépéri peu à peu et est mort sans s'en douter. C'est la plus grande perte que notre Académie pût faire.

([1]) Ms. f° 44.
([2]) *Voir* la note 1 de la page 79 du Tome XIII.
([3]) *Voir* t. XIII, p. 333.

Ce que vous me mandez, touchant le prix de l'année prochaine, me fait beaucoup de plaisir; mon ami prendra mieux ses mesures une autre fois; il est très aise que sa pièce n'ait pas été admise, parce qu'i se flatte de pouvoir la rendre moins défectueuse et moins imparfaite.

Je suis ravi que vous ne soyez pas mécontent de mon Mémoire sur les équations aux différences finies. Si j'y ai emprunté quelques-unes de vos idées, je vous prie de les reprendre et de les revendiquer sans cérémonie. Je l'ai composé presque tout d'un trait et d'après les idées qui se sont présentées d'elles-mêmes à mon esprit; ensuite je n'y ai plus touché, ayant aussitôt perdu cette matière de vue. J'ai lu à M. Formey l'article de votre lettre qui le regarde: il m'a chargé de vous remercier de la peine que vous avez prise de faire ses commissions; si vous lui faites un mot de réponse, il en sera charmé et flatté en même temps.

Adieu, mon cher et illustre ami, ayez bien soin de votre santé et souvenez-vous de celui qui vous aime, vous estime et vous honore plus que personne dans le monde. Embrassez de ma part M. d'Alembert, et recommandez-moi à son amitié. Puisqu'il a reçu mes Mémoires, il aura reçu ma lettre qui y était jointe. J'ai reçu l'exemplaire de mon Mémoire sur les nœuds; je vous en suis infiniment obligé. Si j'avais pu en avoir aussi un de celui sur les satellites de Jupiter, cela m'aurait fait beaucoup de plaisir. Ces deux Mémoires sont peut-être ce que j'ai fait de plus supportable. Je vous embrasse de tout mon cœur.

A monsieur le marquis de Condorcet,
Secrétaire perpétuel de l'Académie royale des Sciences, etc.,
Hôtel des Monnaies, à Paris.

20.

LAGRANGE A CONDORCET

A Berlin, ce 8 juin 1778 ([1]).

Recevez, mon cher et illustre ami, mon compliment sur votre triomphe. Votre belle pièce sur les comètes a remporté la moitié de notre prix double, c'est-à-dire le prix simple de 5o ducats ([2]). Elle aurait remporté le prix entier si elle avait contenu l'application de votre théorie à quelque comète en particulier, condition portée par notre programme. La pièce qui a eu l'autre moitié du prix proposé renferme une très bonne méthode d'approximation pour le calcul des orbites des comètes d'après trois observations. Elle est de M. Tempelhoff, capitaine d'artillerie, déjà connu par d'assez bons Ouvrages d'Analyse, et qui mériterait bien d'être de notre Académie; je souhaiterais fort que cette circonstance lui en ouvrît l'entrée ([3]). M. Formey vous dira comment vous devez vous y prendre pour recevoir la médaille ou l'argent du prix. Il a dû vous écrire le lendemain de notre assemblée publique dans laquelle on a ouvert les billets cachetés des pièces victorieuses, de sorte que vous avez peut-être déjà reçu sa lettre ([4]); la mienne est destinée uniquement à vous féliciter sur vos succès et à me féliciter moi-même d'avoir contribué en quelque façon à vous

---

([1]) Ms. f° 52.

([2]) *Voir* t. XIII, p. 34o.

([3]) Il ne devint Membre de l'Académie de Berlin que huit ans plus tard, en 1786. *Voir* plus haut la note 1 de la page 23.

([4]) Voici la Lettre que Formey écrivit à Condorcet. Elle est datée du 6 juin 1778. Nous la donnons d'après l'original conservé au f° 55 du manuscrit.

« MONSIEUR,

» Je suis bien charmé d'être appelé à vous annoncer la palme que notre Académie vient de vous décerner en couronnant le Mémoire que vous aviez fourni au concours sur la théorie des comètes. Ce prix, qui avait été renvoyé et rendu double, a été partagé entre vous, Monsieur, et un capitaine d'artillerie au service de Sa Majesté. Dans le jugement porté sur les deux pièces couronnées, il a été dit que la vôtre renfermait une analyse nouvelle et profonde du problème proposé, mais sans aucune application particulière, et que l'autre offrait une

rendre justice. Je vous prie de m'envoyer votre programme pour 1780. Si je ne meurs pas entre ci et là, vous aurez sûrement quelque chose de ma façon. M. Girault de Kéroudou m'a envoyé, il y a déjà quelque temps, ses Leçons analytiques (¹). Comme j'ai été indisposé à peu près dans le temps où cet Ouvrage m'a été remis, je ne me rappelle pas si je l'en ai remercié; je vous prie de le lui demander de ma part en lui faisant des excuses de ma négligence au cas que je ne me sois pas encore acquitté de mon devoir envers lui, et en l'assurant que je ne manquerai pas de la réparer autant qu'il me sera possible. J'ai lu son Ouvrage avec beaucoup de satisfaction; il m'a paru clair, méthodique, concis et très propre à remplir l'objet auquel il est destiné. Je souhaiterais en avoir eu un pareil lorsque je commençai à étudier le Calcul différentiel. Adieu, mon cher et illustre ami, je vous embrasse de tout mon cœur. Je vous prie de présenter à M. d'Alembert l'assurance de mes tendres sentiments. J'ai reçu sa dernière lettre et son Discours (²) dont je suis enchanté. Je lui répondrai incessamment.

A Monsieur le Marquis de Condorcet,
Secrétaire perpétuel de l'Académie des Sciences, etc.,
Hôtel des Monnaies, à Paris.

méthode d'approximation pour le calcul des orbites des comètes, plus simple, plus directe et plus exacte que ce qui a déjà été publié sur cette matière.

» Vous m'indiquerez, s'il vous plaît, Monsieur, la voie par laquelle je dois vous faire parvenir la médaille d'or, et vous m'en enverrez le reçu.

» Comme notre Typographie va un peu lentement, vous êtes le maître, Monsieur, si vous en avez des raisons, de mettre au jour votre Mémoire, quand et comment il vous plaira. »

(¹) *Leçons analytiques du calcul des fluxions et des fluentes ou Calcul différentiel et intégral.* Paris, in-8°, 1777 (*voir* le Tome XIII, p. 278, note 2).

(²) Le discours qu'il avait prononcé à l'Académie française à la réception de l'abbé Millot (*voir* t. XIII, p. 338, note).

CORRESPONDANCE

DE

LAGRANGE AVEC LAPLACE.

CORRESPONDANCE

DE

LAGRANGE AVEC LAPLACE.

⸺

1.

LAGRANGE A LAPLACE.

A Berlin, ce 15 mars 1773.

MONSIEUR,

J'ai reçu votre Mémoire manuscrit sur l'intégration des équations, etc., et je l'ai présenté à notre Académie qui m'a d'abord chargé de vous faire ses remerciements. Comme ce n'est point l'usage chez nous de faire examiner par des commissaires les Ouvrages et les pièces présentés, et encore moins d'en délivrer aux auteurs des rapports authentiques, comme cela se pratique à l'Académie des Sciences de Paris, je ne puis vous satisfaire à cet égard; mais il me semble que vous n'y devez avoir aucun regret. Les personnes de votre mérite n'ont pas besoin de se faire valoir par ces sortes de moyens; d'ailleurs le suffrage de M. d'Alembert ne doit rien vous laisser à désirer, et je suis très persuadé que l'Académie des Sciences ne manquera pas de vous rendre la justice qui vous est due, à moins que des raisons étrangères ne l'en empêchent, auquel cas je ne vois pas de quelle influence pourrait être l'approbation de l'Académie de Berlin.

Je suis charmé de voir par votre lettre que vous conserviez le dessein de venir ici (¹); je souhaite de tout mon cœur que vous puissiez l'exécuter, et je serais très flatté de pouvoir y contribuer en quelque chose; mais, ayant de nouveau réfléchi sur cette affaire, je suis de plus en plus convaincu que le meilleur et peut-être le seul moyen de la faire réussir est celui que j'ai conseillé à M. d'Alembert. Le Roi vient d'assigner une pension de 5oo écus sur la caisse de l'Académie à un M. Pilati, qui est l'auteur d'un Ouvrage italien intitulé : *Della riforma d'Italia* (²), mais il ne l'a point mis de l'Académie, en sorte qu'elle doit regarder cela comme une perte; c'est pourquoi, en faisant votre acquisition, elle aura doublement sujet de se féliciter. De mon côté, je serai enchanté de pouvoir lier avec vous une connaissance plus intime, et votre amitié sera pour moi un avantage auquel je serai toujours infiniment sensible.

Je n'ai pas eu encore le loisir de lire votre Mémoire d'un bout à l'autre; mais ce que j'en ai lu suffit pour me donner la plus haute idée de vos talents. Votre théorie de l'intégration des équations linéaires à différences finies est très belle et ne laisse, ce me semble, rien à désirer. Je ne sais si vous avez lu ce que j'ai donné autrefois sur cette matière dans le Ier Volume des *Mélanges,* de Turin; je n'avais fait alors que l'effleurer, et je me proposais toujours de l'approfondir davantage; mais vous venez de l'épuiser, et je suis charmé que vous ayez si bien rempli les engagements que j'avais contractés, à cette occasion, avec les géomètres. J'ai vu surtout, avec beaucoup de plaisir, l'application heureuse que vous avez faite à ces sortes d'équations de mon théorème sur la manière de trouver les intégrales complètes à l'aide des particulières. Quant aux séries récurro-récurrentes à deux ou plusieurs indices variables, c'est une matière toute neuve que vous avez l'honneur d'avoir défrichée le premier; cependant il me semble que vous ne l'avez pas envisagée avec toute la généralité dont elle est

---

(¹) Au commencement de l'année, Laplace avait eu la pensée d'entrer à l'Académie de Berlin « avec une pension suffisante » (*voir* t. XIII, p. 254, 260).

(²) Le titre est : *Di una riforma d'Italia*, Villafranca, in-8°; 1767. — L'auteur, Carlantonio Pilati, né le 28 décembre 1733 à Tassulo dans le Trentin, y mourut le 27 décembre 1802.

susceptible; car les équations de ce genre sont parmi les équations à différences finies ce que les équations à différences partielles sont parmi les équations différentielles ordinaires. Si l'on a, par exemple, l'équation

$$_n y'_x = K y_{n-1,\, x-1},$$

K étant une constante, il est visible que son intégrale complète sera

$$_n y'_x = K^n \, \varphi (n - x),$$

φ désignant une fonction arbitraire; d'où l'on voit que, pour résoudre ces sortes d'équations, il n'est pas nécessaire, comme vous paraissez le croire, d'avoir une solution particulière pour le cas de $n = 1$; qu'au contraire, cette solution particulière empêche qu'on ne parvienne à la solution générale.

Comme notre Académie ne peut faire aucun usage de votre Mémoire, puisqu'elle ne fait pas imprimer les Mémoires présentés, je vous le renverrai par la première occasion que je pourrai trouver. M. d'Alembert pourra facilement vous procurer un libraire qui se charge de l'imprimer avec les autres dont vous me parlez et dont j'ai d'avance une grande idée.

A l'égard de ma théorie de Jupiter et de Saturne, comme ce n'est qu'un essai, il se peut que les équations séculaires que j'en ai déduites ne soient pas exactes faute de n'avoir pas poussé l'approximation assez loin; c'est aussi une des matières que je me proposais de discuter de nouveau lorsque je serais débarrassé de quelques autres travaux; je me féliciterai d'avoir été prévenu par vous si vos recherches ne me laissent plus rien à faire sur ce sujet.

Il est vrai que les équations séculaires doivent être indépendantes de la position du plan de projection, comme le sont les mouvements moyens; mais cela ne doit proprement avoir lieu, ce me semble, que pour les équations séculaires vraies qui augmentent toujours avec le temps, et non pour celles qui ne sont qu'apparentes, et qui dépendent de sinus et de cosinus d'angles; or celles que j'ai trouvées par ma théorie sont de cette dernière espèce.

XIV.   8

J'ai l'honneur d'être, avec la plus parfaite considération, Monsieur,
Votre très humble et très respectueux serviteur,

De la Grange.

A Monsieur de Laplace,
Professeur de Mathématiques à l'École royale militaire (fides),
à Paris.

2.

LAGRANGE A LAPLACE.

Berlin, 13 janvier 1775.

Je suis bien honteux, Monsieur et très illustre Confrère, d'avoir gardé
avec vous un si long silence ; je vous prie de vouloir bien en recevoir
mes très humbles excuses, et d'être persuadé que, pour vous écrire
rarement, je ne vous conserve pas moins inviolablement les vifs sentiments d'estime et d'amitié que je vous ai voués. Votre *Mémoire sur la
probabilité des causes par les événements* (¹) m'a beaucoup plu ; je suis
assuré qu'il ne peut manquer d'obtenir le suffrage de tous les géomètres, non seulement par la nouveauté de la matière, mais surtout par
la dextérité singulière avec laquelle vous maniez ce genre d'Analyse.
Les remarques que vous faites sur l'aberration de la théorie ordinaire, lorsqu'on veut tenir compte de l'inégale possibilité des événements qu'on regarde communément comme également probables,
m'ont paru aussi justes qu'ingénieuses ; c'est une nouvelle branche très
importante que vous ajoutez à la théorie des hasards, et qui était nécessaire pour mettre cette théorie à l'abri de toute atteinte ; on voit par là
que les conclusions que la théorie ordinaire donne ne peuvent être

----

(¹) Publié dans le Tome VI, p. 621, du *Recueil des Savants étrangers.*

regardées, pour ainsi dire, que comme les asymptotes de celles qui ont véritablement lieu dans la nature, de la même manière que les vérités géométriques ne sont que les asymptotes des vérités physiques; et il est très important de pouvoir connaître, dans chaque cas, la loi dont ces conclusions peuvent s'éloigner ou s'approcher de leurs asymptotes. Ce que j'ai écrit sur la méthode de déterminer le milieu que l'on doit prendre entre plusieurs observations sera imprimé dans le Ve Volume des *Mélanges* de Turin (¹); ce Mémoire, qui est assez long, était composé depuis quelques années; voyant qu'il me serait difficile de le placer dans nos Mémoires, j'ai pris le parti, il y a un an, de l'envoyer à la Société de Turin. Il ne me reste qu'une idée confuse de la manière dont j'ai traité la question, de sorte que je ne puis vous dire jusqu'à quel point il peut y avoir de la conformité entre nos recherches; quant à celles de M. Daniel Bernoulli, c'était très peu de chose, du moins autant que je puis me le rappeler, le manuscrit étant entre les mains de son neveu qui est actuellement absent.

Je suis bien curieux de voir la démonstration de vos théorèmes de Calcul intégral, et la suite de vos recherches sur cette matière. Quoique tous les cas des équations aux différences partielles linéaires qu'on a résolus jusqu'ici soient réductibles à votre théorème I, je vous avoue que j'ai peine à comprendre qu'on puisse le démontrer d'une manière générale et rigoureuse; si vous avez réussi, vous pouvez vous flatter à juste titre d'avoir fait un grand pas dans cette matière.

Je ne vous ai pas renvoyé la copie de votre grand Mémoire, parce que vous m'avez marqué que vous n'en aviez pas besoin; je vous la renverrai néanmoins à la première occasion qui se présentera, parce qu'il me semble qu'elle peut ne pas vous être inutile. Je me proposais toujours de me remettre à étudier toute la matière des hasards dont je me suis autrefois un peu occupé; mais j'ai toujours été distrait par d'autres

---

(¹) *Mémoire sur l'utilité de la méthode de prendre le milieu entre les résultats de plusieurs observations, dans lequel on examine les avantages de cette méthode par le Calcul des probabilités et où l'on résout différents problèmes relatifs à cette matière* (*voir* t. II, p. 173, de la présente édition).

objets; j'attendrai maintenant que vous ayez publié vos excellentes recherches par lesquelles cette théorie a pris une face nouvelle et est devenue une nouvelle science.

Je vous prie de faire bien mes compliments très humbles à M. du Séjour, et de lui dire combien j'ai pris de part à ce qui le regarde dans la révolution qui vient d'arriver (¹). J'ai l'honneur d'être avec la plus parfaite considération, Monsieur,

Votre très humble et très obéissant serviteur,

DE LA GRANGE.

3.

LAGRANGE A LAPLACE.

Berlin, 10 avril 1775.

Monsieur et très illustre Confrère, j'ai reçu vos Mémoires, et je vous suis obligé de m'avoir anticipé le plaisir de les lire. Je me hâte de vous en remercier, et de vous marquer la satisfaction que leur lecture m'a donnée. Ce qui m'a le plus intéressé, ce sont vos recherches sur les inégalités séculaires. Je m'étais proposé depuis longtemps de reprendre mon ancien travail sur la théorie de Jupiter et de Saturne, de le pousser plus loin et de l'appliquer aux autres planètes; j'avais même dessein d'envoyer à l'Académie un deuxième Mémoire sur les inégalités séculaires du mouvement de l'aphélie et de l'excentricité des planètes, dans lequel cette matière serait traitée d'une manière analogue à celle dont j'ai déterminé les inégalités du mouvement du nœud et des inclinaisons, et j'en avais déjà préparé les matériaux; mais, comme je vois que vous avez entrepris vous-même cette recherche, j'y renonce volontiers, et je vous sais même très bon gré de me dispenser de ce travail, persuadé que les sciences ne pourront qu'y gagner beaucoup.

(¹) Il s'agit du rappel du Parlement, prononcé dans le lit de justice tenu le 12 novembre 1774. Dionis du Séjour était alors conseiller à la troisième chambre des Enquêtes.

Votre manière de parvenir aux équations différentielles en x et en y est très belle; voici comment on peut trouver directement celles des excentricités et des aphélies. Je prends la solution du problème des trois corps de Clairaut (*Théorie de la Lune*, p. 6) et j'observe que, puisque

$$\frac{f^2}{Mr} = 1 - \sin u\left(g - \int \Omega \cos u\, du\right) - \cos u\left(c + \int \Omega \sin u\, du\right),$$

si l'on fait

$$g - \int \Omega \cos u\, du = e \sin I, \qquad c + \int \Omega \sin u\, du = e \cos I,$$

on a

$$\frac{f^2}{Mr} = 1 - e \cos(u - I),$$

en sorte que e sera l'exentricité, et I le lieu de l'aphélie, et il est remarquable que les quantités e et I peuvent être regardées comme constantes pendant que les quantités r et u varient de dr et de du; car, comme

$$\frac{f^2}{Mr} = 1 - e \sin I \sin u - e \cos I \cos u,$$

il suffit de démontrer que la différentielle de cette équation est nulle, en ne faisant varier que les deux quantités $e \sin I$, $e \cos I$, c'est-à-dire que

$$\sin u\, d(e \sin I) + \cos u\, d(e \cos I) = 0;$$

mais

$$d(e \sin I) = -\Omega \cos u\, du, \qquad d(e \cos I) = \Omega \sin u\, du;$$

donc, etc. Je fais donc

$$x = e \sin I, \qquad y = e \cos I,$$

j'ai

$$\frac{f^2}{Mr} = 1 - x \sin u - y \cos u,$$

et ensuite j'ai, en différentiant, les équations

$$dx = -\Omega \cos u\, du, \qquad dy = \Omega \sin u\, du;$$

si l'on substitue dans ces équations et dans les autres semblables les valeurs de r et de u, en x, y et t, et que l'on ne conserve que les termes où x, y, x', y', … seront linéaires et multipliés par des coefficients constants, on aura les équations cherchées. Il faut seulement avoir soin de ne pas rejeter dans la quantité Ω les termes de la forme

$$\int x \sin u \, dx, \quad \int x \cos u \, du, \quad \int y \sin u \, du, \quad \int y \cos u \, du,$$

et les autres semblables, car ces termes, étant transformés en

$$- x \cos u + \int \cos u \, dx, \quad \ldots,$$

produiront dans les équations différentielles des termes de la forme demandée ; à l'égard des quantités $\int \cos u \, dx, \ldots$, on pourra les négliger entièrement, à cause que dx est déjà très petit, de l'ordre des masses des planètes perturbatrices. Si vous jugez à propos de dire un mot de cette méthode dans vos nouvelles recherches sur les inégalités séculaires, je vous en serai infiniment obligé, ayant résolu de vous abandonner entièrement cette matière.

Je crois que vous avez raison à l'égard des équations du moyen mouvement : le vice de ma solution consiste, ce me semble, en ce que, n'ayant eu égard, dans les équations de y et z, qu'aux termes où ces quantités sont linéaires, je n'aurais pas dû employer dans la valeur de φ leurs carrés. Quant à l'équation séculaire de la Lune, les anciennes observations sont rapportées dans l'*Almageste* d'une manière si vague que je m'étonne que les astronomes en fassent cas de bonne foi ; au reste, je souhaiterais que vous engageassiez quelqu'un à refaire le calcul de ces observations.

Votre méthode de faire disparaître les arcs de cercle m'a paru très élégante ; j'en avais depuis longtemps imaginé une qui y a quelque rapport : ayant l'équation

$$\frac{d^2 y}{dt^2} + y + \Omega = 0,$$

où y est supposé très petit et où Ω est une fonction rationnelle et entière de y et de $\sin t$, $\cos t$, etc., j'observe que les deux premiers termes donnent

$$y = p \sin t + q \cos t,$$

p et q étant des constantes. Je fais maintenant

$$y = p \sin t + q \cos t + z + \ldots$$

et je regarde en même temps p et q comme variables ; j'ai la transformée

$$\frac{d^2 z}{dt^2} + z + \left(\frac{d^2 p}{dt^2} - 2\frac{dq}{dt} \right) \sin t + \left(\frac{d^2 q}{dt^2} + 2\frac{dp}{dt} \right) \cos t + \Omega = 0.$$

Je fais $= 0$ les termes affectés de $\sin t$ et $\cos t$, et d'où résulteraient des arcs de cercle dans l'intégrale ; j'ai deux équations qui serviront à déterminer p et q. On peut étendre cette méthode à tant d'équations qu'on voudra et lui donner toute l'exactitude qu'on désirera.

Vous avez bien nettoyé la matière des intégrales particulières ; je n'ai encore eu le temps que de parcourir votre beau Mémoire sur ce sujet, ainsi que celui sur la théorie des hasards ; je me propose d'y revenir et de les étudier à fond. Ils me paraissent très propres à soutenir la haute opinion que vos autres Ouvrages ont déjà donnée de votre génie.

Je vous prie de remercier, de ma part, M. du Séjour du beau présent dont il m'a honoré ; j'ai lu son Ouvrage avec le plus grand plaisir et le plus grand intérêt, et j'ai beaucoup admiré l'élégance et la simplicité des méthodes qu'il a employées pour résoudre des questions d'ailleurs très compliquées ; les applications numériques qu'il en a faites continuellement sont une des parties de son travail qui mérite le plus la reconnaissance des savants et du public : je vous prie de l'assurer de la mienne en particulier, pour le plaisir que la lecture de cet Ouvrage m'a fait. Je me réserve à lui écrire directement lorsque j'aurai reçu son Mémoire sur les racines imaginaires, dont j'ai d'avance une grande opinion.

Je finis, Monsieur, en vous assurant que personne ne saurait être plus flatté que je ne le suis de votre amitié, ni plus jaloux de la mériter et de l'augmenter ; je vous prie de compter sur la mienne à jamais, Monsieur et très cher Confrère.

Votre très humble et très obéissant serviteur,

DE LA GRANGE.

4.

LAGRANGE A LAPLACE

Berlin, 10 mai 1776.

Monsieur,

Les deux Mémoires ci-joints font partie du Volume qui est sous presse et qui paraîtra dans peu; comme ils roulent sur des matières sur lesquelles vous vous êtes déjà exercé avec tant de succès, j'ai cru devoir v us en faire hommage; je vous demande comme une marque d'amitié à laquelle je serai infiniment sensible de me dire votre avis sur ces Mémoires, et surtout sur le premier qui concerne les intégrales particulières (¹). Il m'a paru qu'on pouvait encore glaner après vous, et je serai bien flatté d'avoir pu ajouter quelque chose à votre travail. Je n'ai pu avoir les figures du deuxième Mémoire, mais je crois qu'elles sont très faciles à suppléer; d'ailleurs, j'aurai soin de vous les envoyer dès que je pourrai les avoir; je ne veux pas manquer pour cela cette occasion de vous envoyer le Mémoire, parce que je ne sais pas quand je pourrai en retrouver une. Je vous fais mille remerciements de ce que vous avez bien voulu faire imprimer ma méthode de trouver les équations différentielles des variations des éléments des planètes; il me semble que vous lui avez fait beaucoup trop d'honneur, et ma reconnaissance n'en est que plus vive. J'ai deux grands Mémoires sur cette matière que j'ai lus l'année passée à l'Académie, mais je doute que je les fasse jamais imprimer, surtout sachant que vous vous en occupez; d'ailleurs j'ai déjà traité ce sujet, quoique d'une autre manière, dans une pièce sur les satellites de Jupiter. En appliquant aux planètes les formules que j'ai données pour les satellites, on aura les variations des quatre éléments, excentricité, aphélie, inclinaison, nœud, en vertu de leur attraction mutuelle. Je me suis toujours proposé

(¹) *Sur les intégrales particulières des équations différentielles* (*Mémoires de l'Académie de Berlin*, p. 197-275, année 1774, et t. IV, p. 5, de la présente édition).

de faire cette application, mais je compte que votre travail le rendrait maintenant inutile.

Je viens de lire à l'Académie deux Mémoires sur l'intégration des équations linéaires à différences partielles et sur leur usage dans la théorie des hasards ([1]) : vous jugez bien que c'est votre beau travail sur cette matière qui m'a engagé à m'en occuper ; je me flatte d'avoir aussi été assez heureux pour y ajouter quelque chose ; au reste, mon Ouvrage sur cette matière diffère autant du vôtre que celui sur les intégrales particulières diffère du vôtre sur le même sujet ; il n'y a guère entre eux que le sujet de commun. Je ferai imprimer ces Mémoires dans le Volume prochain, et je vous en enverrai aussitôt un exemplaire pour en savoir votre jugement dont je connais tout le prix.

Les changements qui sont arrivés à l'École Militaire ([2]) doivent en avoir aussi apporté à votre situation ; je serais charmé, pour la part que je prends à tout ce qui vous regarde, de savoir jusqu'à quel point ces changements ont pu influer sur votre sort. J'ai l'honneur d'être, avec tous les sentiments d'estime, d'amitié et de reconnaissance que vous m'avez inspirés et que je conserverai toute ma vie, Monsieur et très cher Confrère,

Votre très humble et très obéissant serviteur,

DE LAGRANGE.

___

([1]) *Recherches sur les suites récurrentes dont les termes varient de plusieurs manières différentes ou sur l'intégration des équations linéaires aux différences finies et partielles, et sur l'usage de ces équations dans la théorie des hasards* (*Mémoires de l'Académie de Berlin*, p. 183-272; 1775), et t. IV, p. 151 de la présente édition.

([2]) Du 1er février au 28 mars 1776, des arrêts du Conseil et des règlements avaient modifié l'organisation de l'École Militaire.

___

5.

LAGRANGE A LAPLACE.

Berlin, 3o décembre 1776.

MONSIEUR ET TRÈS ILLUSTRE CONFRÈRE,

Je comptais attendre pour vous écrire que je pusse vous envoyer en
même temps un exemplaire de mes recherches *Sur l'intégration des
équations linéaires aux différences finies partielles*, dont l'impression est
presque achevée. Mais votre dernière lettre me détermine à ne pas différer davantage ma réponse.

Il est vrai que j'ai eu autrefois l'idée de donner une traduction de
l'Ouvrage de Moivre, accompagnée de notes et d'additions de ma
façon (¹), et j'avais même déjà traduit une partie de cet Ouvrage ; mais
j'ai depuis longtemps renoncé à ce projet, et je suis enchanté d'apprendre que vous en avez entrepris l'exécution, persuadé qu'elle
répondra à la haute idée qu'on a de tout ce qui sort de votre plume. Je
vous exhorte donc aussi de mon côté à continuer ce travail, et j'applaudis d'avance à vos succès de tout mon cœur. Comme mon Mémoire sur
les équations finies contient la solution analytique de quelques problèmes de Moivre qui ne sont résolus dans son Traité que par des voies
indirectes et quelquefois sans démonstration, vous jugerez si vous
pouvez en faire quelque usage. Je vous assure que je n'ai aucune prétention à cet égard, et je ne vous demande d'employer le peu que j'ai
fait que lorsque vous n'aurez rien de mieux à y substituer.

J'ai lu tous vos Mémoires avec autant de plaisir que d'admiration :
ils n'ont fait qu'augmenter en moi l'opinion que j'ai depuis longtemps

(¹) Je crois qu'il s'agit du Traité intitulé : *The doctrine of chances, or a method of
calculating the probabilities of events in play*, qui a eu plusieurs éditions ; la première est de
1716, la dernière de 1756, in-4°. Abraham Moivre, habile géomètre, né le 26 mai 1667 à
Vitry en Champagne, mort à Londres le 27 novembre 1754. Il était protestant et, lors de
la révocation de l'édit de Nantes, il fut enfermé au prieuré de Saint-Martin. Il recouvra
sa liberté en 1688, et se retira immédiatement en Angleterre.

de votre génie. Votre méthode pour faire disparaître les arcs de cercle est des plus ingénieuses; elle paraît seulement n'avoir pas toute la simplicité qu'on pourrait désirer, et dont je ne doute pas qu'elle ne soit susceptible; mais vous êtes mieux en état d'en juger que moi. Votre théorème sur les sphéroïdes homogènes en équilibre est très exact et très beau; je m'en suis assuré par une méthode différente de la vôtre, laquelle m'a conduit à le généraliser un peu. J'attends avec impatience la suite de vos recherches sur ce sujet, ainsi que sur l'intégration des équations aux différences partielles; personne ne lit vos Ouvrages avec plus de plaisir que moi, et n'en fait mieux son profit; aussi personne ne vous rend peut-être plus de justice que moi, ni avec plus de sincérité.

Votre démonstration du théorème de Fermat sur les nombres premiers de la forme $8n + 3$ est ingénieuse; je démontre aussi ce théorème ainsi qu'un grand nombre d'autres dans mon Mémoire sur ce sujet, que, faute de place, je suis aussi obligé de renvoyer à un autre Volume. C'est une grande satisfaction pour moi de voir que vous avez pris goût à ces sortes de recherches; je crois que vous êtes le seul qui ayez lu mon dernier bavardage sur ce sujet; mais votre suffrage me suffit, et je croirai toujours avoir travaillé utilement lorsque je pourrai le mériter.

Je suis charmé que mon travail sur les intégrales particulières vous ait plu, et je suis très sensible à ce que vous me dites de flatteur sur ce sujet; je vous en remercie de tout mon cœur. Votre objection contre la méthode du P. Boscowich me paraît très fondée. J'ai fait des remarques semblables sur l'insuffisance de la méthode proposée par Bouguer dans les Mémoires de 1733 (¹), à laquelle celle du P. Boscowich a peut-être beaucoup de rapport. Cette méthode de Bouguer est très belle et réduit le problème au premier degré; mais, comme les inconnues s'y trouvent déterminées par des expressions dont le numérateur et le dénominateur sont très petits du second ordre, en supposant les observations peu éloignées entre elles, et la portion d'orbite rectiligne, il s'ensuit qu'une

(¹) *De la détermination de l'orbite des comètes*, p. 331 du Volume de 1733.

très petite erreur dans les observations doit en causer une très grande
dans les résultats. Je crois qu'en général cet inconvénient doit avoir
lieu dans toutes les méthodes où l'on veut déterminer des inconnues
finies et différentes entre elles par des quantités finies, d'après des données dont les différences sont très petites.

Je lirai avec bien du plaisir vos réflexions sur la détermination de
l'orbite des comètes; j'ai aussi donné, il y a deux ans, à l'Académie, un
Mémoire sur ce sujet qui n'a pu, comme bien d'autres, être imprimé
jusqu'ici, faute de place.

Recevez tous les vœux que je fais pour vous dans ce renouvellement
d'année, ainsi que les assurances de la haute estime et du parfait
dévouement avec lesquels j'ai l'honneur d'être, Monsieur et très cher
Confrère,

Votre très humble et très obéissant serviteur,

DE LAGRANGE.

6.

LAGRANGE A LAPLACE.

Berlin, 1er septembre 1777.

MONSIEUR ET TRÈS ILLUSTRE CONFRÈRE,

J'ai reçu, il y a deux mois, votre beau Mémoire sur l'intégration des
équations aux différences partielles ([1]); je ne vous en ai pas remercié
d'abord, parce que j'ai voulu auparavant le lire et l'étudier, afin d'être
en état de vous en dire mon avis; de plus, j'ai voulu attendre que je
pusse vous envoyer en même temps le Mémoire sur les équations aux
différences finies et partielles que je vous avais annoncé, et que vous
paraissiez désirer. Je joins à ce Mémoire la suite de mes recherches

[1] *Mémoire sur l'usage du calcul aux différences partielles dans la théorie des suites*
(*Mémoires de l'Académie des Sciences*, année 1777, p. 99-122).

d'Arithmétique, que je ne me suis hâté de faire paraître que parce que vous m'y avez encouragé par votre suffrage. Je soumets le tout à votre jugement, et je vous aurai une véritable obligation de me dire sincèrement ce que vous en pensez. Je suis surtout impatient de savoir votre sentiment sur la manière dont je traite les équations aux différences finies et partielles, ainsi que sur les autres objets contenus dans le même Mémoire.

Je vous prie de faire mille compliments de ma part à M. Messier (¹), et de lui dire que son Mémoire sur l'anneau de Saturne n'a pu être imprimé dans le Volume qui est sous presse à cause de la planche; le libraire qui publiait nos Mémoires vient d'y renoncer, et cela a causé des délais et quelques disputes qui sont maintenant terminées. L'Académie a résolu de publier dorénavant ses Mémoires pour son propre compte, et l'on va mettre sous presse le Volume de 1777, qui paraîtra infailliblement à Pâques prochain; le Mémoire de M. Messier y est destiné inévitablement.

C'est avec le plus grand plaisir que j'ai lu votre Mémoire sur le Calcul intégral aux différences partielles; j'en suis content au delà de tout ce que je puis vous dire. Les articles IV, VII, X et XIII renferment autant de découvertes qui font le plus grand honneur à votre génie; je vous en félicite, et j'y applaudis de tout mon cœur. Vous jugez bien que je n'ai pu lire ces recherches sans faire plusieurs remarques tendant à les généraliser et à les simplifier; par exemple, il me semble qu'on peut démontrer, en général, que l'intégrale de toute équation linéaire aux différences partielles doit contenir au moins une fonction arbitraire délivrée du signe $\int$; car, si l'expression de l'intégrale contient un terme de la forme $\int p\,\varphi(\theta)\,d\theta$ où p soit une fonction donnée de θ seul, il n'y a qu'à faire

$$\int p\,\varphi(\theta)\,d\theta = \psi(\theta),$$

(¹) Ce Mémoire parut dans le Volume de l'année 1776, p. 312-336. Charles Messier, astronome, né à Badonviller (Lorraine) le 26 juin 1730, mort à Paris le 12 avril 1817. Il était membre de l'Académie de Berlin depuis 1769.

et l'on fera disparaitre le signe $\int$; mais, si p contient deux variables, x et y, θ étant une fonction donnée des mêmes variables, alors je remarque que l'intégrale $\int p\,\varphi(\theta)\,d\theta$ ne peut avoir une valeur déterminée, à moins qu'on ne suppose que cette intégrale doive être prise en regardant comme constante une fonction donnée de x et de y; et, pour lors, il est clair qu'en nommant φ cette fonction, on pourra ajouter à l'intégrale $\int p\,\varphi(\theta)\,d\theta$ la quantité $\psi(\rho)$, c'est-à-dire une fonction quelconque de ρ. En général, il me semble que c'est un principe qu'on doit nécessairement admettre dans le Calcul intégral, que toute expression intégrale simple qui contient plus d'une variable sous le signe suppose qu'il y ait autant de fonctions données des mêmes variables qu'il y a de ces variables moins une, lesquelles demeurent constantes pendant l'intégration, et alors il est visible qu'on peut ajouter à l'intégrale une fonction quelconque de ces fonctions données. J'ai voulu étendre la méthode de l'article VII aux équations d'un ordre supérieur au second; mais, après plusieurs tentatives, je me suis convaincu qu'elle ne s'applique avec succès qu'aux équations de la forme

$$\frac{\partial^2 z}{\partial x\,\partial y} + \alpha\frac{\partial z}{\partial x} + \beta z + \gamma\frac{\partial z}{\partial y} + \varepsilon\frac{\partial^2 z}{\partial y^2} + \delta\frac{\partial^3 z}{\partial y^3} + \ldots = 0;$$

il est vrai aussi que j'ai remarqué que toute intégrale de la forme

$$\delta = AX + B\frac{dX}{dx} + C\frac{d^2X}{dx^2} + \ldots,$$

X étant une fonction indéterminée de x, conduit nécessairement à une équation différentielle de la forme précédente; d'où il semble qu'on pourrait conclure, en général, que toute équation aux différences partielles linéaires qui est susceptible d'une intégrale finie, de quelque ordre que l'équation soit, est nécessairement réductible à une forme plus simple, dans laquelle la différence d'une des variables ne passera pas le premier degré, et ne se trouvera que dans deux termes. J'ai fait beaucoup d'autres remarques relatives à l'intégration des équations d'un ordre supérieur au second; elles pourront me fournir la matière d'un Mémoire, si je ne suis pas prévenu sur ce sujet par vous ou par quelque autre.

Si vous voyez M. du Séjour, je vous prie de lui renouveler l'assurance des vifs sentiments d'estime et d'amitié que je lui ai voués : je viens de lire ses recherches sur les racines imaginaires (¹), et j'en suis extrêmement content; si sa méthode s'applique avec autant de succès aux équations du cinquième degré, je la regarde comme une des plus belles découvertes qu'on ait faites : c'est pourquoi je suis impatient de voir la suite de ses recherches. Je le suis également de lire celles que vous m'annoncez sur les oscillations des fluides qui recouvrent les planètes, et sur l'équilibre des sphéroïdes hétérogènes et non de révolution; je compte de supprimer ce que j'ai trouvé sur ce dernier sujet, jusqu'à ce que j'aie vu le résultat de votre travail, et j'en ferai de même à l'égard d'un Mémoire sur les racines imaginaires, que j'ai composé depuis longtemps; je serai charmé que l'Ouvrage de M. du Séjour le rende inutile.

Adieu, mon cher et illustre Confrère; je vous prie de me regarder comme un de ceux qui vous aiment et vous admirent le plus, et qui sont le plus portés à vous rendre toute la justice que vous méritez. J'ai toujours envisagé la Géométrie comme un objet d'amusement plutôt que d'ambition, et je puis vous assurer que je jouis beaucoup plus des travaux des autres que des miens, dont je suis toujours mécontent; vous voyez par là que, si vous êtes exempt de jalousie par vos propres succès, je ne le suis pas moins par mon caractère. Le plaisir de m'entretenir avec vous m'a entraîné, et il ne me reste de papier que pour vous embrasser.

(¹) *Mémoire dans lequel on propose une méthode pour déterminer le nombre des racines réelles et des racines imaginaires des équations (Recueil de l'Académie)*, année 1772, 2ᵉ Partie, p. 377. Le Volume porte la date de 1776.

5.

LAPLACE A LAGRANGE.

3 février 1778.

MONSIEUR ET TRÈS ILLUSTRE CONFRÈRE,

Je profite de l'occasion que m'offre le retour de M. Bitaubé à Berlin pour vous faire part des vœux que je forme, au commencement de cette année, pour tout ce qui peut intéresser votre bonheur, et pour vous renouveler les sentiments profonds d'estime et d'amitié que vous m'avez inspirés. J'ai reçu les beaux Mémoires que vous m'avez envoyés, et je les ai lus avec la plus grande satisfaction ; j'ai surtout admiré vos recherches sur le Calcul intégral aux différences finies partielles, et les applications que vous en faites à l'analyse des hasards ; il me paraît difficile d'y rien ajouter qu'en faisant des recherches analogues sur les équations linéaires aux différences partielles dont les coefficients sont variables, mais vous nous promettez de les considérer dans un autre Mémoire, et je l'attends avec la plus vive impatience.

Avant que d'avoir reçu votre beau travail, j'avais commencé quelques recherches sur le cas où les coefficients sont constants, et je faisais usage d'une méthode analogue à celle dont on s'est servi pour les suites récurrentes. Je considérais, par exemple, l'équation

$$(1) \qquad 0 = A y_{m,n} + B y_{m-1,n} + C y_{m,n-1} + D y_{m-1,n-1}$$

comme résultante du développement de la fraction

$$\frac{\varphi(x)}{A + Bx + Cz + Dzx},$$

$\varphi(x)$ étant une fonction arbitraire de x ; car il est clair que si l'on développe cette fraction et que l'on nomme $y_{m,n}$ le coefficient du terme $x^m z^n$, on aura l'équation (1). Il ne s'agit donc que de déterminer ce coefficient pour avoir la valeur de $y_{m,n}$; pour cela, je mets la fraction précédente sous cette forme

$$\frac{\psi(x)}{1 + z\,\dfrac{C + D\,x}{A + B\,x}},$$

$\psi(x)$ étant une fonction arbitraire de x; le coefficient de z^n sera donc

$$\left(\frac{-C - D\,x}{A + B\,x}\right)^n \psi(x).$$

Il ne s'agit plus que d'avoir la valeur de x^m dans cette quantité; pour cela, je développe $\left(\dfrac{-C - D\,x}{A + B\,x}\right)^n$ en série, et j'ai, au lieu de cette quantité, celle-ci

$$N + N'x + N''x^2 + N'''x^3 + \ldots;$$

donc

$$\left(\frac{-C - D\,x}{A + B\,x}\right)^n \psi(x) = N\,\psi(x) + N'\,x\,\psi(x) + N''\,x^2\,\psi(x) + \ldots.$$

Pour avoir le coefficient de x^m dans cette quantité, il faut connaître, dans le développement de $\psi(x)$, les coefficients de $x^m, x^{m-1}, x^{m-2}, \ldots$; or, $\psi(x)$ étant une fonction arbitraire, on peut représenter par $\Gamma(m)$ le coefficient de x^m, $\Gamma(m)$ étant une fonction arbitraire de m; on aura donc, pour le coefficient de x^m, dans le développement de $\left(\dfrac{-C - D\,x}{A + B\,x}\right)^m \psi(x)$,

$$N\,\Gamma(m) + N'\,\Gamma(m - 1) + N''\,\Gamma(m - 2) + \ldots;$$

donc

$$y_{m,n} = N\,\Gamma(m) + N'\,\Gamma(m - 1) + \ldots,$$

résultat entièrement conforme au vôtre. Je n'avais pas poussé plus loin ces recherches, sachant que vous vous occupiez du même objet, et persuadé que vous n'y laisseriez rien à désirer.

Votre solution du problème des parties dans le cas de trois ou d'un plus grand nombre de joueurs est fort générale et fort simple; celle que j'en ai donnée dans mes recherches est très compliquée : j'en ai donné une autre beaucoup plus simple dans l'*errata* des *Mémoires des Savants étrangers* pour l'année 1773 (¹). Il s'y est glissé une légère faute

---

(¹) Voyez le *Recueil des Savants étrangers*, t. VI, p. 632 et suiv., année 1774, et *Mémoires de l'Académie*, p. 341, année 1773.

d'impression en ce qu'on a écrit Δ au lieu de ∇; mais le problème le plus difficile de toute cette analyse est celui de la durée des parties en rabattant, et j'ai lu avec le plus grand plaisir la belle solution que vous en donnez. C'est avec le même plaisir que j'ai lu votre méthode pour intégrer les équations linéaires aux différences finies et aux différences infiniment petites, lorsqu'elles ont un dernier terme, et lorsqu'on sait les intégrer en supposant ce dernier terme nul. Cette manière de faire varier les constantes arbitraires me paraît être de la plus grande utilité dans l'Analyse et surtout pour les approximations. Vous avez eu la bonté d'approuver l'usage que je crois en avoir fait le premier, pour faire disparaître les arcs de cercle des intégrales des équations du mouvement des corps célestes. Je ne doute pas que les applications que vous vous proposez d'en faire au système du monde ne répandent un très grand jour sur toute l'Astronomie physique.

Recevez encore, mon cher Confrère, mes remerciements pour le plaisir que m'a causé la lecture de vos recherches arithmétiques; votre travail est une des plus belles choses que l'on ait faites sur cette branche de l'Analyse. Je m'attendais bien à y trouver la démonstration de ce théorème de Fermat, que le double de tout nombre premier de la forme $8n-1$ est la somme de trois carrés; j'en ai autrefois cherché la démonstration, et j'avais réduit, comme vous, la difficulté à démontrer ce théorème pour les nombres premiers de la forme $24n-1$; mais j'y fus arrêté, et j'ai bien sujet de m'en consoler, puisque vous avez éprouvé le même sort. C'est en quelque sorte une tache pour la Géométrie moderne que l'on n'ait pu retrouver encore les démonstrations des théorèmes que Fermat nous a laissés, et qu'il nous assure avoir démontrés. Si quelqu'un peut effacer cette tache, assurément c'est vous, et je ne doute point que vous ne nous rendiez un jour les démonstrations de Fermat avec un grand nombre d'autres théorèmes entièrement nouveaux. Le grand géomètre avait certainement une méthode toute particulière et peut-être fort simple qui l'a conduit aux différents théorèmes qu'il nous a laissés, et dont la démonstration ne nous paraît aussi difficile que parce que nous n'avons point encore retrouvé le fil de ses idées.

Je ne me lasse point de lire votre excellent Mémoire sur les intégrales particulières. Je le regarde comme un chef-d'œuvre d'Analyse,
par l'importance du sujet, par la beauté de la méthode et par la manière élégante dont vous le présentez. En généralisant le paradoxe qui
a donné lieu aux premières recherches des géomètres sur cet objet,
j'en ai tiré une méthode assez simple pour avoir les intégrales des
équations algébriques toutes les fois qu'elles en sont susceptibles.
Cette méthode est fondée sur ce que l'on peut toujours obtenir cette
intégrale par des différentiations successives. Pour vous en donner
une idée, considérons l'équation

$$\frac{dy}{dx} = p,$$

p étant fonction de x et de y, et supposons que son intégrale soit de la
forme

$$0 = a + a^{(1)} x + a^{(2)} y + xy,$$

a, $a^{(1)}$, $a^{(2)}$ étant des coefficients constants indéterminés; en différentiant cette intégrale et substituant au lieu de $\frac{dy}{dx}$ sa valeur p ou autre,

$$0 = a^{(1)} + a^{(2)} p + y + xp;$$

différentiant encore, on aura

$$0 = a^{(2)} \left(\frac{\partial p}{\partial x} + p \frac{\partial p}{\partial y} \right) + 2p + xp \frac{\partial p}{\partial y} + x \frac{\partial p}{\partial x},$$

ce qui donne

$$0 = a^{(2)} + x + \frac{2p}{\frac{\partial p}{\partial x} + p \frac{\partial p}{\partial y}};$$

soit

$$p' = \frac{2p}{\frac{\partial p}{\partial x} + p \frac{\partial p}{\partial y}},$$

et l'on aura, en différentiant,

$$0 = x + \frac{\partial p'}{\partial x} + p \frac{\partial p'}{\partial y}.$$

Si cette équation est identique, l'équation en $\frac{dy}{dx}$ aura pour intégrale une équation de la forme

$$0 = a + a^{(1)} x + a^{(2)} y + xy;$$

et, si $p' + x$ est fonction de x et de y, l'intégrale sera

$$0 = a^{(1)} + p' + x,$$

$a^{(1)}$ étant l'arbitraire. L'équation

$$0 = x + \frac{\partial p'}{\partial x} + p \frac{\partial p'}{\partial y}$$

est une équation aux différences partielles du second ordre entre x, y, p et ses différences partielles; son intégrale renferme toutes les valeurs de p, telles que l'équation $\frac{dy}{dx} = p$ est susceptible d'une intégrale de cette forme

$$0 = a + a^{(1)} x + a^{(2)} y + xy;$$

et soit $a^{(1)} = \varphi(a)$ et $a^{(2)} = \psi(a)$, on aura

(2) $$0 = a + x \varphi(a) + y \psi(a) + xy;$$

en différentiant, on aura

$$\frac{dy}{dx} = p = - \frac{\varphi(a) - y}{\psi(a) + x};$$

en éliminant a de cette valeur de p, au moyen de l'équation (2), on aura l'intégrale complète de l'équation précédente aux différences partielles du second ordre, puisque cette intégrale dépend des deux fonctions arbitraires $\varphi(a)$ et $\psi(a)$; on aura ensuite toutes les solutions particulières, au moyen des équations

$$\frac{\partial x}{\partial a} = 0 \qquad \text{et} \qquad \frac{\partial y}{\partial a} = 0.$$

Vous voyez ainsi que toutes les équations différentielles dont l'intégrale est algébrique offrent des paradoxes analogues à celui qui fait l'objet du Mémoire de M. Clairaut ([1]), et que l'on peut toujours dé-

---

([1]) *Voir* dans les *Mémoires de l'Académie de* 1740, p. 293, le Mémoire de Clairaut, *sur l'intégration ou la construction des équations différentielles du premier ordre.*

terminer ces intégrales par de simples différentiations, ce que vous trouverez, je crois, plus simple que la méthode que M. Fontaine a donnée pour cet objet dans le Recueil de ses Mémoires. Le développement de cette idée fait l'objet d'un Mémoire assez étendu, que je vais lire incessamment à l'Académie.

Je suis infiniment sensible aux choses obligeantes que vous avez bien voulu m'écrire relativement à mes recherches sur le Calcul intégral aux différences partielles; vos remarques sont très fines et très intéressantes : le moyen que vous employez pour faire voir que l'une des fonctions arbitraires doit exister dans l'intégrale débarrassée du signe $\int$ s'était aussi présenté à moi, mais je vous avoue qu'il ne m'avait point paru assez rigoureux; maintenant que j'y réfléchis de nouveau, il me semble, comme à vous, qu'il doit suffire. Dans l'extrait assez peu juste que M. de Condorcet a fait de mon Mémoire dans l'*Histoire de l'Académie* pour l'année 1773 (¹), ce géomètre croit qu'on peut prouver *a priori* que les deux fonctions arbitraires sont à la fois débarrassées du signe $\int$, ce qui est évidemment faux, comme je le lui ai fait remarquer à lui-même.

C'est avec la plus grande impatience que j'attends le Mémoire que vous m'annoncez sur les équations linéaires aux différences partielles des ordres supérieurs au second, et dont vos belles remarques me donnent d'avance la plus haute idée. Si je n'ai pas le mérite d'être utile à la Géométrie par moi-même, je me félicite au moins d'avoir donné occasion à plusieurs excellents Mémoires dont vous l'avez enrichie, et, comme je la cultive sans prétention et uniquement pour elle-même, je vous assure que je jouis autant de vos succès que s'ils m'étaient propres.

Si M. Bitaubé eût resté quelques semaines de plus à Paris, je l'aurais prié de se charger pour vous d'un Mémoire de moi sur le système du monde, dont l'impression est déjà fort avancée. L'objet de ce Mémoire est en grande partie le flux et le reflux de la mer, la précession des

(¹) *Voir* le Volume de 1773, *Histoire*, p. 43 et suiv.

équinoxes et la nutation de l'axe de la Terre, qui résultent de ce phénomène; car j'ai observé que l'attraction et la pression du fluide qui
recouvre la Terre, et dont la figure est continuellement changée par
l'action du Soleil et de la Lune, peuvent influer sensiblement sur le
phénomène de la précession des équinoxes, et qu'il peut en résulter
des quantités du même ordre que celles que produit immédiatement
l'action de ces deux astres sur la partie solide de la Terre. Cette matière importante méritait sans doute d'être traitée par un géomètre
plus habile, et je m'estimerais heureux si mes recherches peuvent vous
engager à la considérer. Je vous les enverrai aussitôt qu'elles seront
imprimées.

Le plaisir de m'entretenir avec vous m'a entraîné, et je commence à
m'apercevoir de la longueur de ma lettre; je finis donc ici mon bavardage, en vous assurant que personne n'admire plus vos rares talents,
ne vous aime plus véritablement et ne désire plus sincèrement votre
amitié que moi; c'est dans ces sentiments que j'ai l'honneur d'être,
Monsieur et très cher Confrère,

Votre très humble et très obéissant serviteur,

LAPLACE.

6.

LAPLACE A LAGRANGE.

Paris, 25 février 1778.

Monsieur et très illustre Confrère,

Je vous envoie le premier exemplaire des recherches que je vous ai
annoncées dans ma dernière lettre([1]). Je les soumets à votre jugement
et je vous prie de me mander ce que vous en pensez; elles roulent en

(1) Voir *Mémoire sur la précession des équinoxes* (*Mémoires de l'Académie*, année
1777, p. 329).

grande partie sur le flux et le reflux de la mer, matière délicate et très compliquée; je m'estimerais heureux si je pouvais avoir ajouté quelque chose à ce que l'on a fait avant moi, sur cette même matière. Vous y verrez la solution complète du problème qui fait l'objet du Traité de la cause des vents de M. d'Alembert (¹), et dont cet illustre auteur n'a donné la solution que dans le seul cas où l'astre qui attire un fluide qui recouvre une planète immobile est lui-même immobile; mais il y a beaucoup de mérite à avoir résolu ce cas, quoique très particulier, et je pense qu'il ne doit pas avoir lieu d'être mécontent de la manière dont j'ai parlé de son travail. Je désire bien de savoir ce que vous pensez de ma deuxième méthode pour déterminer les oscillations de la mer; il m'a paru qu'elle donnait, d'une manière assez simple, la partie des oscillations du fluide qui est indépendante de sa figure et de son mouvement primitifs; or cette partie est la seule qu'il soit intéressant de connaître, puisque l'autre doit être détruite à la longue. Je serai fort aise surtout de savoir votre avis sur l'explication que je trouve, du peu de différence qui existe entre les deux marées d'un même jour, différence qui serait énorme, suivant les résultats de Newton, dans les grandes déclinaisons du Soleil et de la Lune. Je vous avoue que ce peu de conformité avec la théorie et les observations m'avait toujours frappé. M. Daniel Bernoulli tâche à la vérité d'en rendre raison, dans sa pièce sur le flux et le reflux de la mer (²), en disant que *les changements qui sont dus à la rotation de la Terre sont trop vites pour que les marées puissent s'y accommoder;* mais vous verrez, je crois, par l'art. XIX de mes recherches, que cette raison est de peu de valeur, puisque la différence des deux marées d'un même jour pourrait être fort grande, malgré cette vitesse de rotation, dans une infinité d'hypothèses sur la profondeur de la mer, et que, dans les mêmes hypothèses où elle est très petite ou nulle, lorsqu'on a égard au mouvement de rotation de la Terre, elle serait très

---

(¹) *Réflexions sur la cause générale des vents.* Paris, 1747, in-4°. Ce Mémoire avait obtenu un prix à l'Académie de Berlin en 1747.

(²) *Traité sur le flux et le reflux de la mer*, Mémoire couronné par l'Académie des Sciences en 1740. Il est imprimé au tome IV du Recueil des prix.

considérable, si l'on supposait la Terre immobile, en transportant en sens contraire à l'astre son mouvement angulaire de rotation; on pourrait cependant dire alors avec M. Bernoulli que *les changements qui sont dus au mouvement de l'astre sont trop vites pour que les marées puissent s'y accommoder.*

La longueur de ces recherches m'a empêché d'insérer dans ce même Volume ce qui est relatif à la précession des équinoxes et aux oscillations de l'atmosphère; mais je ne crois pas que cette suite tarde à être imprimée, et je vous l'enverrai aussitôt. Je désirerais bien que ces faibles productions pussent m'acquitter de ce que je vous dois, par rapport aux excellents Mémoires que vous me faites l'amitié de m'envoyer; mais je sens que, malgré tous mes efforts, je ne pourrai jamais être dispensé de la reconnaissance. Au reste, ce sentiment, loin de m'être pénible, m'est extrêmement doux, parce que rien ne peut me flatter davantage que cette marque d'amitié de la part d'un des hommes pour lesquels j'ai le plus d'estime, et dont j'admire le plus les talents.

Il ne paraît rien de nouveau, en Géométrie, à Paris; mais on imprime actuellement un Ouvrage de M. Bézout, dont l'objet est une théorie générale de l'élimination entre un nombre quelconque d'équations et d'inconnues, quel que soit le degré des équations ([1]). Je ne connais cet Ouvrage que par la lecture que l'auteur en a faite à l'Académie, et par le peu qu'il m'en a dit; il m'a paru très bon, et d'autant plus intéressant qu'il me semble que les recherches des géomètres s'étaient jusqu'ici bornées à éliminer entre deux équations et deux inconnues.

M. du Séjour va faire imprimer incessamment une très belle théorie de l'inflexion des rayons de lumière, lorsqu'ils traversent les atmosphères des planètes et de leurs satellites; il se propose de vous en envoyer un exemplaire, lorsqu'elle sera imprimée. Il me charge dans ce moment de vous renouveler les assurances des vifs sentiments d'estime et d'amitié que vous lui avez inspirés. Adieu, mon très cher et très illustre Confrère, aimez-moi toujours un peu, et soyez persuadé que

---

([1]) *Théorie générale des équations algébriques,* 1779, in-4°.

personne ne vous aime plus véritablement et n'attache plus de prix que moi à votre estime et à votre amitié. Je ferai tout mon possible pour mériter l'une et l'autre, et je les regarderai comme la plus précieuse récompense de mon travail, si je suis assez heureux pour y parvenir. J'ai l'honneur d'être, avec tous les sentiments que vous me connaissez, Monsieur et très cher Confrère,

Votre très humble et très obéissant serviteur,

LAPLACE.

7.

LAPLACE A LAGRANGE.

Paris, 19 novembre 1778.

MONSIEUR ET TRÈS ILLUSTRE CONFRÈRE,

Voici le premier exemplaire de la suite de mes recherches sur plusieurs points du système du monde (¹), et je m'empresse de vous l'envoyer, en vous priant de me marquer ce que vous en pensez. Je suis infiniment sensible aux choses flatteuses que vous avez bien voulu m'écrire, relativement à mes premières recherches, et je vous remercie surtout bien sincèrement du conseil que vous m'avez donné sur la précision et la clarté que tout lecteur est en droit d'attendre de ces sortes de matières; je me propose aussi d'y donner une attention particulière, dans les recherches que je publierai par la suite; vos Mémoires, et principalement ceux que vous avez donnés en dernier lieu, sont des modèles parfaits en ce genre, et ils ne me paraissent pas moins recommandables par l'élégance que par les découvertes sublimes qu'ils renferment. Les remarques que vous m'avez envoyées sont très belles; j'ai été surtout charmé de la manière dont vous ramenez à une seule équation aux

---

(¹) *Recherches sur plusieurs points du système du monde* (*Mémoires de l'Académie*, année 1775, p. 75, et année 1776, p. 177).

différences partielles le cas de $n = 0$. Vous verrez dans l'art. XXIII qu'en employant la méthode de l'art. XIII je parviens à une équation différentielle d'une forme à peu près semblable. Quant à l'équation (5) de l'art. IV, que vous prétendez illusoire, il me paraît qu'elle est donnée par la nature même du problème, et qu'elle peut servir à faire connaître que, depuis la surface du sphéroïde jusqu'à celle du fluide, les vitesses horizontales sont très sensiblement les mêmes, et c'est uniquement sous ce point de vue que j'en ai fait usage dans l'art. VIII.

Je serai fort aise de savoir votre avis sur la partie de mes recherches qui concerne l'équilibre ferme des planètes; mes résultats sont bien contraires à ce que M. l'abbé Boscowich a avancé à ce sujet; mais, quoique j'aie eu lieu de me plaindre de ce savant, dans une dispute que j'ai eue autrefois avec lui sur les orbites des comètes, et dont je crois vous avoir rendu compte alors, je me suis cependant abstenu de le nommer, pour éloigner tout ce qui pourrait avoir l'air d'anciennes querelles, dont je suis autant l'ennemi par principe que par caractère.

Vous trouverez à la fin de ce Mémoire une nouvelle démonstration assez simple de mon théorème sur la loi de la pesanteur à la surface des sphéroïdes homogènes en équilibre; comme je ne doute pas que vous n'y soyez parvenu d'une manière beaucoup plus générale, et que vous n'ayez embrassé un plus grand nombre d'objets, je verrai avec le plus grand plaisir vos recherches sur cette matière. J'attends avec une vive impatience le Mémoire que vous m'avez annoncé, et je me fais d'avance une véritable fête de le recevoir. Personne ne vous lit avec plus de plaisir que moi, parce qu'aucun géomètre ne me paraît avoir porté à un aussi haut point que vous toutes les parties qui constituent le grand analyste; permettez cet aveu à ma reconnaissance, puisque c'est principalement par une lecture assidue de vos excellents Ouvrages que je me suis formé.

M. Bitaubé a pu vous dire que je lui ai parlé de vous dans ces termes, et c'est ce que je ne cesse de répéter à mes amis. Oserais-je vous prier de faire de ma part mille compliments à ce digne académicien, et de lui témoigner combien je suis sensible à son souvenir? M. le marquis de

Caraccioli, ambassadeur de Naples à la Cour de France, nous fait espérer que vous ferez bientôt un voyage à Paris; je désire bien vivement de vous y voir et de vous y embrasser; en attendant ce plaisir, recevez de loin, je vous prie, l'assurance de l'estime profonde et de l'amitié sincère avec lesquelles je serai toute la vie, Monsieur et très cher Confrère,

Votre très humble et très obéissant serviteur,

LAPLACE.

––––––

8.

LAPLACE A LAGRANGE.

Paris, 9 juin 1779.

MONSIEUR ET TRÈS ILLUSTRE CONFRÈRE,

Je profite de l'occasion que m'offre M. le marquis de Condorcet pour vous remercier des excellents Mémoires que vous avez eu la bonté de m'envoyer; je ne saurais vous dire jusqu'à quel point j'en ai été enchanté. La méthode directe et générale que vous substituez au parallélogramme de Newton, dans celui qui a pour objet l'usage des fractions dans le Calcul intégral, est très ingénieuse, et ce Mémoire, ainsi que celui sur les suites, est entièrement digne de votre génie; mais ce qui m'a le plus intéressé, ce sont vos recherches sur l'altération du moyen mouvement des planètes. L'application heureuse de la belle méthode que vous avez exposée, au commencement de votre Mémoire, sur les différences finies partielles, la formule extrêmement simple à laquelle vous parvenez pour la variation du grand axe, la remarque très fine que cette formule est intégrable en n'ayant égard qu'à la variation des coordonnées de la planète troublée, et la conséquence qui en résulte que, toutes les fois que les moyens mouvements des planètes sont incommensurables entre eux, les variations de leurs grands axes sont nécessairement périodiques; tout cela, joint à l'élégance et à la simplicité de votre analyse, m'a causé un plaisir que je ne puis vous rendre. Lorsque je trouvai le grand axe constant, dans le cas des orbites peu excentriques, je pressentis que cela devait avoir lieu quelle que fût l'excentricité des orbites, et je me proposais d'en faire un jour l'objet de mes recherches; mais je suis doublement charmé que vous m'ayez prévenu à cet égard, parce que vous avez exécuté ce travail infiniment mieux que je ne le puis faire, et que d'ailleurs votre autorité est bien propre à détruire le préjugé que les recherches antérieures et celles de M. Euler pouvaient élever dans l'esprit des astronomes contre l'exactitude de mes résultats. Je souhaite que cela puisse déterminer quelques-uns d'entre eux à soumettre à un nouvel examen les observations d'après lesquelles on a cru reconnaître une inégalité dans les mouvements moyens de Jupiter et de Saturne, inégalité qui, si elle existe, ne peut être l'effet de leur action mutuelle, puisque, pour la trouver dans les termes proportionnels au carré des masses perturbatrices, il faudrait, comme je l'ai observé, avoir encore égard aux excentricités des orbites, ce qui ne produirait que des quantités absolument insensibles.

J'ai su par M. d'Alembert que vous avez reçu la suite de mes recherches sur le système du monde; si vos occupations vous laissent le loisir de les parcourir, vous m'obligerez infiniment de m'en dire votre avis, comme je crois vous en avoir déjà prié dans la lettre qui y était jointe; je finis en vous assurant que rien ne peut ajouter aux vifs sentiments d'amitié, d'estime et de reconnaissance dont je suis pénétré pour vous, et avec lesquels je serai toute la vie, Monsieur et très cher Confrère,

Votre très humble et très obéissant serviteur,

LAPLACE.

9.

LAGRANGE A LAPLACE.

Berlin, 5 juillet 1779.

MONSIEUR ET TRÈS ILLUSTRE CONFRÈRE,

Les Mémoires que vous m'avez fait l'honneur de m'envoyer me sont parvenus dans une conjoncture où j'étais occupé moi-même de quelques recherches que je ne pouvais interrompre, et dont je craignais que la lecture de votre Ouvrage pût me distraire. Par cette raison, j'ai cru devoir remettre cette lecture au temps où je serais entièrement débarrassé de mon travail; et il est arrivé que différentes circonstances, et surtout la malheureuse habitude que j'ai contractée de refaire plusieurs fois les mêmes choses jusqu'à ce que j'en sois passablement content, ont prolongé ce travail beaucoup au delà du temps que j'avais fixé. Voilà ce qui a retardé si longtemps ma réponse et mes remerciements. Je vous supplie de ne pas m'en savoir mauvais gré et de me pardonner ma négligence, qui a presque été involontaire et que je me suis souvent reprochée.

Vos nouvelles recherches sur le flux et le reflux de la mer m'ont plu infiniment; elles ne me paraissent laisser rien à désirer sur ce sujet, qu'on peut regarder comme un des plus difficiles et des plus importants du système du monde. La manière dont vous déterminez l'équilibre ferme des planètes est très ingénieuse, et me paraît la seule qu'on puisse employer pour avoir une solution générale et rigoureuse du problème. Je vous loue de n'avoir pas fait mention de votre querelle avec le P. Boscowich; j'en aurais fait de même à votre place; je regarde les disputes comme très inutiles à l'avancement des sciences et comme ne servant qu'à faire perdre le temps et le repos.

J'ai beaucoup admiré votre solution du problème de la précession des équinoxes, et je regarde comme une découverte bien curieuse et bien importante la partie de cette solution qui concerne la réaction des eaux. Il est très remarquable qu'il n'en résulte que des termes de la même forme que ceux qui viennent de l'action des astres, et cela me fait croire qu'il doit y avoir un chemin direct de parvenir aux mêmes résultats, indépendamment de la détermination du mouvement des eaux. Je me propose de méditer cette matière à loisir, et, si je trouve quelque chose qui puisse mériter votre attention, je ne manquerai pas de vous en faire part.

Je doute que ma démonstration de votre beau théorème sur la loi de la pesanteur soit plus simple que celle que vous venez de donner; comme elle se trouve dans des paperasses que j'ai perdues depuis longtemps, je ne puis dans ce moment vous en rien dire; je la chercherai, et si, après la vôtre, elle peut avoir encore quelque mérite (ce dont je doute fort), je vous la communiquerai, puisque vous paraissez le désirer.

J'ai lu à l'Académie un assez long Mémoire sur le problème de la détermination des orbites des comètes ([1]), où j'ai non seulement vérifié et confirmé votre remarque sur l'insuffisance et sur l'illégitimité du mouvement uniforme et rectiligne dans l'intervalle des trois observations, quelque petit que soit cet intervalle; mais je démontre rigoureusement que le problème ne peut jamais être abaissé au-dessous du septième degré, même en supposant les intervalles entre les trois observations infiniment petits, de sorte que ce degré est la véritable limite fixée par la nature même du problème, et au delà de laquelle on ne saurait aller sans renoncer à l'exactitude nécessaire.

Je vais maintenant vous communiquer quelques remarques que j'ai faites sur votre méthode de faire disparaître les arcs de cercle, et qui pourront peut-être contribuer à la rendre plus lumineuse et plus générale. Je considère la formule (5) de la page 281 (*Mémoires de l'Académie*, année 1772), et je fais les coefficients de sin$t$ et de cos$t$ égaux à s et à u, en sorte que

$$s = p - \alpha l q t + \alpha^2 \left[\frac{qt}{12} (18\,l^2 + 5\,p^2 + 5\,q^2) - \frac{p\,l^2 t^2}{2} \right],$$

$$u = \dot{q} + \alpha l p t - \alpha^2 \left[\frac{pt}{12} (18\,l^2 + 5\,p^2 + 5\,q^2) + \frac{q\,l^2 t^2}{2} \right];$$

([1]) *Voir* t. V, p. 439 de la présente édition.

la question est de réduire, s'il est possible, ces expressions de s et de u à une autre forme, où il n'y ait point d'arc de cercle t.

Comme p et q sont des constantes arbitraires, je tire les valeurs de ces constantes pour pouvoir ensuite les faire disparaître par la différentiation; j'ai, en ne poussant l'approximation que jusqu'aux α^2,

$$p = s + \alpha\, lut - \alpha^2\left[\frac{ut}{12}(18\,l^2 + 5s^2 + 5u^2) + l^2\frac{st^2}{2}\right],$$

$$q = u - \alpha\, lst + \alpha^2\left[\frac{st}{12}(18\,l^2 + 5s^2 + 5u^2) - l^2\frac{ut^2}{2}\right].$$

Je différentie, et je dégage ensuite les différences $\frac{ds}{dt}$, $\frac{du}{dt}$; en divisant par les quantités qui les multiplient, il me vient, en négligeant toujours les α^3,

$$\frac{ds}{dt} + \alpha\, lu - \alpha^2\frac{u}{12}(18\,l^2 + 5s^2 + 5u^2) = 0,$$

$$\frac{du}{dt} - \alpha\, ls + \alpha^2\frac{s}{12}(18\,l^2 + 5s^2 + 5u^2) = 0,$$

équations semblables à celles que vous trouvez entre p, q et T (p. 283), et qui, étant intégrées comme ces dernières, donneront des valeurs de s, u en t, sans arcs de cercle. Si maintenant on substitue les valeurs de p et q en s et u, dans les autres termes de la formule (5), on a, en négligeant toujours les α^3,

$$y = l - (\tfrac{1}{2} - \alpha l)(2\,l^2 + s^2 + u^2) + s\sin t + u\cos t$$
$$+ \alpha\left(\frac{su}{3} - \frac{2\alpha\, sul}{3}\right)\sin 2t + \alpha\left[\frac{u^2 - s^2}{6} + \frac{\alpha l(s^2 - u^2)}{3}\right]\cos 2t$$
$$+ \frac{\alpha^2 s}{48}(3u^2 - s^2)\sin 3t + \frac{\alpha^2 u}{48}(u^2 - 3s^2)\cos 3t.$$

On voit que les arcs t disparaissent d'eux-mêmes, non seulement dans les équations différentielles

$$\frac{ds}{dt} + \ldots = 0, \qquad \frac{du}{dt} + \ldots = 0,$$

mais encore dans l'expression de y; sans cette condition, l'élimination des arcs de cercle deviendrait impossible; et, si l'on était assuré *a priori* que cette condition doit avoir lieu, on simplifierait beaucoup les calculs précédents, car il n'y aurait qu'à rejeter d'abord les termes affectés de t, dans les valeurs de s, u, $\dfrac{ds}{dt}$, $\dfrac{du}{dt}$, ce qui donnerait

$$s = p, \qquad u = q, \qquad \frac{ds}{dt} = -\alpha lq + \alpha^2 \frac{q}{12}(18\,l^2 + 5p^2 + 5q^2),$$

$$\frac{du}{dt} = \alpha\,lp - \frac{\alpha^2 p}{12}(18\,l^2 + 5p^2 + 5q^2),$$

$$y = l - \ldots + p\sin t + q\cos t + \alpha\sin 2t\left(\frac{pq}{3} - \frac{2\alpha pql}{3}\right) + \ldots;$$

en sorte qu'il n'y aurait plus qu'à éliminer p et q, au moyen des deux premières équations $p = s$, $q = u$; or, de ce que l'équation différentielle en y ne contient point t, mais seulement dt, il n'est pas difficile d'en conclure que l'expression de y, ainsi que les équations en s, u et t, ne doivent pas non plus contenir l'arc t.

Il ne me reste de papier que pour vous embrasser et vous renouveler les assurances des sentiments que je vous ai voués pour la vie, et avec lesquels j'ai l'honneur d'être, Monsieur et très cher Confrère,

Votre très humble et très obéissant serviteur,

De Lagrange.

10.

LAPLACE A LAGRANGE.

Paris, 30 juillet 1779.

Monsieur et très illustre Confrère,

J'ai l'honneur de vous envoyer la fin de mes recherches sur le système du monde et le premier exemplaire d'un Mémoire sur les suites, dans lequel j'ai eu pour objet de rassembler sous un seul point de vue les différents théorèmes que l'on a trouvés sur cette matière, et principalement ceux dont vous l'avez enrichie. Je suis bien charmé de voir que mes dernières recherches ont pu mériter votre suffrage; je le regarderai toujours comme la récompense la plus flatteuse de mon travail, lorsque je serai assez heureux pour l'obtenir.

Il me paraît certain, comme vous le croyez, que l'on peut déterminer les mouvements de l'axe de la Terre, indépendamment de la détermination du mouvement des eaux. C'est un des objets dont je me suis occupé depuis quelque temps, et j'ai fait sur cela plusieurs recherches que je me propose de rédiger et de donner au public, si je ne suis pas prévenu par vous. Je les aurais entièrement abandonnées en apprenant que vous avez le dessein de vous occuper du même sujet, sans la liaison naturelle qu'elles ont avec d'autres objets qui me les ont fait entreprendre. Il est assez remarquable qu'en partant des suppositions que Newton a adoptées dans sa théorie de la figure de la Terre et du reflux de la mer, il ne peut y avoir ni précession ni nutation; cette proposition, qui est un corollaire de mes formules générales, peut se démontrer très simplement par le raisonnement suivant, que j'ai inséré, en forme d'addition, dans l'*errata* de nos Mémoires. Si l'on conçoit une masse fluide homogène, tournant sur son axe et en équilibre en vertu de l'attraction réciproque de toutes ses parties, et de celles du Soleil et de la Lune, il est démontré que tout canal rentrant en lui-même, pris dans cette masse, sera en équilibre; d'où il suit qu'il ne peut y avoir aucune tendance au mouvement dans l'axe même de rotation. Or il est clair que la même chose doit encore subsister, en supposant qu'une portion de la masse fluide vienne à se consolider et à former le sphéroïde de révolution que recouvre la mer.

Vos remarques sur ma méthode de faire disparaître les arcs de cercle sont très belles et m'ont fait le plus grand plaisir. Cette matière est très délicate; je l'ai envisagée d'une manière métaphysique et qui me paraît assez simple dans l'*errata* de nos Mémoires pour l'année 1772 ([1]). Je ne sais si vous la connaissez; elle est fondée sur ce que les termes proportionnels aux puissances du temps dans les intégrales dont il

([1]) *Voir* plus haut, p. 73.

XIV. 12

s'agit, n'étant que le développement en séries de fonctions dont on
ignore la nature, il faut, pour déterminer ces fonctions, égaler le coefficient du terme proportionnel au temps à la différence du terme tout
constant, divisée par l'élément du temps.

Je finis en vous renouvelant l'assurance des sentiments profonds
d'estime et d'amitié avec lesquels je serai toute la vie, monsieur et
très cher Confrère,

Votre très humble et très obéissant serviteur,

Laplace.

11.

LAPLACE A LAGRANGE.

Paris, 4 novembre 1779.

Monsieur et très illustre Confrère,

Voici les premiers exemplaires de deux Mémoires que je viens de
faire imprimer; ces Mémoires et celui *sur l'usage du calcul aux différences partielles dans la théorie des suites,* que vous devez avoir reçu
dans mon dernier envoi, paraîtront dans le Volume de l'Académie pour
l'année 1777 (¹). Vous m'obligerez infiniment de m'écrire ce que vous
en pensez; je ne sais si je serai assez heureux pour que la nouvelle
manière dont je présente ma méthode de faire disparaître les arcs de
cercle puisse obtenir votre suffrage; c'est au moins dans cette vue que
j'ai composé mon Mémoire sur cet objet. Quant à celui sur la précession des équinoxes, il est extrait d'un plus grand travail sur les
altérations du mouvement diurne, que j'avais entrepris dans le dessein de concourir pour le prix de l'Académie impériale de Pétersbourg; mais, n'ayant pas été suffisamment content de mon travail,

---

(¹) *Mémoire sur l'usage du calcul aux différences partielles dans la théorie des suites*
(*Mémoires de l'Académie,* 1777, p. 99). — *Mémoire sur la précession des équinoxes* (*ibid.,*
p. 329). — *Mémoire sur l'intégration des équations différentielles par approximation*
(*ibid.,* p. 373).

cette considération, jointe à quelques autres raisons particulières, m'a fait renoncer à ce dessein, et je me suis déterminé à publier ce qui m'a paru le plus intéressant. Cette matière est très délicate et présente un grand nombre de questions importantes; il en est une, entre autres, que je n'ai fait qu'énoncer à la fin de mes recherches, et dont la solution serait de la plus grande utilité dans l'Histoire naturelle : elle se réduit à savoir si un corps recouvert d'un fluide de profondeur très irrégulière a toujours un axe de rotation autour duquel il puisse se mouvoir uniformément, le fluide étant d'ailleurs en équilibre, et s'il n'est pas possible d'imaginer une infinité d'hypothèses sur la profondeur et la densité du fluide, dans lesquelles l'axe réel de rotation doit parcourir un espace considérable sur la surface du sphéroïde. Je me propose de réfléchir sur cet important problème, mais je crains d'être arrêté par sa difficulté; je désirerais bien qu'il pût exciter votre curiosité, parce que vous êtes plus en état que personne de la résoudre.

Je viens de relire avec plus de soin que je ne l'avais encore fait vos deux excellents Mémoires sur le mouvement d'un corps qui n'est sollicité par aucune force extérieure, et sur les pyramides triangulaires [1]; je ne saurais vous exprimer jusqu'à quel point j'ai été frappé et enchanté de la profondeur de vos combinaisons et de l'élégance de votre analyse; il est impossible de manier cet instrument avec plus d'adresse et de généralité. La considération des trois axes principaux de rotation simplifie beaucoup la solution du problème qui fait l'objet du premier Mémoire, et, par cette raison, celle que M. Euler en a donnée dans le Chapitre XV de sa *Mécanique des corps durs* [2] me paraît une des plus simples que l'on puisse imaginer; mais, pour se passer de cette ressource, il ne fallait rien moins que les artifices nouveaux et ingénieux dont vous faites usage, et je regarde cette partie de votre Mémoire comme un des plus grands efforts de l'Analyse. L'équation différen-

[1] *Nouvelle solution du problème du mouvement de rotation d'un corps de figure quelconque qui n'est animé par aucune force accélératrice* (*Mémoires de l'Académie de Berlin*, année 1773, p. 85-120). — *Solutions analytiques de quelques problèmes sur les pyramides triangulaires* (ibid., p. 149-176). *Voir* le Tome III, p. 579 et 661, de la présente édition.
[2] *Theoria motus corporum solidorum seu rigidorum*, 1765 et 1790, in-4°.

tielle à laquelle on parvient alors, quoique séparée, est embarrassée de radicaux; mais il est assez remarquable que, en cherchant à l'en délivrer, vous soyez conduit à l'équation du troisième degré qui détermine la position des trois axes principaux, et que vous retombiez dans l'équation différentielle de M. Euler.

Le plaisir de m'entretenir avec vous m'entraîne, et je m'aperçois, peut-être un peu tard, de la longueur de ma lettre; je finis en vous recommandant de m'aimer toujours un peu, et en vous renouvelant les sentiments profonds d'estime et d'amitié avec lesquels j'ai l'honneur d'être, monsieur et très cher Confrère,

Votre très humble et très obéissant serviteur,

LAPLACE.

P. S. Comme je présume que ce paquet vous parviendra aux environs du jour de l'an, je vous prie de recevoir les vœux sincères que je forme pour votre bonheur; puissiez-vous jouir longtemps de l'admiration et de la reconnaissance que vos heureux travaux inspirent à tous ceux qui cultivent les sciences ou qui s'intéressent à leurs progrès.

12.

LAGRANGE A LAPLACE.

Berlin, 12 novembre 1779.

Je commence par des excuses de n'avoir pas eu plus tôt l'honneur de vous répondre et de vous remercier des nouveaux présents que vous m'avez faits. Un de mes amis m'avait promis une occasion de vous faire parvenir un paquet contenant ce que j'ai donné dans notre dernier Volume, et je comptais profiter de la même voie pour vous écrire; mais cette occasion m'ayant manqué, et ayant passé d'ailleurs une partie de l'été à la campagne, où je me suis peu occupé de Géométrie, je me flatte que vous voudrez bien ne pas me savoir mauvais gré d'avoir attendu jusqu'à présent à m'acquitter envers vous des devoirs que l'amitié et la reconnaissance m'imposent. J'ai reçu en son temps vos beaux Mémoires sur la théorie des suites et sur le système du monde, et je les ai lus avec une satisfaction égale à leur mérite. Ce qui me vient de vous me cause toujours un plaisir nouveau, par les idées originales que j'y trouve.

Celle d'employer les différences partielles, pour réduire ensuite la quantité x, dans l'équation

$$x = t + \alpha \varphi(x)$$

en est une, et la généralisation que vous avez obtenue, par ce moyen, de ma formule est une preuve de la fécondité de cette méthode. Vos recherches sur les oscillations de l'atmosphère et sur les ondes sont bien dignes de vous comme tout ce que vous avez déjà fait dans ce genre; et, quelque incomplètes que soient ces recherches, je serais presque tenté de les regarder comme le *non plus ultra* dans cette matière, attendu l'impossibilité d'intégrer généralement les équations différentielles du problème.

Je ne sais quand vous pourrez recevoir mes derniers Mémoires; je vais en remettre un exemplaire pour vous à M. Bernoulli, qui doit envoyer une balle à M. de la Lande; mais elle sera peut être longtemps en chemin. Au reste, ces Mémoires sont si peu de chose, que je n'ai nul empressement de vous les faire connaître. Je suis bien curieux de voir les nouvelles recherches que vous m'avez annoncées sur les intégrales particulières; j'ai aussi lu moi-même, cette année, quelque chose sur ce sujet à l'Académie; j'y vais lire incessamment deux Mémoires *Sur la construction des cartes géographiques* ([1]), sujet qui a déjà été ébauché par M. Lambert, dans un Mémoire allemand, et sur lequel M. Euler vient aussi de s'exercer, dans les *Acta* de Pétersbourg ([2]),

([1]) Ces deux Mémoires sont insérés dans le Volume de 1779 (p. 161 et 186) de l'Académie de Berlin et dans le tome IV, p. 637 de la présente édition.

([2]) Voici le titre des Mémoires d'Euler : *De Representatione superficiei sphæricæ super plano; De projectione geographica superficiei sphæricæ; De projectione geographica Delisliana in mappa generali imperii russici usitata.* Voir *Acta Academiæ Scientiarum imperialis petropolitanæ pro anno MDCLXXVII*, pars prior, 1778, p. 107, 133 et 143.

mais sans avoir presque rien ajouté à ce que M. Lambert avait fait. Je me propose maintenant de refondre mes anciennes recherches sur la libration, en profitant de ce que M. d'Alembert a fait depuis sur ce même sujet, et de quelques vues nouvelles que j'ai depuis longtemps; mais je ne puis encore prévoir ce que cela deviendra. Si vous voyez MM. d'Alembert et de Condorcet, je vous prie de leur dire que j'ai reçu leurs réponses et que je leur récrirai avant la fin de l'année. Il ne me reste de papier que pour vous renouveler les assurances de tous les sentiments que vous m'avez inspirés, et avec lesquels je suis pour la vie,

Votre très humble et très obéissant serviteur,

DE LAGRANGE.

13.

LAPLACE A LAGRANGE.

Paris, 11 août 1780.

MONSIEUR ET TRÈS ILLUSTRE CONFRÈRE,

Je profite du retour de M. Bitaubé à Berlin pour me rappeler à votre souvenir; ce digne académicien, qui vient d'enrichir votre littérature d'une excellente traduction d'Homère (¹), ne me paraît pas moins recommandable par les qualités du cœur que par ses talents littéraires; votre amitié pour lui m'avait d'abord prévenu en sa faveur, et je n'ai pas tardé à reconnaître que ce même tact qui vous fait découvrir tant de belles choses en Géométrie s'étend également à la connaissance des hommes. Je n'ai point encore reçu l'exemplaire de vos derniers Mémoires, que M. d'Alembert m'a promis de votre part; mais M. de Condorcet m'ayant prêté le sien, je les ai parcourus avec le plus grand plaisir. J'ai été surtout content au delà de ce que je puis vous dire de ceux qui ont pour objet la détermination des orbites des comètes. Ils

(¹) La traduction de l'*Iliade* parut en 1780, et celle de l'*Odyssée* en 1785.

m'ont fait naitre quelques réflexions que je me proposais de vous communiquer; mais cela m'est impossible, dans ce moment, n'ayant point pour me les rappeler votre Mémoire sous les yeux.

On va imprimer incessamment un Mémoire de moi sur les probabilités ([1]), dont l'objet principal est la manière de remonter des événements aux causes; j'aurai l'honneur de vous en envoyer le premier exemplaire que j'aurai, et de le soumettre à votre jugement. Il m'a donné occasion de relire ce que vous avez fait imprimer dans le Tome V des *Mémoires de Turin*, sur le milieu qu'il faut choisir entre plusieurs observations, et, quoique les principes dont je fais usage pour cet objet soient un peu différents des vôtres, cela ne m'a pas empêché d'admirer la belle méthode que vous donnez page 221 pour déterminer ce milieu, lorsque le nombre des erreurs est infini. La propriété dont vous faites mention à la page 177, et qui consiste en ce que la somme des carrés des termes du binôme $(1+1)^n$ est égale à $\frac{1.3.5...(2n-1)}{1.2.3...n} 2^n$, cette propriété, dis-je, est très remarquable. Elle peut se démontrer facilement en cette manière : pour cela, je considère le produit $(1+a)^n\left(1+\frac{1}{a}\right)^n$, et j'observe que le terme de ce produit indépendant de a est

$$1 + n^2 + \left[\frac{n(n-1)}{1.2}\right]^2 + \left[\frac{n(n-1)(n-2)}{1.2.3}\right]^2 + ...,$$

ce qui se voit aisément en développant séparément les deux quantités $(1+a)^n$ et $\left(1+\frac{1}{a}\right)^n$, et en les multipliant l'une par l'autre; or, en mettant le produit $(1+a)^n\left(1+\frac{1}{a}\right)^n$ sous cette forme $\frac{1}{a^n}(1+a)^{2n}$, le terme indépendant de a sera visiblement égal au coefficient de a^n dans le développement de $(1+a)^{2n}$, c'est-à-dire à

$$\frac{1.2.3...2n}{(1.2.3...n)^2} = \frac{1.3.5...(2n-1)}{1.2.3...n} 2^n;$$

([1]) *Mémoires sur les probabilités* (*Mémoires de l'Académie*, année 1778, p. 127).

or on aura donc

$$1 + n^2 + \left[\frac{n(n-1)}{1.2}\right]^2 + \left[\frac{n(n-1)(n-2)}{1.2.3}\right]^2 + \ldots = \frac{1.3.5\ldots(2n-1)}{1.2.3\ldots n}\,2^n.$$

On peut encore parvenir à cette équation au moyen de la propriété connue de la différence $n^{\text{ième}}$ du produit uy, car on a

$$d^n uy = u\,d^n y + n\,du\,d^{n-1}y + \frac{n(n-1)}{1.2}\,d^2 u\,d^{n-2}y + \ldots$$

Soit $yz = u = x^n$, et l'on aura

$$d^n x^{2n} = 1.2.3\ldots n\,x^n \left\{ 1 + n^2 + \left[\frac{n(n-1)}{1.2}\right]^2 + \left[\frac{n(n-1)(n-2)}{1.2.3}\right]^2 + \ldots \right\}$$

$$= 2n(2n-1)\ldots(n+1)x^n,$$

ce qui donne, comme ci-dessus,

$$1 + n^2 + \left[\frac{n(n-1)}{1.2}\right]^2 + \ldots = \frac{1.2.3\ldots 2n}{(1.2.3\ldots n)^2}.$$

On pourrait peut-être parvenir à des propriétés analogues sur les puissances supérieures des termes du binôme $(1+1)^n$, mais je ne les ai point recherchées.

Il n'y a rien de nouveau en Géométrie à Paris, si ce n'est qu'il va paraître incessamment deux Volumes d'opuscules de M. d'Alembert, et dont on a fait déjà le Rapport à l'Académie. Je crois que notre Volume de 1777 ne tardera pas à paraître et qu'il sera publié avant les vacances; mais, à l'exception des Mémoires que j'ai l'honneur de vous envoyer, et de celui de M. du Séjour sur les atmosphères des planètes, je ne connais point les Mémoires qu'il renferme; je crois seulement qu'ils sont en petit nombre.

Recevez de nouveau, monsieur et très illustre Confrère, l'assurance des sentiments profonds d'estime et d'amitié dont je suis pénétré pour vous, et avec lesquels je serai toute la vie

Votre très humble et très obéissant serviteur,

LAPLACE.

P. S. M. le marquis de Caraccioli, ambassadeur de Naples à la Cour de France, va nous quitter; il est nommé vice-roi de Sicile, et il partira pour Naples au commencement de novembre; il est généralement regretté de tous ceux qui avaient l'avantage de le connaître. Le génie d'Archimède rendra la Sicile à jamais célèbre, et, si ce grand homme vivait encore, je ne doute point que M. le marquis de Caraccioli, avec le goût que vous lui connaissez pour la Géométrie, ne quittât Paris sans regret; mais malheureusement les sciences sont très peu cultivées en Sicile, et je crains fort que, les ressources qu'il trouvait ici dans la société des savants et des gens de lettres venant à lui manquer, il ne s'ennuie un peu au milieu des grandeurs.

14.

LAGRANGE A LAPLACE.

Berlin, 8 septembre 1780.

Monsieur et très illustre Confrère,

Ce paquet vous sera rendu par M. Lexell (¹), dont vous connaissez déjà le mérite; je crois que vous serez enchanté de connaître aussi sa

(¹) André-Jean Lexell, géomètre, qui, malgré son mérite, a été oublié dans les biographies. Voici les renseignements que j'ai pu trouver sur lui dans une Notice insérée au t. II, p. 16-19, des *Nova Acta* de l'Académie de Pétersbourg. Né à Abo (Finlande), il obtint du roi de Suède la permission de se rendre à Pétersbourg où il devint membre honoraire, puis astronome de l'Académie et (octobre 1783) premier professeur de Mathématiques en remplacement d'Euler, mort le mois précédent. Lui-même mourut l'année suivante au mois de décembre. Une anecdote peut donner une idée de sa valeur scientifique. En 1768, encore complètement inconnu, il avait adressé à l'Académie de Pétersbourg un Mémoire intitulé : *Methodus integrandi, nonnullis æquationum exemplis illustrata.* Euler, chargé de l'examiner, fit un Rapport très favorable, et le comte Wolodimer Orlov, « qui, dans ce temps, dit la Notice, dirigeait l'Académie, ayant objecté que c'était peut-être l'Ouvrage de quelque habile géomètre qui avait bien voulu favoriser M. Lexell, M. Euler répliqua avec sa vivacité ordinaire que, dans ce cas, il n'y aurait eu que M. d'Alembert ou lui, auxquels M. Lexell était inconnu, qui auraient pu le faire ». — Un petit fait assez singulier à signaler en passant : le directeur de l'Académie, que remplaçait momentanément le comte Orlov, était la princesse de Daschkaw, dame du palais de l'impératrice Catherine.

On trouvera plus loin une lettre de Lexell à Lagrange.

personne. Comme il ne vient à Paris que pour voir les savants, votre connaissance est une de celles qui doivent l'intéresser le plus, et je lui envie l'avantage qu'il aura de pouvoir s'entretenir avec vous et profiter de vos lumières. J'ai reçu tous vos Mémoires, et je dois vous demander pardon de ne pas vous en avoir remercié plus tôt; vous connaissez depuis longtemps ma négligence sur ce point; c'est un défaut dont je ne puis me corriger, mais ce n'est chez moi qu'un défaut de formalités, et ma reconnaissance n'en est que plus forte et plus vraie. Je n'ai pas besoin de vous dire combien je suis content de vos dernières productions; tant pis pour moi, si je ne sentais pas le prix de ce que vous faites; mais, Dieu merci, je n'ai rien à me reprocher à cet égard, et je vous avoue que vos découvertes me donnent autant et peut-être plus de satisfaction que si elles venaient de moi. Aussi ne saurais-je vous exprimer le plaisir que m'a causé surtout la lecture du Mémoire dans lequel vous parvenez, d'une manière si élégante et si ingénieuse, par le moyen du Calcul différentiel aux différences partielles, aux théorèmes que je n'avais trouvé que par des voies indirectes et particulières. C'est un nouveau pas que vous avez fait dans la théorie des séries.

Je m'occupe présentement de quelques recherches relatives à la rotation des corps, ce qui me fournira l'occasion d'étudier plus à fond que je n'ai encore pu le faire votre beau travail sur la précession des équinoxes. Si je trouve quelque chose qui puisse mériter votre attention, je me ferai un devoir de vous en faire part. Je vous envoie dans ce paquet un exemplaire des Mémoires que vous avez déjà lus, et que vous souhaitez de relire; je ne doute pas que vous ne poussiez beaucoup plus loin la théorie que je n'ai fait qu'ébaucher; la matière est digne de vous occuper. La dernière feuille de ces Mémoires est double, parce qu'elle manque dans l'exemplaire du marquis de Condorcet; je vous prie de lui remettre cette feuille de ma part, en y joignant mes plus tendres compliments; je vous prie aussi de lui présenter, ainsi qu'à MM. d'Alembert et du Séjour, M. Lexell, qui me paraît bien digne de les connaître et d'en être connu.

J'ai l'honneur d'être, avec toute sorte de considération et de tendresse,

Votre très humble et très obéissant serviteur,

DE LA GRANGE.

15.

LAPLACE A LAGRANGE.

Paris, 23 novembre 1780.

MONSIEUR ET TRÈS ILLUSTRE CONFRÈRE,

M. Lexell m'a remis votre paquet et votre lettre, et je n'ai pas manqué de m'acquitter de l'agréable commission dont vous m'avez chargé,
en présentant ce savant estimable à MM. d'Alembert et du Séjour. Je
ne puis trop vous remercier des choses flatteuses que votre amitié
vous dicte à mon égard. Je vous assure que rien ne m'est plus précieux
que votre suffrage. Cultivant les sciences sans ambition, sans intrigue
et seulement pour mon plaisir, le suffrage de la multitude m'est entièrement indifférent, et il me suffit que vous daigniez vous occuper de
mes bavardages. Je vous en envoie un nouveau sur les Probabilités (¹);
la matière que j'y traite est fort délicate par les considérations méta-
physiques qu'elle exige, et très compliquée par les difficultés d'analyse qu'elle présente. Vous trouverez, entre autres choses, dans ce
Mémoire, une méthode pour déterminer les intégrales des fonctions
différentielles qui ont des facteurs élevés à de très grandes puissances;
telle est, par exemple, l'intégrale $\int x^p(3-x)^q(1-x)^r(1+2x)^s\,dx$,
p, q, r, s étant de très grands nombres qui surpassent 100 000. Si l'on
voudrait avoir cette intégrale depuis $x = 0$ jusqu'à $x = 1$, je ne sache
pas qu'aucune des méthodes connues puisse remplir cet objet; je serai
fort aise de savoir votre avis sur celle que je propose.

J'attends avec bien de l'impatience vos nouvelles recherches sur la
rotation des corps. C'est le problème le plus difficile de la Mécanique.

(¹) Voir *Mémoires de l'Académie royale des Sciences pour* 1778, p. 227.

Il serait bien à désirer que l'on pût déterminer les changements dans la position de l'axe de la Terre, en ayant égard aux attractions du Soleil et de la Lune sur la mer, dont la profondeur est très irrégulière. Je crois avoir prouvé que les phénomènes de la précession et de la nutation sont alors sensiblement les mêmes que si la mer formait une masse solide avec la Terre; mais je n'ai pu parvenir encore à m'assurer si la position de l'axe terrestre relativement à la surface du globe peut changer sensiblement en vertu de ces attractions, et répondre un jour à des points de la surface éloignés de ceux qui la déterminent aujourd'hui. Je suis bien tenté de croire que cela est possible. C'est une question très importante dans l'Histoire naturelle, et qui me parait digne à tous égards de vous occuper.

Je n'ai pas encore eu le temps de relire votre beau Mémoire sur les comètes; mais je l'ai communiqué à mon ami M. du Séjour, qui l'a lu avec beaucoup de soin et la plus grande satisfaction. Il lui a donné lieu de faire plusieurs remarques intéressantes sur cet objet; il se propose de les réunir dans un Mémoire et de les publier, et il ne manquera pas de vous en faire hommage aussitôt qu'elles paraîtront. Adieu, mon très cher Confrère, vous connaissez depuis longtemps mes sentiments à votre égard; je vous prie de croire qu'ils ne font qu'augmenter chaque jour, et que personne au monde ne vous aime et ne vous admire autant que

Votre très humble et très obéissant serviteur,

LAPLACE.

16.

LAPLACE A LAGRANGE.

Paris, 21 mars 1781.

MONSIEUR ET TRÈS ILLUSTRE CONFRÈRE,

Permettez-moi de vous entretenir aujourd'hui du problème de la détermination des orbites des comètes, sur lequel j'ai fait quelques réflexions que m'a fait naître la lecture de vos deux excellents Mémoires. J'en ai composé un petit Mémoire que je vais lire incessamment à l'Académie; mais, comme j'ignore dans quel temps il sera imprimé, et que les remarques que j'ai faites sur votre belle analyse y sont intimement liées, je vais vous en donner ici l'extrait, de la manière la plus concise qu'il me sera possible.

J'observe d'abord que les méthodes d'approximation sont toutes fondées sur la supposition que les intervalles entre les observations auxquelles on cherche à satisfaire sont très petits; or on peut, dans ce cas, faire tomber les approximations sur les résultats de l'analyse, comme on l'a pratiqué jusqu'ici; on peut encore employer une analyse rigoureuse, et ne faire porter les approximations que sur les données de l'observation; cette nouvelle manière de traiter le problème dont il s'agit m'a paru présenter plusieurs grands avantages, et, par cette raison, je l'expose avec tout le détail nécessaire.

En nommant α la longitude de la comète à un instant quelconque, θ sa latitude, et t le temps écoulé depuis cette époque, la longitude et la latitude après le temps t seront exprimées par les deux suites

$$\alpha + t\frac{d\alpha}{dt} + \frac{t^2}{1.2}\frac{d^2\alpha}{dt^2} + \frac{t^3}{1.2.3}\frac{d^3\alpha}{dt^3} + \ldots,$$

$$\theta + t\frac{d\theta}{dt} + \frac{t^2}{1.2}\frac{d^2\theta}{dt^2} + \frac{t^3}{1.2.3}\frac{d^3\theta}{dt^3} + \ldots;$$

on déterminera les valeurs de α, $\frac{d\alpha}{dt}$, $\frac{d^2\alpha}{dt^2}$, $\frac{d^3\alpha}{dt^3}$, $\ldots$, θ, $\frac{d\theta}{dt}$, $\ldots$ par la comparaison de plusieurs observations; mais, comme dans la solution du problème on n'a besoin que de connaître α, θ et leurs premières et secondes différences, il suffira, à proprement parler, de trois observations, tant en longitude qu'en latitude; mais, si l'on en a un plus grand nombre, on aura les valeurs de six quantités, α, $\frac{d\alpha}{dt}$, $\frac{d^2\alpha}{dt^2}$, θ, $\frac{d\theta}{dt}$ et $\frac{d^2\theta}{dt^2}$ d'une manière d'autant plus exacte que les observations seront en plus grand nombre et faites avec plus de soin; c'est là, si je ne me trompe, un grand avantage de cette méthode, puisque, en faisant ainsi concourir à la solution du problème un grand nombre d'observations voisines, on doit arriver à des résultats beaucoup plus précis. Je donne des formules très simples pour déterminer les six quantités précédentes par la comparaison d'un nombre quelconque d'observations, et il en résulte que, si l'on prend trois observations faites à des intervalles de temps égaux, et que α et θ soient la longitude et la latitude moyennes, on aura les valeurs de α, $\frac{d\alpha}{dt}$, $\frac{d^2\alpha}{dt^2}$, θ, $\frac{d\theta}{dt}$ et $\frac{d^2\theta}{dt^2}$, aux quantités près du second ordre, l'intervalle qui sépare les observations étant considéré comme une quantité très petite du premier ordre; d'où il suit qu'il y a de l'avantage à choisir trois observations équidistantes.

Vous êtes arrivé à ce même résultat, page 156 de votre second Mémoire, mais par un calcul beaucoup plus composé, parce que, comme vous ne faites tomber les approximations que sur les résultats de l'analyse, vous n'avez dû le trouver qu'après la solution complète du problème. Les observations ne donnent immédiatement que l'ascension droite et la déclinaison de la comète, et leur réduction en longitude et en latitude demande des calculs pénibles par leur longueur, lorsque l'on considère un grand nombre d'observations. Pour obvier à cet inconvénient, au lieu d'opérer comme ci-dessus sur la longitude et sur la latitude, j'opère immédiatement sur l'ascension droite et sur la déclinaison, et en nommant b et v l'ascension droite et la déclinaison correspondantes à la longitude α, je représente cette ascension droite et cette déclinaison, après le temps t, par les deux séries

$$b + t\frac{db}{dt} + \frac{t^2}{1.2}\frac{d^2 b}{dt^2} + \dots,$$

$$v + t\frac{dv}{dt} + \frac{t^2}{1.2}\frac{d^2 v}{dt^2} + \dots.$$

Je détermine ensuite b, $\frac{db}{dt}$, $\frac{d^2 b}{dt^2}$, v, $\frac{dv}{dt}$, $\frac{d^2 v}{dt^2}$ par la comparaison des observations, et j'en conclus les valeurs de α, $\frac{d\alpha}{dt}$, $\frac{d^2\alpha}{dt^2}$, θ, $\frac{d\theta}{dt}$ et $\frac{d^2\theta}{dt^2}$ au moyen des formules qui donnent la longitude et la latitude, lorsque l'ascension droite et la déclinaison sont connues, et au moyen de leurs premières et secondes différentielles. On aura ainsi le procédé le plus simple pour déterminer ces valeurs, que je nomme les *données de l'observation,* et l'on peut en conclure que, s'il y a de l'incertitude sur la loi des différences secondes des observations, ce sera une marque qu'elles ne peuvent faire connaître les éléments de l'orbite. Cela fait, tout le reste de mon analyse est entièrement rigoureux.

En nommant ρ la distance de la comète à la Terre, correspondante à la longitude α, je détermine par une analyse très simple : 1° le rapport de $\frac{\partial \rho}{\partial t}$ à ρ; 2° la valeur de ρ; cette valeur m'est donnée par une équation du septième degré, quelle que soit l'excentricité de l'orbite terrestre, au lieu que vous parvenez à une équation du huitième degré. Ayant examiné d'où peut venir cette différence, j'ai trouvé qu'elle tenait à une légère méprise de calcul qui vous est échappée dans la détermination de la quantité δ (art. 12 du second Mémoire, p. 139). Au lieu de l'expression

$$\delta = -\frac{m^2(\theta' + \theta'')\theta'\theta''}{2}\,\mathrm{R}''\sin(\alpha - \mathrm{A}''),$$

à laquelle vous parvenez, je trouve, par la théorie des forces centrales,

$$\delta = -\frac{(\theta' + \theta'')\theta''\theta'\mathrm{F}}{2\,\mathrm{R}''^2}\sin(\alpha - \mathrm{A}''),$$

ce qui revient à écrire $\frac{\mathrm{F}}{\mathrm{R}''^3}$ au lieu de m^2, moyennant quoi votre équation pour déterminer la distance de la comète à la Terre s'accorde avec la mienne, et n'est plus que du septième degré. Cette équation est entièrement indépendante de la nature de la section conique que décrit la comète, en sorte qu'elle aurait également lieu quand même cette section serait un cercle, une ellipse ou une hyperbole. On déterminera ainsi les éléments de cette section conique. Pour cela, soient x, y et z les trois coordonnées de la comète rapportées au centre du Soleil, ces coordonnées sont données en fonctions de ρ et de quantités connues; leurs différences $\frac{dx}{dt}$, $\frac{dy}{dt}$ et $\frac{dz}{dt}$ sont données en fonctions de ρ, $\frac{d\rho}{dt}$ et de quantités connues soit par les observations, soit par la théorie du mouvement de la Terre; la valeur de ρ est supposée connue par ce qui précède, ainsi que le rapport de $\frac{d\rho}{dt}$ à ρ; on connaîtra donc ainsi les valeurs des six quantités x, y, z, $\frac{dx}{dt}$, $\frac{dy}{dt}$ et $\frac{dz}{dt}$; or le mouvement de la comète est déterminé par trois équations différentielles du second ordre, dont les intégrales renferment par conséquent six constantes arbitraires qui sont les éléments de l'orbite de la comète; de plus, il est visible que ces six constantes sont données en fonctions de x, y, z, $\frac{dx}{dt}$, $\frac{dy}{dt}$ et $\frac{dz}{dt}$; on connaîtra donc par là ces éléments. De ces considérations je tire des formules très simples pour avoir l'inclinaison de l'orbite, la position du nœud, le paramètre de la section conique, la position de son périhélie, l'instant du passage de la comète par ce point, enfin le grand axe de son orbite. Si l'on nomme $2a$ ce grand axe, et que l'on prenne la masse de Soleil pour unité de masse, et sa moyenne distance à la Terre pour unité de distance, on aura

$$\frac{1}{2a} = \frac{1}{\sqrt{x^2+y^2+z^2}} - \frac{dx^2+dy^2+dz^2}{2\,dt^2};$$

cette formule est celle dont vous avez fait usage dans votre beau Mémoire *Sur l'altération des moyens mouvements des planètes*. Et, si l'on suppose que la comète se meut dans une parabole, on a

$$a = \infty \quad \text{et} \quad \frac{1}{2a} = 0,$$

partant

$$0 = \frac{1}{\sqrt{x^2+y^2+z^2}} - \frac{dx^2+dy^2+dz^2}{2\,dt^2}.$$

En substituant au lieu de x, y, z, $\frac{dx}{dt}$, $\frac{dy}{dt}$ et $\frac{dz}{dt}$ leurs valeurs en ρ et en quantités connues, je parviens à une équation fort simple du sixième degré en ρ, et cette équation est particulière à la parabole; on peut donc en faire usage pour déterminer la distance de la comète à la Terre; et elle me paraît avoir sur l'équation précédente du septième degré l'avantage d'emprunter beaucoup plus de la théorie et de s'appuyer moins sur les observations, ce qui doit la rendre plus exacte à cause des erreurs dont les observations sont toujours susceptibles, et de l'influence de ces erreurs lorsque l'on considère des observations voisines. Au reste, ces deux équations du sixième et du septième degré ayant lieu à la fois doivent avoir un dividende commun, et, en le cherchant par les méthodes connues, on parvient à déterminer ρ par une équation du premier degré, en sorte que le problème de la détermination des orbites paraboliques des comètes s'abaisse au premier degré. On a, de plus, une équation de condition entre les coefficients connus des deux équations et, par conséquent, entre les observations elles-mêmes; or cette équation est celle qui doit exister entre elles pour qu'elles puissent satisfaire à un mouvement parabolique. Mais il me paraît plus simple et plus sûr, dans la pratique, de satisfaire immédiatement et par des essais à l'équation du sixième degré. Je soupçonne qu'elle a beaucoup d'analogie avec celle de M. Lambert, dont vous parlez dans votre premier Mémoire. M. du Séjour est parvenu de son côté à une équation semblable, en faisant usage des rapports des trois distances de la comète à la Terre, que l'on tire des équations de l'article 12 de votre second Mémoire. J'avais cru d'abord que ces rapports n'étaient pas assez exacts, pour l'usage qu'il en fait; mais, en examinant avec soin votre analyse, je me suis assuré qu'ils ont tout le degré d'exactitude nécessaire, en sorte qu'il ne peut rester aucun doute sur la vérité de cette équation du sixième degré.

Telles sont, Monsieur et très illustre Confrère, les réflexions que m'a suggérées la lecture de vos deux excellents Mémoires sur la détermination des orbites des comètes; et je les soumets entièrement à votre jugement. Je ne sais si vous avez reçu le Mémoire que je vous ai envoyé, sur les probabilités; on va en imprimer un nouveau de moi sur l'intégration des équations aux différences partielles finies et infiniment petites, et je ne manquerai pas de vous l'envoyer aussitôt qu'il sera imprimé. Je travaille présentement à la Théorie de l'anneau de Saturne, mais je ne puis prévoir encore le résultat de mon travail. M. d'Alembert m'a fait part de votre beau résultat sur l'égalité du mouvement des points équinoxiaux de la Lune et de celui des nœuds de l'orbite de ce satellité. J'attends avec la plus vive impatience vos belles recherches sur cette matière importante; je vous prie d'être bien persuadé que personne n'en sent mieux que moi tout le prix, et n'a pour vous une admiration plus sincère; c'est avec ces sentiments que j'ai l'honneur d'être, Monsieur et très illustre Confrère,

Votre très humble et très obéissant serviteur,

LAPLACE.

P.-S. Oserais-je vous prier de faire mille compliments de ma part à M. Bitaubé, et de lui dire que je suis bien fâché qu'il ne soit pas à Paris pour y entendre l'*Iphigénie en Tauride*, nouvel opéra de M. Piccini (¹). C'est sans contredit un des plus beaux ouvrages qui existent en Musique, et peut-être n'en est-il aucun, même en Italie, qui puisse lui être comparé pour l'ensemble.

Comme il me reste encore un peu de place, je vais joindre ici le calcul de la valeur précédente de δ; pour cela, je reprends l'équation

$$\delta = \theta'' R' \sin(\alpha - A') - (\theta' + \theta'') R'' \sin(\alpha - A'') + \theta' R''' \sin(\alpha - A'''),$$

que vous trouvez dans l'article 11 de votre second Mémoire, page 138, et j'observe que, si l'on prend pour axe des abscisses la droite qui forme l'angle α avec la ligne des équinoxes, et que l'on nomme y', y'', y''' les ordonnées de la Terre correspondantes aux longitudes A', A'' et A''', on aura

$$y' = R' \sin(\alpha - A'), \qquad y'' = R'' \sin(\alpha - A''), \qquad y''' = R''' \sin(\alpha - A'''),$$

ce qui donne

$$\delta = \theta'(y''' - y'') - \theta''(y'' - y').$$

Or, en regardant y', y'' et y''' comme fonctions du temps θ, on aura, en

(¹) Cet opéra fut représenté le 23 janvier 1781.

négligeant les puissances supérieures au carré,

$$y''' = y'' + \theta'' \frac{dy''}{d\theta} + \frac{\theta''^2}{2} \frac{d^2 y''}{d\theta^2},$$

$$y' = y'' - \theta' \frac{dy''}{d\theta} + \frac{\theta'^2}{2} \frac{d^2 y''}{d\theta^2}.$$

En substituant ces valeurs dans l'expression de δ, on aura

$$\delta = \frac{\theta' \theta'' (\theta' + \theta'')}{2} \frac{d^2 y''}{d\theta^2};$$

mais la théorie des forces centrales donne

$$\frac{d^2 y''}{d\theta^2} = -\frac{F y''}{R''^3}.$$

On a donc

$$\delta = -\frac{\theta' \theta'' (\theta' + \theta'')}{2 R''^2} F \sin(\alpha - A'').$$

17.

LAGRANGE A LAPLACE.

Berlin, 15 mai 1781.

Monsieur et très illustre Confrère,

J'ai reçu votre Mémoire sur les Probabilités, ainsi que la Lettre dans laquelle vous avez la bonté de me rendre compte de vos recherches sur le problème des comètes. Je vous remercie de tout mon cœur de l'un et de l'autre. Votre Ouvrage sur les Probabilités a le double mérite de la nouveauté de la matière et de la sublimité de l'analyse; et ces deux raisons m'ont empêché jusqu'à présent de le lire avec toute l'attention nécessaire pour apprécier les découvertes qu'il contient. Ayant presque toujours été occupé de matières différentes dont je ne voulais, ni ne pouvais me distraire, je n'ai pu encore que flairer ces découvertes, et je remets à une autre fois à vous en parler en détail. Je ne vous entretiendrai aujourd'hui que du problème des comètes. Je n'ai pas eu de peine à comprendre la nature de votre solution, et j'en ai d'abord senti la simplicité et l'élégance; j'ai senti également la justesse de vos remarques sur l'abaissement de l'équation en ρ au septième degré, quelle que soit l'excentricité du Soleil, et sur l'existence d'une seconde équation en ρ du sixième degré dans l'hypothèse de l'orbite parabolique; c'est un défaut de mon Analyse de ne m'avoir pas conduit directement à ces vérités, d'autant qu'elles peuvent se démontrer aussi *a priori*. Je conçois que votre méthode fournit, analytiquement parlant, la solution la plus simple du problème dont il s'agit; mais je crains qu'elle ne soit pas aussi utile dans la pratique qu'elle est belle dans la théorie, à cause de la difficulté de déterminer, *a posteriori,* les différences premières et secondes des longitudes et des latitudes géocentriques. J'ai donné, dans mes Éphémérides allemandes de 1783, une méthode qui n'emploie que les différences premières, et par laquelle on trouve directement, moyennant la résolution d'une équation du septième degré, la position du plan de l'orbite et ensuite les autres éléments, en connaissant trois lieux géocentriques quelconques de la comète avec ses trois vitesses dans ces mêmes lieux, sans connaître d'ailleurs le temps de ces observations, qu'on peut considérer aussi distantes entre elles que l'on veut; mais cette méthode, ayant été appliquée à la comète de 1774, n'a donné que des résultats peu exacts, comme on le voit dans les mêmes Éphémérides. La lecture de votre Lettre m'ayant fait revenir sur ma première solution, j'ai trouvé qu'elle pouvait être beaucoup simplifiée et généralisée, et j'ai composé là-dessus un nouveau Mémoire que je viens de lire à l'Académie (¹), et dont je me fais un devoir de vous rendre compte à mon tour; c'est ce qui a retardé jusqu'ici ma réponse.

En partant des équations différentielles

$$-\frac{d^2x}{dt^2} + \frac{Sx}{r^3} = 0, \qquad \frac{d^2y}{dt^2} + \frac{Sy}{r^3} = 0, \qquad \frac{d^2z}{dt^2} + \frac{Sz}{r^3} = 0,$$

(¹) *Voir* la présente édition, t. V, p. 382.

et employant le théorème connu, sur les fonctions dont on suppose
que la variable augmente d'une quantité assez petite, je trouve que les
variables x, y, z, qui répondent au temps t, deviennent après le temps
$t + \theta$ de la forme

$$p\,x + q\,\frac{dx}{dt}, \quad p\,y + q\,\frac{dy}{dt}, \quad p\,z + q\,\frac{dz}{dt},$$

p et q étant des fonctions en séries de θ et ayant pour coefficients des
quantités composées de r, $\frac{dr}{dt}$ et $\frac{d(r\,dr)}{dt^2}$, qu'on doit regarder comme
constantes par rapport à θ. Je trouve une fonction semblable pour la
valeur de r^2 après le temps $t + \theta$; je fais, d'après ces expressions des
coordonnées et du rayon vecteur, un calcul analogue à celui des articles 6 et 7 de mon second Mémoire, et je parviens à trois équations
finales en séries qui ne contiennent que les trois inconnues r, $\frac{dr}{dt}$ et
$\frac{d(r\,dr)}{dt^2}$; en ne poussant la précision que jusqu'aux termes de l'ordre
de θ^3, l'une de ces équations ne renferme que l'inconnue r et monte au
huitième degré, et les deux autres contiennent de plus les deux incon-
nues $\frac{dr}{dt}$ et $\frac{d(r\,dr)}{dt^2}$, mais linéaires; en poussant la précision plus loin,
ces équations deviennent de plus en plus compliquées, mais la résolu-
tion approchée n'en devient pas plus difficile. Ces équations ont lieu, en
général, quel que soit le mouvement de la Terre qu'on suppose connu;
mais, comme la Terre est mue autour du Soleil par la même force qui
y fait mouvoir les comètes, il est visible que la comète peut aussi dé-
crire le même orbite que la Terre, et coïncider même avec la Terre,
auquel cas la direction des rayons visuels, qui est le seul élément qui
soit donné par les observations, demeure indéterminée et arbitraire;
donc la solution générale doit aussi renfermer ce cas; par conséquent
l'équation en r doit avoir R, rayon vecteur de la Terre, pour une de
ses racines, et l'équation en ρ doit avoir la racine $\rho = 0$; moyennant
quoi, ces équations peuvent s'abaisser d'un degré. Cela suit aussi de
l'analyse même, si l'on y exprime les coordonnées du Soleil par des
formules semblables à celle de la comète. Pour rendre mon analyse
plus générale, j'ai représenté les coordonnées de la comète autour de

la Terre par $\alpha\rho$, $\beta\rho$ et $\gamma\rho$, et celles du Soleil autour de la Terre par AR, BR et CR, les quantités α, β, γ étant données par le lieu apparent de la comète et A, B, C par celui du Soleil; et j'ai trouvé que les fonctions de ces six quantités contenues dans les équations finales peuvent s'exprimer assez simplement par les côtés et les angles des différents triangles formés sur la sphère par les trois lieux apparents de la comète, et par les trois lieux correspondants du Soleil, de sorte que ces équations, et par conséquent aussi les trois inconnues r, $\dfrac{dr}{dt}$, $\dfrac{d(r\,dr)}{dt^2}$, sont indépendantes du plan de projection et ne dépendent que de la position respective des lieux apparents de la comète et du Soleil. Ces lieux étant marqués sur le globe céleste, on peut trouver les valeurs des fonctions dont il s'agit mécaniquement et avec une exactitude suffisante du moins pour une première approximation. A l'égard des trois inconnues, elles servent à déterminer : 1° le grand axe $2a$ par l'équation

$$\frac{1}{a} = \frac{1}{r} - \frac{d(r\,dr)}{dt^2};$$

2° le paramètre b, par l'équation

$$b = 2r - \frac{r^2}{a} - \frac{r^2\,dr^2}{dt^2};$$

3° l'angle φ du rayon, avec le périhélie, par l'équation

$$\frac{b}{r} = 1 + \sqrt{1 - \frac{b}{a}}\cos\varphi.$$

Pour que l'orbite soit parabolique, il faut que l'on ait

$$a = \infty;$$

on a alors

$$\frac{d(r\,dr)}{dt^2} = \frac{1}{r},$$

ce qui donne une seconde équation en r; en effet, on sait que, dans ce cas, le problème est plus que déterminé par trois observations complètes.

Voilà le précis de ma nouvelle méthode, que je dois en grande partie à vos remarques. Je vous prie d'en faire part à M. du Séjour et de le remercier pour moi de la bonté qu'il a eue de s'occuper de mes recherches; j'attends les siennes avec une impatience égale au plaisir que m'a toujours fait la lecture de ses Ouvrages.

Vous recevrez par M. de la Lande un paquet contenant mes Mémoires pour le Volume de 1779. L'un traite des intégrales particulières, et les deux autres de la construction des cartes géographiques; ceux-ci ne sont presque qu'un exercice d'Analyse et de Géométrie. Je n'ai pu avoir à temps la planche qui y appartient : je vous l'enverrai par une autre occasion. Votre paquet devait être accompagné d'un pour M. de Condorcet et d'un autre pour M. d'Alembert, mais M. Bernoulli, à qui j'avais remis le tout pour l'adresser à M. de la Lande, m'a dit depuis que, n'ayant pu joindre ces deux derniers paquets au premier, il avait pris le parti d'en faire un paquet séparé et de l'adresser directement à M. de Condorcet. Je vous prie de vouloir bien en prévenir ce dernier ou M. d'Alembert, à qui j'ai écrit depuis peu, mais avant l'envoi du paquet.

Ayez la bonté de me dire si le marquis de Caraccioli est parti, et si l'on a nouvelle de son installation en Sicile.

Mes recherches sur la libration de la Lune paraîtront dans le Volume de 1780, qu'on mettra sous presse à la Saint-Michel. Je m'occupe maintenant de la rotation de la Terre; les matériaux sont prêts, et il ne me reste qu'à les mettre en œuvre. Adieu, mon cher et illustre Confrère; vous savez tous les sentiments par lesquels je vous suis attaché, et je compte sur les vôtres.

Votre très humble et très obéissant serviteur,

DE LA GRANGE.

18.

LAPLACE A LAGRANGE.

Paris, 14 février 1782.

MONSIEUR ET TRÈS ILLUSTRE CONFRÈRE,

Voici le premier exemplaire d'un Mémoire que je viens de faire imprimer dans notre Volume de 1779 (¹). Si vous daignez y jeter les yeux

(¹) *Mémoire sur les Suites*, p. 207.

dans vos moments de loisir, vous m'obligerez de m'écrire ce que vous en pensez.

J'ai lu avec la plus grande satisfaction les trois Mémoires que vous m'aviez envoyés; l'extension que vous donnez à votre belle théorie des intégrales particulières, et les applications que vous en faites à la Géométrie, soit relativement aux contacts des courbes, soit pour trouver des surfaces composées de lignes d'une nature donnée, m'ont singulièrement intéressé. Je ne sais cependant si les problèmes purement analytiques de cette théorie, tels que la recherche des intégrales particulières des équations différentielles, ou celle des équations différentielles qui ont une intégrale particulière donnée, ne sont pas résolubles d'une manière un peu plus simple par la méthode que j'ai donnée. J'ai fait sur cela quelques réflexions qui pourront me fournir la matière d'un petit Mémoire, et que j'aurai l'honneur de vous communiquer si je trouve, en les approfondissant, qu'elles en valent la peine. Vos deux Mémoires sur la construction des cartes géographiques ne m'ont pas fait moins de plaisir. J'ai surtout admiré la manière élégante dont vous tirez de la solution générale du problème le cas où le méridien et les parallèles sont représentés par des cercles. Votre analyse a d'ailleurs le mérite d'être utile dans la pratique pour la construction des cartes particulières, et j'ai engagé un de mes amis, qui vient d'annoncer un grand atlas, à en faire usage.

J'ai reçu, dans son temps, l'extrait que vous avez eu la bonté de m'envoyer de votre troisième Mémoire sur les comètes; je suis très flatté que mes remarques aient pu y donner lieu; je ne le suis pas moins de voir que vous confirmez mes résultats sur l'abaissement de l'équation du huitième degré et sur l'existence d'une seconde équation du sixième degré. Mon Mémoire sur cet objet paraîtra dans notre Volume de 1780 (^{1}); et j'ose croire, d'après les applications que vous y trouverez de ma méthode, qu'elle ne vous paraîtra pas moins exacte qu'aucune autre; car, quoiqu'elle soit fondée sur la considération des différences infiniment petites, premières et secondes, de la longitude

---

(^{1}) *Mémoire sur la détermination des orbites des comètes*, p. 13, année 1780.

et de la latitude géocentriques de la comète; cependant, comme on a des formules très simples pour avoir les différences infiniment petites en fonction des différences finies, il m'a paru que l'avantage qu'elle avait de pouvoir employer un grand nombre d'observations voisines la rendait préférable, à quelques égards, aux méthodes connues. Je l'ai appliquée à quelques comètes, et entre autres à l'astre découvert par M. Herschel en Angleterre ([1]), et j'ai trouvé deux paraboles qui satisfaisaient aux premières observations, mais que j'ai été forcé d'abandonner depuis; et maintenant il me paraît extrêmement probable que cet astre se meut dans une orbite presque circulaire, et que c'est une petite planète, placée au delà de Saturne, et dont la moyenne distance au Soleil est environ dix-neuf fois plus grande que celle de la Terre.

Je vous écris dans l'incertitude si ma lettre vous trouvera à Berlin; quelqu'un m'a dit que vous êtes sollicité par la cour de Naples pour venir présider l'Académie de cette capitale; en tout cas, j'espère qu'en allant en Italie vous passerez par Paris; je vous prie de ne pas douter de tout le plaisir que j'aurais à vous y voir, ainsi que des sentiments profonds d'estime et d'amitié que vous me connaissez, et avec lesquels je serai toute la vie, Monsieur et très cher Confrère,

Votre très humble et très obéissant serviteur,

LAPLACE.

P. S. MM. Bézout et du Séjour m'ont prié de les rappeler à votre souvenir; ce dernier se propose de vous envoyer quelques-uns de ses Mémoires et, entre autres, celui qu'il vient de faire imprimer sur les comètes ([2]).

([1]) Ce fut le 13 mars 1781 que W. Herschel découvrit ce qu'il crut d'abord être une comète. Mais, d'après une observation d'un membre de l'Académie des Sciences, le président de Saron, Laplace et A. Lexell arrivèrent à démontrer que cet astre nouveau était une planète, à laquelle on finit par donner le nom d'Uranus. *Voir* dans les *Acta* de l'Académie de Pétersbourg, année 1780, p. 303, un Mémoire de Lexell intitulé : *Recherches sur la nouvelle planète découverte par M. Herschel.*

([2]) *Voir* son *Quatorzième Mémoire dans lequel on applique l'Analyse à la détermination des orbites des comètes* (*Mémoires de l'Académie*, p. 51, année 1779).

19.

LAPLACE A LAGRANGE.

Paris, 20 juillet 1782.

MONSIEUR ET TRÈS ILLUSTRE CONFRÈRE,

La personne qui vous remettra cette Lettre est M. Brak, gouverneur du fils de Mgr le Garde des Sceaux de France (¹), et qui voyage avec lui en Allemagne. M. Brak est infiniment estimable par les qualités du cœur et de l'esprit. Il aime avec transport les Sciences et les Lettres, et regarde comme le principal objet de son voyage l'avantage de connaître et de converser avec les savants distingués répandus dans les divers pays qu'il doit parcourir. Votre connaissance est, par cette raison, ce qui doit l'intéresser davantage, et je me fais un sensible plaisir de lui procurer l'occasion de vous voir, bien persuadé d'ailleurs que vous serez enchanté de le connaître; je lui envie bien sincèrement l'avantage qu'il aura de jouir de votre conversation; mais, s'il est vrai, comme quelques personnes me l'assurent, que votre souverain vous rappelle en Italie, j'espère que vous passerez par Paris, et que je pourrai embrasser l'homme du monde que j'honore le plus, et lui témoigner de vive voix les sentiments profonds de considération et d'estime qu'il a si bien su m'inspirer.

Je ne sais si vous avez reçu le dernier Mémoire que j'ai eu l'honneur de vous envoyer sur les suites; on va en imprimer deux nouveaux de moi, l'un sur les comètes, et l'autre, fort étendu, sur les approximations des formules analytiques qui sont fonctions de très grands nombres; tel est, par exemple, le coefficient du terme moyen du binôme; c'est un objet d'analyse neuf et infiniment intéressant, parce que ces formules se rencontrent à chaque pas, surtout dans la théorie des hasards, et que l'application des nombres à ces formules est souvent impraticable. Je ne me flatte pas d'avoir épuisé ce sujet; mais la théorie

---

(¹) Thomas Hue de Miromesnil. Il était Garde des Sceaux depuis 1774.

que je donne pourra mettre d'autres géomètres sur la voie, et je ne regarderai pas mon travail comme inutile s'il peut vous engager à traiter cette matière. J'attends tous les jours avec impatience vos recherches sur la libration de la Lune, que vous avez bien voulu me promettre ; vous m'obligerez de me les envoyer si elles sont imprimées.

J'ai l'honneur d'être, avec tous les sentiments d'estime et d'amitié que vous me connaissez depuis longtemps, Monsieur et très illustre Confrère,

Votre très humble et très obéissant serviteur,

LAPLACE.

20.

LAGRANGE A LAPLACE.

Berlin, 15 septembre 1782.

MONSIEUR ET TRÈS CHER CONFRÈRE,

Je n'ai pu vous faire passer plus tôt ce Mémoire (¹), faute d'occasion ; mais, s'il n'obtient pas votre suffrage, il ne vous sera encore parvenu que trop tôt. C'est ce que vous n'avez pas à craindre pour ceux que vous me faites l'honneur de m'envoyer. J'ai reçu le dernier en son temps et je l'ai lu avec une vraie satisfaction. Parmi les belles choses que j'y ai trouvées, j'ai surtout admiré la construction générale que vous donnez des équations linéaires aux différences partielles du second ordre. J'avais eu autrefois des idées analogues, mais elles sont restées, ainsi que bien d'autres, dans mes paperasses ; je suis charmé que votre travail m'en ait entièrement débarrassé.

Je viens de reprendre ce que j'avais commencé il y a quelques années, et ensuite abandonné, parce qu'il me paraissait que vous

(¹) *Théorie de la libration de la Lune.* Voir t. XIII, p. 361.

aviez dessein de vous occuper du même objet. C'est la détermination des variations séculaires des aphélies et des excentricités de toutes les planètes, pour servir de pendant au Mémoire que j'ai donné, en 1774, sur les nœuds et les inclinaisons. J'ai presque achevé un Traité de Mécanique analytique, fondé uniquement sur le principe ou formule que j'expose dans la première Section du Mémoire ci-joint; mais, comme j'ignore encore quand et où je pourrai le faire imprimer, je ne m'empresse pas d'y mettre la dernière main.

Connaissez-vous M. Legendre (²)? Il vient de remporter notre Prix sur la Balistique. Sa pièce m'a paru aussi bonne que le sujet peut le comporter, et elle annonce dans son auteur, s'il est jeune encore, des talents et des connaissances qui pourront le mener loin; je vous prie de lui dire la part que je prends à son succès.

Je suis absolument sensible au souvenir de MM. du Séjour et Bézout; j'y réponds par toute la vivacité des sentiments d'estime et de reconnaissance que je leur conserve. Je recevrai ce que vous m'annoncez de leur part comme un nouveau gage de ceux dont ils veulent bien m'honorer. Ayez la bonté de remettre à MM. d'Alembert et de Condorcet les exemplaires de ce Mémoire qui leur sont destinés, en y joignant mes plus tendres compliments. Le Volume dont ils font partie n'a pas encore paru, et ne paraîtra peut-être que dans quelques mois. Si je n'avais craint de grossir trop le paquet, et de paraître attacher à une bagatelle beaucoup plus d'importance qu'elle ne mérite, j'aurais pris la liberté de vous adresser encore quelques autres exemplaires pour les distribuer à MM. du Séjour, Bézout, Bossut, etc., avec qui je suis véritablement honteux d'être si fort en reste. Si je fais jamais imprimer quelque Ouvrage en forme, ce sera principalement pour pouvoir acquitter ces dettes.

Permettez-moi d'ajouter quelques lignes pour M. de la Lande, à qui je vous prie de vouloir bien les communiquer de ma part. J'ai examiné, à son invitation, la nouvelle théorie donnée dans le Tome XVI des

---

(¹) Adr. M. Legendre, Membre de l'Académie des Sciences (1783), puis de l'Institut (1795), né à Toulouse en 1752, mort le 9 janvier 1833.

Commentaires de Pétersbourg (¹), des perturbations de la Terre dues à Vénus, et j'ai reconnu qu'elle pèche dans quelques endroits, et surtout parce que la quantité V, qui exprime la force perpendiculaire au rayon, y est prise avec un signe contraire à celui qu'elle doit avoir et qu'elle a effectivement dans les formules de la page 443. En corrigeant ces inadvertances, les résultats s'accordent avec ceux de Clairaut dans le Mémoire de 1754 (²), et d'Euler dans le Mémoire qui a remporté le prix en 1756 (³). S'il souhaite plus de détails, je pourrai le satisfaire d'après le Mémoire que j'ai composé là-dessus, et que je vais lire à l'Académie pour boucher un trou, mais non pas pour le publier, parce qu'il y a peu d'honneur à avoir fait cette découverte.

Recevez, mon cher et illustre Confrère, l'assurance de tous les sentiments que vous m'avez inspirés et avec lesquels je suis pour la vie

Votre très humble et très obéissant serviteur,

DE LA GRANGE.

21.

LAPLACE A LAGRANGE.

Paris, 10 février 1783.

MONSIEUR ET TRÈS ILLUSTRE CONFRÈRE,

Voici un exemplaire de mon Mémoire sur les comètes, que vous connaissez en partie par l'extrait que j'ai eu l'honneur de vous en envoyer. Cette bagatelle mérite à peine votre attention, et je m'empresse de faire imprimer des recherches qui m'en paraissent un peu plus dignes, du

(¹) *Réflexions sur les inégalités dans le mouvement de la Terre causées par l'action de Vénus*, par L. Euler, p. 297.

(²) *Mémoire sur l'orbite apparente du Soleil autour de la Terre, en ayant égard aux perturbations produites par les actions de la Lune et des planètes principales* (*Recueil de l'Académie des Sciences*, p. 521, année 1754).

(³) *Investigatio perturbationum quibus planetarum motus ob actionem eorum mutuam afficiuntur*, autore Leonardo Euler (*Recueil des Prix de l'Académie*, t. VIII).

moins si j'en juge par la peine qu'elles m'ont coûtée. Elles ont pour objet la détermination de fonctions de très grands nombres, en séries très convergentes : tels sont les termes moyens du binôme, du tri-nôme, etc.; les différences finies ou infiniment petites très élevées, ou une partie quelconque de ces expressions, etc. Ces recherches servent de base à un Ouvrage, auquel je travaille, sur la théorie des hasards, et sans leur secours il m'eût été impossible d'avoir la solution numérique d'un grand nombre de problèmes intéressants dont la solution analy-tique est d'ailleurs assez simple.

J'ai reçu votre bel Ouvrage sur la libration de la Lune, et je l'ai lu avec toute l'attention dont je suis capable. Je ne saurais vous exprimer jusqu'à quel point il m'a enchanté. L'élégance et la généralité de votre analyse, le choix heureux de vos coordonnées, la manière dont vous traitez vos équations différentielles, surtout celles du mouvement des points équinoxiaux et de l'inclinaison de l'équateur lunaire, tout cela, joint à la sublimité de vos résultats, m'a rempli d'admiration, et j'ai parfaitement compris combien il vous a fallu d'adresse pour amener à ce degré de simplicité une théorie aussi compliquée. Voici une ou deux réflexions qu'elle m'a fait naitre.

L'égalité rigoureuse du mouvement moyen de la Lune dans son or-bite et de son moyen mouvement de rotation étant infiniment peu pro-bable, c'est une très belle chose que d'avoir prouvé, comme vous l'aviez déjà fait dans votre première pièce, que ce phénomène peut subsister avec une légère différence entre ces mouvements à l'origine ; mais les limites de cette différence sont si étroites qu'il y a fortement lieu de soupçonner une cause primitive qui a déterminé le mouvement de rotation à s'éloigner aussi peu du moyen mouvement dans l'orbite ; peut être dépend-elle de la fluidité originaire de ce satellite. Sur cet objet, comme sur les mouvements des planètes, nous ne pouvons former que des conjectures vagues et propres tout au plus à reposer l'imagination.

Le principe de la proportionnalité des aires aux temps fournit une démonstration assez simple de l'inaltérabilité du mouvement moyen de la Lune, par la figure non sphérique de cet astre; car si, pour plus de simplicité, on néglige avec vous l'excentricité et l'inclinaison de l'orbite lunaire; que l'on nomme L la masse de la Lune, R sa distance à la Terre, φ son mouvement angulaire, et t le temps; que l'on désigne ensuite par x' et y' les coordonnées d'une molécule dL de la Lune, rapportées à son centre et au plan de l'écliptique; le principe dont il s'agit donnera l'équation

$$LR^2 \frac{d\varphi}{dt} + \int \frac{y'dx' - x'dy'}{dt} dL = C\,dt,$$

C étant une constante; en désignant donc par δ une variation quelconque et faisant

$$\int \frac{y'dx' - x'dy'}{dt} dL = V,$$

on aura

$$0 = L\,\delta\left(R^2 \frac{d\varphi}{dt}\right) + \delta V;$$

or, T étant la masse de la Terre, on a

$$R\left(\frac{d\varphi}{dt}\right)^2 = \frac{T+L}{R^2},$$

d'où il est facile de conclure

$$\delta\left(R^2 \frac{d\varphi}{dt}\right) = -\frac{1}{3} R^2 \delta \frac{d\varphi}{dt};$$

donc

$$\delta \frac{d\varphi}{dt} = \frac{3\,\delta V}{R^2 L}.$$

La variation δV dépend de celle du mouvement de rotation de la Lune et des variations dans la position de son axe; or il est facile de s'assurer qu'une très légère variation dans le mouvement moyen de la Lune en donnerait de très grandes, soit dans son mouvement de rotation, soit dans la position de son axe; car, si l'on suppose, par exemple, que cet axe soit perpendiculaire à l'orbite, on aura

$$V = L\,k\,\varpi^2 \frac{d\psi}{dt},$$

$\frac{d\psi}{dt}$ étant la vitesse angulaire de rotation, ϖ le demi-diamètre de la Lune, et k étant nécessairement moindre que 4; et, comme on a $\frac{\varpi}{R} = \frac{1}{218}$ à peu près, on aura

$$\partial \frac{d\varphi}{dt} = \frac{k}{15841} \partial \frac{d\psi}{dt},$$

c'est-à-dire qu'une minute d'accélération dans le moyen mouvement de la Lune produirait au moins 66° d'accélération dans son mouvement de rotation; ce qui est contraire à la théorie et aux observations. C'est par des considérations à peu près semblables que j'ai fait voir, dans mon Mémoire sur la précession des équinoxes, que l'action des eaux de la mer n'a aucune influence sensible sur le mouvement de rotation de la Terre; et l'on peut prouver de même que ni les vents, ni la chaleur solaire, ni aucune des causes qui troublent la surface de la Terre ne peuvent altérer sa rotation, à moins qu'elles ne produisent un dérangement permanent dans la masse.

J'attends avec bien de l'impatience le Traité de *Mécanique analytique* que vous m'annoncez ([1]), et dont je me fais d'avance une grande idée, d'après votre exposé du principe général qui lui sert de base. Comme je me suis servi d'un principe analogue dans mes recherches sur le reflux de la mer, cela m'avait donné lieu de faire quelques réflexions sur cet objet, que je me proposais de développer dans un Mémoire; mais je suis charmé de voir que vous vous êtes occupé de ce travail que vous avez sûrement exécuté mieux que je n'aurais pu faire.

L'incertitude où l'on est sur les masses des planètes, et les dérangements qu'elles éprouvent de la part des comètes m'ont fait renoncer au Mémoire que je préparais sur les variations des excentricités et des aphélies, et je me suis contenté de présenter leurs variations différentielles sous une forme simple et commode pour le calcul; mais je ne doute point que vous ne répandiez beaucoup de lumières sur une matière aussi intéressante. Puisque vous vous occupez actuellement de ce genre de recherches, je désirerais que vous démontrassiez un théorème que vous avez supposé dans les Mémoires de Berlin, et que vous

([1]) La *Mécanique céleste* ne parut qu'en 1788. Paris, in-4°.

tirerez probablement sans beaucoup de difficulté de votre belle méthode sur les moyens mouvements des planètes. Ce théorème est que *si l'on suppose deux planètes dont les orbites soient inclinées l'une à l'autre d'une manière quelconque, leur inclinaison moyenne ne change pas en vertu de l'action réciproque des deux planètes*. Je m'étais proposé d'en chercher la démonstration, lorsque j'en aurais le loisir, en faisant usage de votre méthode; mais il vaut mieux à tous égards qu'elle vienne de vous.

J'ai fait part à M. Legendre des choses obligeantes que vous me marquez sur son compte; il y est infiniment sensible, et il m'a chargé de vous en témoigner toute sa reconnaissance; c'est un jeune homme d'un rare mérite, et qui est avantageusement connu de l'Académie par plusieurs excellents Mémoires dont j'ai été rapporteur; j'espère que quelque jour cette compagnie lui rendra justice en l'admettant parmi ses membres.

Je me suis encore acquitté de votre commission relativement à M. de la Lande. Il me paraît que cet astronome avait un grand désir de savoir à laquelle des deux théories, ou de celle de M. Clairaut, ou de celle de M. Euler, il faut s'en tenir; car, dès le mois de juillet dernier, sans me prévenir qu'il vous en eût écrit, il me pria d'examiner cette matière, ce que je fis dans un petit Mémoire que je lus à l'Académie vers le milieu du même mois, sans intention de le faire imprimer. Je le remis à cet astronome pour le communiquer à MM. Euler et Lexell, afin qu'ils se corrigeassent eux-mêmes, s'ils trouvaient mes observations justes. J'y remarque comme vous la faute commise en prenant V avec un signe contraire à celui qu'il doit avoir; mais il y a d'ailleurs dans l'analyse de M. Euler une faute plus essentielle, qui ne vous sera pas sans doute échappée, et qui consiste en ce que la formule de ce grand géomètre pour déterminer les perturbations de la Terre par l'action de Vénus renferme non seulement des termes proportionnels au temps et aux sinus de l'angle d'élongation de Vénus à la Terre et des multiples de cet angle, mais encore un terme proportionnel au sinus du moyen mouvement de la Terre, et qui se confond par conséquent avec l'équation du centre. J'ai donné dans mon petit Mémoire le moyen d'obtenir

ce terme, et je n'ai point douté qu'en retranchant ses valeurs des perturbations correspondantes trouvées par la formule de M. Euler, on ne
parvînt à un résultat conforme à celui de M. Clairaut. M. Lexell, à qui
M. Euler avait communiqué mon Mémoire, a répondu, dans une lettre
datée du 4 octobre, qu'ayant refait de nouveau, et conformément à
mes remarques, tout le calcul des perturbations, il était parvenu à des
résultats entièrement conformes à ceux de M. Clairaut. Il se propose de
publier ses calculs dans les *Mémoires de Pétersbourg;* j'admire en vérité
la patience de cet habile géomètre, pour avoir entrepris des calculs
aussi pénibles, dans la vue de constater une chose qui me paraît évi-
dente *a priori*.

Nous commençons déjà à entrevoir ici l'ellipticité de l'orbite de la
planète Herschel. Je me suis formé pour cet objet une méthode qui
n'a de mérite que la simplicité du calcul; et, pour l'appliquer aux observations, j'ai prié M. Méchain ([1]) de m'en donner quatre, excellentes
et dépouillées des effets de l'aberration, de la précession et de la nutation, et qui embrassent à peu près tout l'intervalle de temps depuis
lequel on observe cet astre. Voici les éléments que j'en ai tirés :

Demi grand axe............................ 19,0818

la distance moyenne du Soleil à la Terre étant 1.

Rapport de l'excentricité au demi grand axe.... 0,047587

ce qui donne

Équation du centre........................ $5°27'12''$
Longitude de l'aphélie .... $11^{sig}23°22'27''$
Anomalie vraie le 21 décembre 1781 à 18^h... $5'40''$
Temps moyen à Paris....................... $97°29'19''$

Ces deux angles sont comptés sidéralement à partir du 11 mai 1781.

Lieu du nœud............................ $2^{sig}9°57'17''$
Inclinaison de l'orbite................... $43'16''$

Il n'est pas besoin de vous dire que ces déterminations sont gros-

---

([1]) Pierre-Fr.-And. Méchain, astronome, Membre de l'Académie des Sciences, puis de
l'Institut, né à Laon le 16 août 1744, mort en Espagne le 20 septembre 1805.

sières et ne peuvent tout au plus que donner un premier aperçu (¹)
sur la nature de l'orbite.

Oserais-je vous prier de me rappeler au souvenir de M. l'abbé Raynal
si vous avez l'occasion de le voir (²)? Nous nous entretenons souvent
de lui, M. et Mme de Lavoisier, M. du Séjour et moi, et nous regrettons
infiniment qu'il ne soit pas à Paris pour y jouir de la considération
qu'il a si bien méritée. L'estime générale de la partie éclairée de la
nation est bien propre à le dédommager du sort qu'il éprouve, si
quelque chose cependant peut, dans un âge avancé, nous dédommager
de la perte du repos et de l'éloignement de nos amis; j'espère qu'un
heureux changement le ramènera parmi nous. Quoi qu'il arrive, je
conserverai toujours une vive reconnaissance des bontés qu'il m'a
témoignées dans plusieurs occasions. Adieu, mon cher Confrère, vous
connaissez mes sentiments inviolables pour vous, et avec lesquels je
serai toujours

Votre très humble et très obéissant serviteur,

LAPLACE.

22.

LAPLACE A LAGRANGE.

Paris, 21 août 1783.

MONSIEUR ET TRÈS ILLUSTRE CONFRÈRE,

Voici deux exemplaires d'un Mémoire sur la chaleur, d'après quelques expériences que nous avons faites en commun, M. de Lavoisier
et moi, sur cette matière (³). Vous voudrez bien en garder un pour
vous, et remettre l'autre à M. Achard (⁴). Je serais bien charmé d'avoir

(¹) Laplace a écrit *une première aperçue.*
(²) L'abbé Raynal, l'auteur de l'*Histoire philosophique et politique des établissements et du commerce des Européens dans les Deux-Indes.*
(³) *Mémoire sur la chaleur* (*Recueil de l'Académie,* p. 355, année 1780).
(⁴) Friedrich Carl Achard, physicien et chimiste, Membre de l'Académie de Berlin (1776).

votre avis sur ce Mémoire, si vos occupations vous laissent assez de loisir pour le parcourir. Je ne sais en vérité comment je me suis laissé entraîner à travailler sur la Physique, et vous trouverez peut-être que j'aurais beaucoup mieux fait de m'en abstenir; mais je n'ai pu me refuser aux instances de mon Confrère M. de Lavoisier, qui met dans ce travail commun toute la complaisance et toute la sagacité que je puis désirer. D'ailleurs, comme il est fort riche, il n'épargne rien pour donner aux expériences la précision qui est indispensable dans des recherches aussi délicates.

M. Legendre me dit que vous avez reçu l'exemplaire de mon Mémoire sur les comètes, et que vous vous proposez de m'envoyer quelques nouveaux Mémoires que vous faites maintenant imprimer. Je les attends avec la plus vive impatience. Cet académicien vous a fait part d'un fort beau théorème qu'il a trouvé sur les attractions des sphéroïdes elliptiques de révolution; sa manière d'y parvenir, fondée sur la considération des suites, est fort ingénieuse; mais malheureusement elle est bornée aux sphéroïdes elliptiques de révolution, et il a cherché inutilement à l'étendre à ceux qui ne le sont pas. Cela m'a donné la curiosité de voir s'il ne serait pas possible de ramener aux attractions à la surface les attractions de ces sphéroïdes sur un point quelconque situé au dehors; et, après quelques tentatives infructueuses, je suis enfin parvenu à démontrer généralement que le théorème de Maclaurin (¹), que ce savant n'a énoncé que relativement aux points placés sur le prolongement des axes d'un sphéroïde elliptique, a lieu généralement pour les points situés sur le *prolongement* d'un rayon vecteur quelconque. J'ai communiqué cette démonstration à l'Académie, le 24 mai dernier, et je compte la faire imprimer incessamment dans un petit Ouvrage élémentaire sur l'Astronomie physique, dont l'impression est déjà commencée.

Je vous ai communiqué dans ma dernière lettre les éléments que j'ai trouvés de l'orbite de la planète Herschel. Depuis cette époque, on nous

(¹) *Voir* t. XIII, p. 309, 334.

a fait part d'une observation de cette planète faite par M. Mayer ([1]) le 25 septembre 1756; mais ce qui m'a beaucoup surpris, c'est que mes éléments représentent à quatre ou cinq secondes près cette observation. Je m'en suis servi pour corriger le lieu du nœud et l'inclinaison de l'orbite. Je vais vous donner ici ces mêmes éléments rapportés au 1er janvier 1782, à midi, temps moyen à Paris.

Demi grand axe de l'orbite...........................	19,0818
Rapport de l'excentricité au demi grand axe...........	0,047587
Ce rapport réduit en secondes.......................	9815″,5
Plus grande équation du centre......................	5°27′11″
Anomalie moyenne sur l'orbite, le 1er janvier 1782 à midi temps moyen à Paris	102°57′31″
Longitude de l'aphélie sur l'orbite à la même époque....	353°22′59″
Longitude du nœud ascendant au même instant........	73° 1′
Inclinaison de l'orbite..............................	46′12″
Logarithme du nombre des secondes que la planète décrit dans un jour par son moyen mouvement.............	1,6290783

En nommant donc n le moyen mouvement de la planète sur l'orbite, compté de l'aphélie; ω son anomalie excentrique et u son anomalie vraie; enfin v son rayon vecteur, on a les trois équations

$$u = \omega + 9815″,5 \sin\omega,$$

$$\tan\tfrac{1}{2}u = 0,953493 \tan\tfrac{1}{2}\omega,$$

$$v = 19,0818 + 0,908045 \cos\omega.$$

Le Mémoire de Physique que je vous envoie a retardé l'impression du Mémoire que je vous avais annoncé sur les approximations des formules qui sont fonctions de très grands nombres; mais je pense qu'on l'imprimera bientôt. Adieu, mon cher Confrère; je vous prie de me croire, avec tous les sentiments d'estime et d'amitié que vous savez si bien m'inspirer et que personne ne ressent plus vivement que moi,

Votre très humble et très obéissant serviteur,

LAPLACE.

([1]) Tobie Mayer, né à Marbach (Wurtemberg) le 17 février 1723, mort le 22 février 1762.

P.-S. J'oubliais de vous faire mon compliment sur la qualité de Président honoraire de l'Académie que le Roi de Sardaigne vient d'établir à Turin. Sa Majesté m'a fait l'honneur de m'y admettre comme Associé étranger. Ainsi me voilà sous votre présidence; je suis seulement fâché que ce soit de si loin.

23.

LAGRANGE A LAPLACE.

Berlin, 5 août 1783.

MONSIEUR ET TRÈS ILLUSTRE CONFRÈRE,

Voici les deux Mémoires que j'ai fait imprimer cette année. Je suis redevable aux bontés de M. de Brack, qui m'a rendu votre lettre, de l'occasion de vous les faire passer si promptement. Je vous prie de les accepter comme une faible marque des sentiments que je vous dois et que je suis bien flatté de vous devoir. Vous trouverez deux exemplaires de celui sur les fluides (¹). Ayez la bonté d'en présenter un de ma part à M. d'Alembert, en lui faisant agréer en même temps tous mes hommages.

La seconde Partie de la théorie des variations séculaires est aussi achevée, mais ne peut paraître que l'année prochaine; d'ailleurs, ne contenant que des applications numériques jointes à quelques discussions astronomiques relatives aux éléments, elle ne peut intéresser les géomètres que très faiblement. Je crains même que la première, quoique purement analytique, ne soit peu digne de leur attention, et je vous demande d'avance votre indulgence, tant pour ce Mémoire que pour celui qui le précède.

J'ai reçu et lu avec bien de la satisfaction le vôtre sur les orbites des

---

(¹) *Mémoire sur la théorie du mouvement des fluides,* dans le Volume de 1781 (p. 151-198) de l'Académie de Berlin et dans le tome IV de la présente édition, p. 695.

comètes. Ce que je vois de vous m'enchante de plus en plus par la finesse des idées et par l'élégance de l'analyse. Comme ce dernier point a souvent été négligé par les grands géomètres, je m'y suis principalement attaché depuis quelque temps, et je me réjouis infiniment que d'autres en fassent de même, surtout lorsqu'ils y réussissent aussi bien que vous.

J'ai lu aussi avec le plus grand plaisir les recherches de M. du Séjour sur le même sujet (¹); mais il a fait aux miennes un honneur qu'elles ne méritent pas, et il pouvait, en sûreté de conscience, garder le peu qu'il en a tiré. Je vous prie de vouloir bien lui dire mille choses de ma part. Je conserve toujours un doux souvenir des bontés dont il m'a honoré en 1764 et 1766.

Je me sais bon gré d'avoir remis à une autre année l'impression des nouvelles recherches que je vous avais annoncées; peut-être même les supprimerai-je tout à fait, si je les trouve peu dignes de paraître après les vôtres et celles de M. du Séjour.

M. Lexell vient de rectifier son calcul sur l'action de Vénus, dans le dernier Volume de Pétersbourg (²). Outre l'erreur du signe, j'avais aussi reconnu les termes étrangers qui s'étaient glissés dans le résultat de ce calcul, et j'avais trouvé, en suivant les procédés de MM. Euler ou Lexell, cette formule analytique

$$- 2'',775\,p - 9'',155\sin t - 10'',626\sin p - 0'',151\sin 2p$$

pour représenter la Table de la page 306 des *Actes* de 1778, p étant l'élongation moyenne de Vénus et t la longitude moyenne de la Terre; cette formule, trouvée *a priori*, représente assez bien la Table en question, ce qui est d'autant plus singulier qu'elle est totalement différente de celle que M. Euler a trouvée *a posteriori* dans le même endroit, et cela doit servir à nous mettre en garde contre les formules trouvées uniquement par cette dernière voie. C'est le seul avantage qui résulte maintenant de mon travail, dont je ne ferai plus usage.

(¹) *Voir* plus haut, p. 71, note.

(²) *De perturbatione in motu Telluris ab actione Veneris oriunda* (*Acta* pro anno 1779, Pars posterior, 1783, p. 359).

Vous me faites bien plus d'honneur que je ne mérite de me croire un objet digne de la curiosité des voyageurs; je suis si persuadé du contraire, que j'évite autant que je peux d'en voir; mais je vous suis très obligé de m'avoir procuré la connaissance de M. de Brack, qui me paraît un homme très estimable à tous égards et dont le mérite est encore relevé à mes yeux par le titre de votre ami. Vous savez combien je l'ambitionne moi-même; je désire ardemment de m'en rendre digne par les vifs sentiments avec lesquels j'ai l'honneur d'être

Votre très humble et très obéissant serviteur,

DE LA GRANGE.

24.

LAPLACE A LAGRANGE.

Paris, 11 février 1784.

MONSIEUR ET TRÈS ILLUSTRE CONFRÈRE,

Voilà six exemplaires d'un petit Ouvrage que je viens de faire imprimer sur l'Astronomie physique ([1]). Je vous prie d'en accepter un, d'en donner un à MM. Tempelhoff et Bernoulli, et de donner les trois autres aux géomètres de votre connaissance à qui vous croyez que cela pourra faire plaisir. Comme on n'a tiré que deux cents exemplaires de cette bagatelle et qu'ils ne seront point vendus, je les distribuerai tous en présents, et je désire que tous ceux qui s'occupent de ces matières veuillent bien en accepter un. Vous m'obligerez donc de m'indiquer les géomètres d'Allemagne que je n'ai point l'honneur de connaître, et la manière de leur faire parvenir cet Ouvrage. Je vous demande pour lui toute votre indulgence, dont il a grand besoin. Je sens toute son

---

([1]) Cet Ouvrage, dont Laplace ne donne qu'une indication assez vague, est intitulé *Théorie du mouvement et de la figure elliptique des planètes*. Paris, de l'imprimerie de Ph. D. Pierres, 1784, xxiv-154 pages in-4°. Il est divisé en deux Parties : *Théorie du mouvement elliptique des planètes*, p. 1-66; *De la figure des planètes* (p. 67-153).

imperfection, et il n'aurait jamais paru, si M. le Président de Saron n'en avait fait imprimer, à mon insu, la première Partie ([1]).

Je vous remercie des deux Mémoires que vous m'avez fait l'honneur de m'envoyer. Je les ai lus avec le plaisir que me causent toujours vos belles productions, et j'ai été charmé de voir l'accord de vos résultats sur les inégalités séculaires des planètes avec ceux que j'avais trouvés par d'autres méthodes. Le Mémoire sur le mouvement des fluides ne m'a pas moins intéressé; on ne peut rien ajouter à l'élégance et à la généralité de votre analyse. La théorie des ondes que vous donnez à la fin me paraît très belle; je ne sais, cependant, si la supposition d'une profondeur infiniment petite du canal, dont vous faites usage et qui rend la solution du problème fort simple, peut être employée dans la théorie des ondes lorsque le canal a une profondeur quelconque. Vous croyez que, l'adhérence des parties fluides empêchant le mouvement de se communiquer à une profondeur sensible, on peut, dans tous les cas, regarder le canal comme très peu profond; mais l'expérience paraît contraire à cette supposition, en ce que la vitesse des ondes n'est pas constante, quelle que soit la manière dont elles ont été produites. Les académiciens de Florence l'avaient déjà remarqué, et je l'ai observé moi-même plusieurs fois. C'est la raison pour laquelle, dans les recherches que j'ai données sur la théorie des ondes, j'ai supposé la profondeur du fluide quelconque, et, dans ce cas, il est hors de doute que la vitesse des ondes dépend de leur formation; mais le problème devient alors très compliqué.

(1) On lit, dans l'Introduction, p. xix : « J'aurais entièrement renoncé à ce travail sans le désir qu'un magistrat, également distingué par son rang, par sa naissance et par ses lumières, m'a témoigné plusieurs fois de voir les propriétés des mouvements elliptiques et paraboliques déduites de la seule considération des équations différentielles du second ordre qui déterminent à chaque instant le mouvement des corps célestes autour du Soleil. C'est uniquement dans la vue de satisfaire un amateur aussi éclairé des sciences et, en particulier, de l'Astronomie que j'ai composé le Traité suivant. Il l'a fait imprimer dans la persuasion qu'il pourrait intéresser les géomètres et les astronomes; je désire qu'ils accueillent avec la même indulgence cet Ouvrage qui, sans la circonstance dont je viens de parler, n'aurait jamais vu le jour. »
Jean-Baptiste-Gaspard de Saron, premier président au Parlement de Paris, membre honoraire de l'Académie des Sciences, né à Paris en 1730, mort sur l'échafaud, le 10 avril 1794.

La Géométrie vient de faire de grandes pertes, par la mort de MM. Euler, d'Alembert et Bézout. Je regrette infiniment ce dernier auquel j'étais fort attaché, et qui a rendu un grand service à l'Analyse par son dernier Ouvrage sur la théorie de l'élimination ([1]). Vous lui avez témoigné toute la satisfaction que la lecture de cet Ouvrage vous avait causée; et j'ai été témoin du plaisir que lui fit la lettre obligeante que vous lui écrivites à ce sujet. Il avait pour vous toute l'estime qui vous est due, et votre suffrage le consolait des injustices que quelques personnes, fort estimables d'ailleurs, n'ont cessé de lui faire. C'était un homme d'un caractère doux, paisible et fort obligeant. Il est généralement regretté dans les deux corps de l'Artillerie et de la Marine, dont il était examinateur, et pour lesquels il a fait d'excellents éléments de Mathématiques. Je lui succède comme examinateur de l'Artillerie, ce qui augmente ma fortune, qui jusque-là avait été très bornée; mais ce qui me fait un grand plaisir, c'est que les fonctions de cette place ne m'occupent que trois semaines ou un mois tout au plus, dans l'année.

M. l'abbé Haüy, de l'Académie des Sciences, me prie de vous faire parvenir l'exemplaire ci-joint de son Ouvrage sur la cristallisation ([2]). J'ai lieu de croire que vous en serez content, si vous avez le loisir de le parcourir. Il renferme une application intéressante des Mathématiques à la nature, et l'on ne peut trop désirer que le domaine de la Géométrie s'étende. C'est dans cette vue que je me suis un peu livré à la Physique, et je ne désespère pas de déterminer quelques nouveaux objets physiques, assez bien pour y appliquer l'Analyse.

Adieu, mon très cher et très illustre Confrère, vous connaissez les vifs sentiments d'estime et d'amitié dont je suis pénétré pour vous, et avec lesquels je suis pour la vie, monsieur et très illustre Confrère,

Votre très humble et très obéissant serviteur,

LAPLACE.

([1]) *Théorie générale des équations algébriques.* In-4°, 1779.
([2]) *Essai d'une théorie sur la structure des cristaux.* In-8°, 1784. L'abbé René-Just Haüy, célèbre minéralogiste, membre de l'Académie des Sciences, puis de l'Institut, né à Saint-Just (Oise), le 28 février 1743, mort à Paris, le 3 juin 1822.

P.-S. Mon ami M. du Séjour me charge de vous remercier des choses obligeantes que vous m'avez écrites à son égard ; nous désirons beaucoup, lui et moi, de vous voir à Paris, et de vous témoigner de vive voix tout ce que nous sentons pour vous l'un et l'autre.

<hr>

25.

LAGRANGE A LAPLACE.

S. d. ([1]).

Je viens de recevoir, mon cher et illustre Confrère, votre Mémoire *Sur les approximations* ([2]). Je n'ai pu encore le lire, mais il me paraît bien profond, comme tout ce que vous faites, et je me propose de l'étudier à loisir. Je voulais me dispenser de vous envoyer ce que j'ai fait imprimer cette année, comme ne contenant rien de piquant pour vous ; mais, puisque vous avez reçu la première partie de ce travail, je crois devoir vous en présenter aussi la seconde. Je ne vous offrirai désormais que ce que j'aurai de moins indigne de votre attention. Agréez en même temps les assurances de tous les sentiments que je vous ai voués et avec lesquels je serai toute ma vie,

Votre très humble et très obéissant serviteur,

DE LA GRANGE.

([1]) Cette lettre a été publiée, en photolithographie, avec une autre en date du 25 nivôse an IX, que l'on trouvera plus loin, par le prince Boncompagni. La brochure est intitulée : *Deux lettres inédites de Joseph-Louis Lagrange, tirées de la Bibliothèque royale de Berlin* (collection *Meusebach*, portefeuille n° 21, et collection *Radowitz*, n° 4952), et publiées par B. Boncompagni; Berlin, 1878, 8 pages in-4°. Au haut de cette lettre on lit la note suivante de l'illustre auteur du *Cosmos* : *Lettre de M. de la Grange à M. Laplace, écrite de Berlin. Elle m'a été donnée par Mad. la marquise de Laplace* (à Paris, janvier 1843). *Al. Humboldt.*

([2]) On a deux Mémoires de Laplace *Sur les approximations des formules qui sont fonctions de très grands nombres;* ils ont été imprimés dans le Recueil de l'Académie, le premier dans le Volume de 1782 (publié en 1785), et le second dans le Volume de 1783 (publié en 1786). Comme Lagrange ne parle que d'un Mémoire, sa lettre a été probablement écrite vers 1785, et est sans doute la dernière qu'il ait adressée à Laplace, car, en 1787, il quitta la Prusse pour venir se fixer à Paris.

P.-S. Je joins à ce paquet les trois Volumes de l'Ouvrage allemand de Süsmilch sur les mortalités, dont M. Brak n'avait pu se charger (¹).

(¹) Le pasteur Jean-Pierre Süssmilch, membre de l'Académie de Berlin (1745), mort le 22 mars 1766.

L'Ouvrage dont il est question est la quatrième édition (1775) d'un Traité qu'il avait publié en 1740 sous le titre de *l'Ordre de la Providence dans les révolutions auxquelles le genre humain est assujetti.* — *Voir* son éloge dans l'*Histoire de l'Académie royale des Sciences et Belles-Lettres,* de Berlin, année 1767, p. 496 et suiv.

CORRESPONDANCE

DE

LAGRANGE AVEC EULER.

Les lettres qui suivent ne sont point inédites. Les unes ont été publiées en 1877, par le prince Boncompagni, sous le titre de *Lettres inédites de Joseph-Louis Lagrange à Léonard Euler, tirées des Archives de la salle des Conférences de l'Académie impériale des Sciences de Pétersbourg,* Saint-Pétersbourg (expédition pour la confection des papiers de l'État, atelier héliographique dirigé par G. Scamoni), 52 pages in-4°.

Les autres, dont les originaux sont conservés à la bibliothèque de l'Institut, dans le tome IV des manuscrits de Lagrange, in-4°, ont été données dans le tome I des *Opera postuma mathematica et physica* d'Euler, publiés à Pétersbourg en 1862, 2 vol. in-4°, par P.-H. Fuss et N. Fuss.

Nous indiquons en note la provenance de chacune de ces lettres.

CORRESPONDANCE

DE

LAGRANGE AVEC EULER.

1.

LAGRANGE A EULER.

Taurini, 4to cal. Julii (1754?) (¹).

Cogitanti mihi persæpe, ac sedulo animo inquirenti, nunc et in differentialibus, ut in potestatibus, certus aliquis insit ordo, factum tandem est, ut in seriem a newtoniana parum discrepantem inciderim, quæ ad cujusvis gradus differentiationes æque ac integrationes possit accommodari, non secus ac illa Newtoni ad potestates, et radicalia. En itaque utrasque, primam newtonianam, alteram meam, ut si quid in ipsis inest similitudinis, totum uno oculi ictu perspiciatur :

$$(a+b)^m = a^m b^0 + m a^{m-1} b^1 + \frac{m(m-1)}{2} a^{m-2} b^2 + \frac{m(m-1)(m-2)}{2.3} a^{m-3} b^3$$
$$+ \frac{m(m-1)(m-2)(m-3)}{2.3.4} a^{m-4} b^4 + \ldots,$$

$$(xy)^m = x^m y^0 + m x^{m-1} y^1 + \frac{m(m-1)}{2} x^{m-2} y^2 + \frac{m(m-1)(m-2)}{2.3} x^{m-3} y^3$$
$$+ \frac{m(m-1)(m-2)(m-3)}{2.3.4} x^{m-4} y^4 + \ldots.$$

Jam vero, quod ad hujusce seriei explicationem pertinet, animadver-

(¹) *Lettres inédites*, p. 5.

tendum imprimis exponentes, si positivi, gradus differentiationis, sin negativi, gradus integrationis denotare; sin autem æquales nihilo, tunc argumentum esse, quantitatem illam, cui hujusmodi additur exponens neque differentiatione, neque integratione opus habere, sed potius uti est, relinquendam; verum hæc omnia clarius exemplis aliquot perspici posse existimo. Habendum sit itaque differentiale 1^{mnm} ipsius xy facto $m = 1$, series hunc indicat valorem $x^1 y^0 + x^0 y^1$, seu

$$y\,dx + x\,dy;$$

si $m = 2$, series fiet

$$x^2 y^0 + 2\,x^1 y^1 + x^0 y^2,$$

unde obtinebitur differentiale 2^{dum}

$$y\,d^2 x + 2\,dy\,dx + x\,d^2 y;$$

eodem modo, si $m = 3$, fiet differentiale 3^{tium}

$$y\,d^3 x + 3\,dy\,d^2 x + 3\,d^2 y\,dx + x\,d^3 y;$$

existente nempe etiam dx fluente; atque idem dicitur de cæteris differentiationis gradibus. Veniamus nunc ad integrationes. Quæratur integrale hujus quantitatis $y\,dx$, substituto itaque in serie dx loco x et facto $m = -1$ (quoniam integrale quod quæritur est 1^{mum}) in hanc ipsam transformabitur

$$dx^{-1} y^0 - dx^{-2} y^1 + dx^{-3} y^2 - dx^{-4} y^3 + dx^{-5} y^4 - dx^{-6} y^5 + \ldots$$

Porro $dx^{-1} = x$, dx^{-2} integrale $2^{\text{dum}}\,dx$, seu integrale 1^{mnm} ipsius x $= \dfrac{x^2}{2\,dx}$, $dx^{-3} = \dfrac{x^3}{2.3\,dx^2}$, $dx^{-4} = \dfrac{x^4}{2.3.4\,dx^3}$, et generatim

$$dx^{-m} = \frac{x^m}{2.3.4\ldots m\,dx^{m-1}},$$

posito nempe semper dx constanti; hoc enim per harum quantitatum differentiationem videre est, namque

$$d\,\frac{x^2}{2\,dx} = x, \qquad d\,\frac{x^3}{2.3\,dx^2} = \frac{x^2}{2\,dx}, \qquad \ldots;$$

substitutis igitur hisce valoribus in serie mox inventa, fiet integrale quæsitum, seu

$$\int y\,dx = xy - \frac{x^2\,dy}{2\,dx} + \frac{x^3\,d^2y}{2.3\,dx^2} - \frac{x^4\,d^3y}{2.3.4\,dx^3} + \frac{x^5\,d^4y}{2.3.4.5\,dx^4},\cdots;$$

sed an non hæc est illa ipsa series, quam jampridem celeberrimus Leibnitius pro valore $\int y\,dx$ dedit? Verum hac methodo non hæc tantum, sed infinitæ prope mod... aliæ, in quibus, vel solum y, vel y et dy et dy^2... desint, pro ut opus fuerit, pro eadem quantitate $\int y\,dx$ poterunt inveniri; nempe loco $y\,dx$ accipiatur ejus differentialis $dy\,dx$, et substitutis in serie generali dy, loco y et dx loco x, et facto $m = -2$ (quia hic duplex requiritur integratio) ipsaque reducta habebitur

$$\int y\,dx = \frac{x^2\,dy}{2\,dx} - \frac{2x^3\,d^2y}{2.3\,dx^2} + \frac{3x^4\,d^3y}{2.3.4\,dx^3} - \frac{4x^5\,d^4y}{2.3.4.5\,dx^4} + \cdots.$$

Hanc autem seriem etiam verum esse ipsius $\int y\,dx$ valorem quivis potest experiri eam bis differentiando, restitui enim semper observabitur ipsam primam quantitatem $dx\,dy$, cæteris terminis se mutuo destruentibus. Vides igitur quomodo et ad altiores accommodari possit integrationes; interim tamen hoc firme tenendum loco x in serie generali semper substituendam esse aliquam quantitatem, cujus differentiale ut constans habeatur, vel saltem ipsummet differentiale constans; secus enim numquam obtineri possent valores veri quantitatum x^{-1}, x^{-2}, x^{-3}, ... Atque hæc quidem sunt, vir clarissime, quæ tibi hac de re nunc perscribenda judicavi; cæterum maximo meo erga te studio condonato, si hoc mihi censerim, ut ad te literas darem; ex quo enim præclarissima scripta tua, atque præstantissimum imprimis Mechanices opus (¹) evolvere cœpi, ita semper in te animo affectus fui, ut nihil optatius ferme haberem, quam ut hujusce animi mei tibi per literas significandi occasionem nanciscerem; nunc vero, quoniam, hujusce novi inventi mei gratia sese mihi opportuna obtulit, ipsam certe de manibus dimittere nullo modo potui. Gratissimum porro mihi nunc

(¹) *Mechanica sive motus scientia analytice exposita.* Pétersbourg, 1736, 2 vol. in-4°.

feceris, si hac de re quid sentias ejus me participem feceris, et præsertim, an, præter Mechanicam, theoriam musicam (¹), solutionem isoperimetrici problematis (²), et introductionem in infinitorum analysin (³), alia in lucem edideris; mitto enim, quæ Actis Academiæ Petropolitanæ et Berolinensis inserta reperiuntur : et præcipue eximium circa fluxum et refluxum maris calculum, hæc enim mihi fere omnia probe nota sunt. Haberem fortassis alia tibi mittenda, ac imprimis problema unum totam gnomonicam pro superficiebus quibuscunque, formulis duabus algebraicis, complectens, ex doctrina de superficiebus erutum; observationesque nonnullas circa maxima et minima, quæ in naturæ actionibus, insunt; verum ne majorem amplius molestiam, satietatemque tibi afferam epistolæ hujus meæ finem imponam. Vale.

De celeberrimo Wuolfii obitu velim me certiorem facias (⁴).

2.

LAGRANGE A EULER.

Die 12 augusti [1755] (⁵).

Vir amplissime atque celeberrime,

Meditanti mihi assidue, præteritis diebus, præclarissimum librum tuum de methodo maximorum et minimorum ad lineas curvas applicata (⁶), factum tandem est, ut, quod jamdudum mihi erat in deside-

---

(¹) *Tentamen novæ theoriæ musicæ.* Pétersbourg, 1739, in-4°.

(²) *Problematis isoperimetrici in latissimo sensu accepti solutio generalis,* t. VI, année 1739 des *Commentaires de l'Académie de Pétersbourg.*

(³) *Introductio in Analysin infinitorum.* Lausanne, 1748, in-4°.

(⁴) Le célèbre philosophe, Jean Chrétien, baron de Wolf, qui était aussi mathématicien, né à Breslau le 24 janvier 1679, mort à Halle le 9 avril 1754. Si, comme cela est fort probable, le bruit de sa mort était fondé, la question adressée à Euler nous donne la date de cette lettre qui ne porte pas la mention de l'année.

(⁵) *Lettres inédites,* p. 9.

(⁶) *Methodus inveniendi lineas curvas maximi minimive proprietate gaudentes, sive solutio problematis isoperimetrici latissimo sensu accepti.* Lausanne et Genève, 1744, in-4°.

ratis, inciderim in viam aliam longe breviorem problemata hujuscemodi resolvendi, seu formulas tuas, absque omni lineari constructione,
demonstrandi; quum eam igitur, ob simplicitatem suam tibi omnino
non displicituram putaverim, ut pote qui similem fortassis jam exop-
tasse mihi visus sis in p. 39, Cap II ejusdem libri; ubi ais : *Desideratur
itaque methodus a resolutione geometrica et lineari libera, qua pateat in tali
investigatione maximi minimique, loco* P *dp, scribi oportere* — *p d*P (¹);
hoc mihi nunc sumere ausus sum, ut illius te participem facerem, ratus
quidquid temeritatis, et arrogantiæ in hac parte commissum fuisset,
id a te omne pro summa tua humanitate facile condonatum iri. Quanquam enim merito hæsitandum fuerat, an mihi, qui obscuri adhuc
nominis sum, te tantum vivum, omni pene scientiarum genere claris-
simum, interpellare liceret, maximus tamen ac plane singularis affectus meus in te ex operum tuorum studio jampridem conceptus effecit,
ut opportunam hanc illius tibi quomodocunque testandi occasionem,
quam vehementissime exoptabam, de manibus dimittere nullo modo
potuerim. Noli igitur, vir nobilissime, meam hanc, qualiscunque ea
sit, audaciam graviter ferre; ea enim non aliunde certe, quam ex arden-
tissimo, quo teneor desiderio, in humillimorum cultorum tuorum
numerum ingrediendi, proficiscitur. Interim, dum me gratiæ tuæ ac
benevolentiæ devote commendo, te summopere rogatum cupio, ut quid
de hac tenui mea re ingenue sentias, ejus me participem reddendi gratiam mihi facere velis; hoc enim in omnium, quæ tibi jam debere
agnosco cumulum certe accedet. Vale, et fave

Amplitudinis tuæ cultori devotissimo et indefesso

Ludovico de la Grange Tournier.

Tuas ad me literas, quo facilius promptiusque mihi reddantur rec-
tius facies si ita inscribes : *A M. Durand, banquier, pour remettre s. l. p.
à M. Louis de la Grange.*

(¹) C'est à la page 56 de l'édition de 1744. Je ne sais s'il y en a une autre avant 1755.

Prænotanda.

I. Differentiale ipsius y quatenus hic differentiatur, x manente, pro
habendo maximo, minimove formulæ datæ valore, ad distinctionem
aliarum ejusdem y differentiarum, quæ in illa jam ingrediuntur, deno-
tabo per $\eth$; sic et $\eth \, dy$ est differentia ipsius dy, dum y crescunt quantitate $\eth y$; idem dic generaliter de valore $\eth \, \mathrm{F}(y) \, [\mathrm{F}(y)$ mihi est functio
quæcumque y].

II. Ex dissertatione tua de infinitis curvis ejusdem generis (*Comm.
Acad. Petrop.* anno 1734 inserta) (¹) sub initium facile colligatur fore
semper

$$\eth d \, \mathrm{F}(y) = d \eth \, \mathrm{F}(y) \quad \text{et generaliter} \quad \eth d^m \, \mathrm{F}(y) = d^m \eth \, \mathrm{F}(y);$$

unde et

$$\eth \, d^m y = d^m \eth y.$$

III. Ex calculo differentialium patet esse

1°
$$\int z \, du = z u - \int u \, dz;$$

2°
$$\int z \, d^2 u = z \, du - u \, dz + \int u \, d^2 z;$$

3°
$$\int z \, d^3 u = z \, d^2 u - dz \, du + u \, d^2 z - \int u \, d^3 z;$$

et sic de cæteris.

IV. Similiter ex eodem evidens est

$$\int u \int z = \int u \times \int z - \int z \int u;$$

unde si $\int u$, posito $x = a$ (u enim et z sunt functiones x et y), fiat $= \mathrm{H}$.
et $\mathrm{H} - \int u = \mathrm{V}$ erit item posito $x = a$

$$\int u \int z = \int \mathrm{V} z.$$

(¹) *De infinitis curvis ejusdem generis : seu methodus inveniendi æquationes pro infinitis curvis ejusdem generis*, Commentarii, années 1734-1735, t. VIII, 1740, p. 174 et 184.

PROBLEMATA.

Invenire æquationem inter x et y, ut pro dato ipsius x valore puto
x = a, formula hæc $\int Z$ maximum minimumve valorem obtineat.

Resolutiones.

Sit $1°$

$$\delta Z = N\,\delta y + P\,\delta dy + Q\,\delta d^2 y + R\,\delta d^3 y + \ldots$$

(x enim in hac differentia ponitur constans § I). Igitur quoniam differentia duorum totorum æqualis est summæ differentiarum omnium partium, adeoque $\delta \int Z = \int \delta Z$, erit

$$\delta \int Z = \int N\,\delta y + \int P\,\delta dy + \int Q\,\delta d^2 y \div \ldots$$
$$= \int N\,\delta y + \int P\,d\delta y + \int Q\,d^2 \delta y + \ldots \quad (\S\,\text{II})$$
$$= \int N\,\delta y + P\,\delta y - \int dP\,\delta y + Q\,d\delta y - dQ\,\delta y + \int d^2 Q\,\delta y \ldots \quad (\S\,\text{III})$$

unde

$$\delta \int Z = \int (N - dP + d^2 Q - \ldots)\delta y + (P - dQ + \ldots)\delta \dot{y} + (Q - \ldots)d\delta y + \ldots$$

seu, ponendo y, qui respondet $x = a$, cum nonnullis sequentibus invariabilem, unde totidem habentur puncta per quæ curva invenienda transire debet, erit $\delta y = 0$, $d\delta y = 0$, $d^2 \delta y = 0$, $\ldots$, unde tandem

$$\delta \int Z = \int (N - dP + d^2 Q - d^3 R \ldots)\delta y;$$

adeoque ex methodo maximorum, et minimorum communi

$$N - dP + d^2 Q - d^3 R \ldots = 0,$$

dabit æquationem quæsitam (9).

Sit $2°$

$$\delta Z = L\,\delta \pi + N\,\delta y + P\,\delta dy + Q\,\delta d^2 y + \ldots; \qquad \pi = \int (Z);$$

et

$$\delta(Z) = (N)\,\delta y + (P)\,\delta dy + (Q)\,\delta d^2 y + \ldots$$

unde

$$\delta \pi = \int (N)\,\delta y + \int (P)\,\delta dy + \ldots$$

adeoque

$$\delta \int Z = \int N \, \delta y + \int P \, d\delta y + \int Q \, d^2 \delta y + \dots$$
$$+ \int L \int (N) \, \delta y + \int L \int (P) d\delta y + \dots.$$

Sit $\int L$, posito $x = a$, $= H$ et $H - \int L = V$; erit per § IV

$$\delta \int Z \, (\text{posito } x = a)$$
$$= \int [N + (N) V] \, \delta y + \int [P + (P) V] \, d\delta y + \int [Q + (Q) V] \, d^2 \delta y \dots,$$

unde, ut supra, erit pro maximo minimove,

$$N + (N) V - d[P + (P) V] + d^2 [Q + (Q) V] - \dots = o.$$

Eodem modo operandum pro formula prop. IV, Cap. III; et in universum quæcumque et quotcunque integralia involvantur; hujus itaque analysin brevitatis gratia omitto; et progrediar ad formulam prop. V ejusdem Cap., quæ mira facilitate etiam resolvitur.

Sit 3°

$$\delta Z = L \, \delta \pi + N \, \delta y + P \, \delta dy + Q \, \delta d^2 y + \dots,$$
$$\pi = \int (Z); \qquad \delta(Z) = (L) \, \delta \pi + (N) \, \delta y + (P) \, \delta dy + \dots,$$

seu, eliminando (z),

$$d \, \delta \pi = (L) \, \delta \pi + (N) \, \delta y + (P) \, d\delta y + \dots;$$

sit, brevitatis gratia,

$$(N) \, \delta y + (P) d\delta y + \dots = V,$$

erit æqualis

$$d \, \delta \pi - (L) \, \delta \pi = V;$$

unde per regulas cognitas integrando habebimus

$$\delta \pi = e^{\int (L)} \int V e^{-\int (L)}$$

unde fiet

$$\delta \int Z = \int N \, \delta y + \int P \, d\delta y + \dots$$
$$+ \int e^{\int (L)} L \int e^{-\int (L)} (N) \, \delta y + \int e^{\int (L)} L \int e^{-\int (L)} (P) \, \delta y + \dots;$$

quapropter, si $\int e^{\int (L)} L$, posito $x = a$, abeat in H, et $H - \int e^{\int (L)} L$ in V, habebimus operando ut supra

$$N + (N) e^{-\int (L)} V - d[P + (P) e^{-\int (L)} V] + \dots = o,$$

seu, ponendo $e^{-\int(L)}V = S$, erit

$$N + (N)S - d[P + (P)S] + d^2[Q + (Q)S] - \ldots = o;$$

similiter invenio etiam æquationem pro habendo maximo minimove, si pro $\delta\pi$ loco superioris æquationis

$$d\,\delta\pi = (L)\,\delta\pi + (N)\,\delta y + (P)\,d\delta y + \ldots$$

habeatur hæc alia

$$d^2\delta\pi = (k)\,d\delta\pi + (L)\,\delta\pi + (N)\,\delta y + (P)\,d\delta y + \ldots$$

quod usu venire potest in quærenda brachistochrona in hypothesi, quod corpus urgeatur perpetuo versus datum centrum virium mobile, aliis in casibus bene multis. Et generaliter hæc methodus succedit, cujuscunque ordinis differentialia ipsius $\delta\pi$ in ejus æquatione contineantur.

Scholion.

Quod supra in problem. I ut et in cæteris aliis posuerim δy, $d\,\delta y \ldots = o$, idem ut, ibidem innui, ex eo factum est, quod ut data consideraverim plura curvæ puncta; ita ut y, y', y'', ... pro constantibus fuerint habendi; verum si, exempli gratia, in casu primo unicum tantum detur punctum; adeoque una applicata, seu y tantum haberi debeat pro constante, hinc fiet quidem $\delta y = o$ sed non $d\delta y = o$; unde ponendum erit $= o$ ejus coefficiens seu $Q - \ldots$, ex quo habebitur determinatio unius constantis; hic enim, ut patet, in $Q - \ldots$ ponitur $\dot{x} = a$; si nullum vero punctum daretur præter $Q - \ldots$ etiam $P - dQ + \ldots$ æquandum esset nihilo; unde duarum haberentur constantium determinationes. Atque hoc, in cæteris problematibus, idem dicendum. Cæterum aliquando evenit, ut non puncta, sed aliæ determinationes habeantur, ut in quærenda curva citissimi appulsus ad rectam positione datam; his, et similibus casibus, artificio quodam simplicissimo uno, eodemque calculo non solum speciem, sed et individuitatem curvæ quesitæ invenio; ut in hoc exemplo calculus mihi statim ostendit, eam esse illam cycloidem, quæ datam rectam ad angulos rectos secet.

Non omittendum quod calculum hunc ad superficies etiam maximi minimique proprietate quapiam præditas inveniendas eadem facilitate et universalitate applicuerim, quod etsi jam a quopiam fuerit præstitum, intelligere vehementer gauderem.

3.

EULER A LAGRANGE.

Berolini, die 6 sept. 1755 ([1]).

VIR PRÆSTANTISSIME ATQUE EXCELLENTISSIME,

Perlectis tuis postremis litteris, quibus Theoriam maximorum ac minimorum ad summum fere perfectionis fastigium erexisse videris, eximiam ingenii tui sagacitatem satis admirari non possum. Cum enim non solum in Tractatu meo de hoc argumento ([2]) methodum mere analyticam desideravissem, qua regulæ ibi traditæ erui possent, sed etiam deinceps non parum studii in hujusmodi methodo detegenda consumpsissem, maximo sane gaudio me affecisti, quod tuas profundissimas æque ac solidissimas meditationes super his rebus mecum benevole communicare voluisti; quamobrem tibi me maxime obstrictum agnosco. Statim autem perspexi analysin tuam, qua meas hujusmodi problematum solutiones per sola analyseos præcepta elicuisse multo latius patere mea methodo ideis geometricis innixa. In universa enim serie valorum ipsius y, qui singulis valoribus ipsius x respondent, donec x dato valori a æquetur, ego unicam valorem ipsius y data quadam particula δy augeri concepi, indeque incrementum in formula integrali $\int z\,\delta x$ ortum investigari, dum tu, vir clarissime, singulas valores ipsius y

---

([1]) Mss. t. IV, fᵒ 4. Le troisième feuillet est en partie déchiré. — *Leonardi Euleri opera postuma.* Petropoli, 1862, in-4°, t. I, p. 555.

([2]) C'est le Traité : *Methodus inveniendi lineas curvas maximi minimive proprietate gaudentes,* cité plus haut, p. 138, note 6.

indefinita incrementa δy capere assumis quam ob causam etiam non
dubito quin tua analysis, si penitius excolatur, ad multo profundiora
mox sit perducta. Cujusquidem præstantiæ jam eximia exempla a te
feliciter confecta circa lineas citissimi appulsus ad datam lineam, quin
etiam de methodo maximorum ad superficies applicata commemoras,
quæ omnia ut accuratius persequaris, etiam atque etiam te rogo. Mea
quidem methodo usus plures hujusmodi quæstiones circa superficies
pertractavi in Scientia navali, quæ duobus voluminibus in-4°, Petropoli pluribus abhinc annis prodiit (¹). Quod autem ad tuam methodum,
qua singulis applicatis y incrementa δy tribuis, attinet, antequam hoc
ipsum quod non aperte indicas, animadverti, de consensu tuarum formularum cum meis dubitaveram. Ut enim $\int Z\,dx$ fiat maximum, existente

$$dZ = N\,dy + P\,d^2y + Q\,d^3y + \ldots$$

(ubi quidem pro dx unitatem ponis, non pro x uti forte lapsu calami
notas), necesse est id tuo signandi more sit $\delta \int Z\,dx$ seu $\int \delta Z\,dx = 0$.
At vero invenio ponendo tecum 1 pro ∂x

$$\delta \int Z = \int (N - dP + d^2Q - d^3R + \ldots)\,\delta y$$
$$+ (P - dQ + d^2R + \ldots)\,\delta y + (Q - dR + \ldots)\,d\delta y + \ldots$$

et unde concludis esse debere

$$N - dP + d^2Q - d^3R + \ldots = 0,$$

cum tamen natura maximorum tantum postulet ut sit

$$\int (N - dP + d^2Q - d^3R + \ldots)\,\delta y = 0,$$

Verum perspecta amplitudine
Si unicæ applicatæ y increm
$\int (N - dP + d^2Q - \ldots)\,\delta y$ (*il y a ici une grande déchirure*)
partes $(P - dQ + d^2R - \ldots)\,\delta y + (Q$
$x = a$ referantur, evanescere
sensus deprehendatur.

(¹) *Scientia navalis, seu tractatus de construendis ac dirigendis navibus.* Petropoli,
1749, 2 vol. in-4°.
   XIV.   19

Vehementer etiam te rogo, vir clarissime, ut mihi ignoscas, quod ad tuas priores litteras m

commercium nostræ urbis cum Italia

ut nisi per mercatores promoveatur non

possit. Quare cum mihi jam mercatorem tuum indicaveris, has litteras ad eum per mercatorem mittere rogo, ad quem etiam tuam responsionem, qua forte me honorare volueris, per tuum mercatorem mittere vellem.

Quod autem in prioribus litteris de analogia differentialium cujusque ordinis formulæ xy et terminorum binorum potestatis $(a+b)^m$ attulisti, eam jam a Leibnizio observatam esse memini quod, nisi fallor, in ejus cum Bernoullio commercio ([1]) reperies. Vale et fave

Tibi addictissimo

L. EULERO.

A Monsieur Durand pour remettre s. l. p. à M. Louis Grange Tournier, à Turin.

Au dos, de la main de Lagrange : *sig^r L. Eulero, dei 6 7bre 1755.*

4.

LAGRANGE A EULER.

Taurini, die 20 novembris 1755 ([2]).

VIR AMPLISSIME ATQUE CELEBERRIME, FAUTOR COLENDISSIME.

Redditæ mihi sunt, dum ruri essem, literæ tuæ exspectatissimæ, ex quibus jucundissimum præter modum fuit intelligere meditatiunculas

([1]) Voir *Virorum celeberr. Got. Gul. Leibnitii et Johan. Bernoullii commercium philosophicum et mathematicum,* 1745, in-4°, t. I., Epistola XII, p. 65. — *Voir* t. XIII, p. 313.
([2]) *Lettres inédites,* p. 13.

illas meas de maximorum et minimorum methodo, tibi non parum
fuisse probatas. Doleo vehementer, vir clarissime, quod nonnullis
ferme inopinatis occupationibus distentus, tibi protinus respondere
non potuerim. Factum enim est, ut electus fuerim Professor in scholis
nostris mathematicis militaribus (¹), quod sane munus mihi, aliud
cogitanti, et nondum adhuc viginti annorum juveni delatum, negotia
plurima, et quæ nullo modo differri liceret, non potuit non facessere;
quamobrem te etiam, atque etiam rogo, ut mihi ignoscere velis hanc in
rescribendo moram omnino involontariam; maximas porro, quas possum, gratias tibi refero, pro tot tantisque honoris, atque affectus erga
me testimoniis, quibus literas tuas abundare animadverti. Ego sane, si
quid tua attentione dignum confeci, id procul dubio totum tibi debere
agnosco. Eximia enim opera tua, illa sunt præcipue quæ me ad ipsius
Analyseos profundiora perduxerunt. Quapropter me tibi gratissimum
semper, ac maximum quocunque modo debitorem profiteor. Jamvero
in epistola tua, te exoptare ostendis ut ego analysim illam diligentius
adhuc excolam, utpote ex qua sublimiora forsan erui possint, et simul
etiam humanissimis, ac perquam honorificis verbis ad id me cohortari
non dedignastis; igitur non te ægre laturum puto si tenuia aliqua, quæ
de hac re postea habui cogitata, aperiendo, tibi fortassis molestiam
creavero.

In superioribus meis dixi, me eadem analysi determinare posse
curvas citissimi appulsus ad datam lineam; en itaque quomodo rem
perago :

Sit AQN curva brachistochrona simul, et citissimi appulsus ad datam
lineam BNn, in qua ponitur AP $= x$, PQ $= y$, AM $= a$, mM $= dx$;
sitque alia infinite parum discrepans, an, quam curvam differentiationis
voco, quæque oritur singulis applicatis y incremento suo indefinito δy
crescentibus; nunc quoniam formula maxima, minimave facienda est
$\int \frac{ds}{\sqrt{u}}$, denotante u altitudinem celeritati debitam, ponatur esse primò
$\delta u = v\,\delta y$, et habebitur pro differentiali ipsius $\int \frac{ds}{\sqrt{u}}$ dum curva AQN

(¹) A l'École d'Artillerie de Turin.

in *an* transit, hic valor

$$-\int \frac{ds\, v\, \partial y}{2\, u^{\frac{3}{2}}} + \int \frac{dy\, \partial dy}{ds\sqrt{u}}$$

quod reducitur ad

$$\int \left(-d\frac{dy}{ds\sqrt{u}} - \frac{v\, ds}{2\, u^{\frac{3}{2}}} \right) dy + \frac{dy}{ds\sqrt{u}}\, \partial y.$$

Verum quia ex hypothesi citissimi appulsus integrale $\int \frac{ds}{\sqrt{u}}$ pro curva AQN accipi debet per totam AM, loco, quod pro *an* accipiendum est

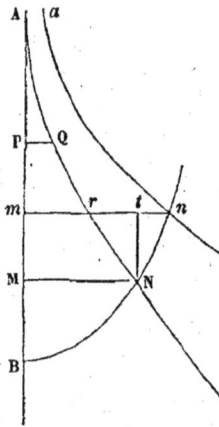

tantum per A*m*, hinc sit ut mutata curva AQN in *an* hoc integrale decrescat suo elemento quod respondet elemento M*m* = *dx*, axis AM; igitur verum ipsius $\int \frac{ds}{\sqrt{u}}$ differentiale hoc casu fiet

$$\int \left(-d\frac{dy}{ds\sqrt{u}} - \frac{v\, ds}{2\, u^{\frac{3}{2}}} \right) \partial y + \frac{dy}{ds\sqrt{u}}\, \partial y - \frac{ds}{\sqrt{u}}$$

ponendo in his duobus postremis terminis *a* pro *x*; quod adeo nihilo æquatum dabit : primò pro æquatione ad curvam quæsitam,

$$-d\frac{dy}{ds\sqrt{u}} - \frac{v\, ds}{2\, u^{\frac{3}{2}}} = 0$$

(ut nempe nullum ex indeterminatis ∂y in ipsa ingredi possit) deinde præbebit etiam, pro puncto intersectionis N quod respondet abscissæ $= a$, hanc alteram æquationem

$$\frac{dy}{ds\sqrt{u}}\,\partial y = \frac{ds}{\sqrt{u}}$$

seu

$$dy\,\partial y = ds^2\,;$$

seu, quia hoc loco

$$dy = rt, \qquad \partial y = rn \quad \text{et} \quad ds = r\mathrm{N}, \qquad rt \times rn = \overline{r\mathrm{N}}^2\,;$$

unde conficitur angulum intersectionis $r\mathrm{N}n$ esse debere rectum; cæterum levi attentione perspicitur nisi sit $\partial u = v\,\partial y$ (quod quidem evenit nisi sit u functio determinata ipsorum x et y) hanc proprietatem locum amplius habere non posse; unde sub hac limitatione intelligi debere videtur prop. tua 44 tomi 2^{di} ægregii mechanices operis. Hæc porro methodus, quomodo et ad alios magis compositos casus possit nullo negotio accommodari, tibi certe supervacaneum foret ostendere; sufficiat hæc ita leviter attigisse.

Transibo igitur ad aliud, quod in illa analysi observavi et super quo judicium tuum doctissimum præcipue exopto; nempe quoniam ex natura maximorum, et minimorum, ut rectissime in epistola tua ais, esse tantum debet $\partial\int z = 0$ (pono pro formula integrali indefinita, $\int z$ tantum, loco quod tu posuisti $\int z\,dx$; quia enim mihi non opus sunt substitutiones tuæ $p\,dx$ pro $dy\ldots$; inutile foret velle omnes formulas ad hanc $\int z\,dx$ reducere, quod aliquando nisi illarum substitutionum ope non efficitur) evidens est, si plures formæ valori ipsius $\partial\int 0$ conciliari possint, plures etiam haberi posse diversas æquationes, quas tamen omnes datis sub conditionibus satisfacere necesse sit. Jam vero $\partial\int z$ exprimitur per

$$\int(\mathrm{N} - d\mathrm{P} + d^2\mathrm{Q} - \ldots)\,\partial y + (\mathrm{P} - d\mathrm{Q} + \ldots)\,\partial y + (\mathrm{Q} - \ldots)\,d\partial y + \cdots\,;$$

sed posito, brevitatis gratia, $\mathrm{N} - d\mathrm{P} + d^2\mathrm{Q} - \ldots = \mathrm{L}$, est

$$\int\mathrm{L}\,\partial y = \mathrm{L}\int\partial y - \int d\mathrm{L}\int\partial y = \mathrm{L}\int\partial y - d\mathrm{L}\int^2\partial y + \int d^2\mathrm{L}\int^2\partial y,$$

et sic in infinitum, unde habetur $\partial \int z =$

1°

$$\int L \, \partial y + (P - dQ + \ldots) \, \partial y + (Q - \ldots) \, d \, \partial y;$$

2°

$$\int dL \int \partial y + L \int \partial y + (P - dQ + \ldots) \, \partial y + \ldots;$$

3°

$$\int d^2L \int^2 \partial y - dL \int^2 \partial y + L \int \partial y + (P - dQ + \ldots) \, \partial y + \ldots;$$

et sic ulterius procedendo. Unde, si ponatur, in loco ubi $x = a$, evanes-cere ∂y, $d \, \partial y$, …, fiet, ex 1° valore, $\partial \int z = \int L \, \partial y$, ex quo æquatio pro curva oritur $L = 0$, quæ ideo eam præbet curvam, ut notum est, quæ maximorum minimorumque proprietate gaudeat inter omnes, quo pro puncto abscissæ $= a$ tum datam habeant applicatam tum etiam datam tangentis ad axem inclinationem, etc.; si vero etiam præterea totum $\int \partial y$ ponatur hoc $\omega = 0$, tam ex 2° valore haberetur :

$$\partial \int z = - \int dL \int \partial y$$

ex quo pro curva quæsita sit $dL = 0$, quæ adeo maximorum, minimo-rumque data proprietate gauderet inter omnes, quæ præter supradictas conditiones habebunt etiam hanc ut summa omnium incrementorum ∂y sit $= 0$; simili modo reperiretur ex 3° valore, ponendo etiam $\int^2 \partial y = 0$; hæc æquatio $d^2L = 0$ pro curva in qua adesset præterea conditio ista ut tota summa 2^{di} gradus ipsorum ∂y fieret evanescens; et sic de cæteris.

Jam vero quum posito $\int \partial y = 0$ necessario curva differentiationis secare debeat priorem in aliquo puncto intermedio, et posito præter $\int \partial y = 0$, etiam $\int^2 \partial y = 0$, tum duo existere debeant intersectionis puncta, concludi mihi posse videtur æquationes has

$$dL = 0, \qquad d^2L = 0, \qquad \ldots,$$

locum habere debere, in quadam curva, quæ data proprietate sit præ-dita, ubi præter extrema, etiam aliqua data sunt intermedia puncta, per quæ ipsa transire debeat; nempe si habeatur unum, tum satisfaciet $dL = 0$, si duo, $d^2L = 0$, ….

Hinc fieret ut quærendo brachistochronam per data tria puncta transeuntem haberetur non ciclois, sed alia orta ex hac æquatione

$$d^2 \frac{dy}{ds\sqrt{x}} = 0$$

seu

$$d \frac{dy}{ds\sqrt{x}} = \frac{dx}{\omega^{\frac{3}{2}}},$$

quæ in cycloidem mutatur facto $\omega = \infty$.

Hæc sunt, vir clarissime, quibus te gravissimis forsan distentum nunc interpellare audeo; tuos nunc acutissimos sensus intelligere mihi maxime est in votis; si gratiam hanc mihi facere non dedignaberis, hoc certe mihi animos addet ad ulterius in hac re inquirendum.

Quæ tum circa superficies, tum alias etiam quæstiones meditatus sum in aliud reservabo tempus; tuum de scientia navali (¹) opus eximium perlegi, et re vera quidem insignia plura hujusmodi problemata soluta animadverti.

Verum jam tempus est ut longæ huic epistolæ finem imponam; quamobrem dum te enixe rogo ut has tenues meas res non iniquo velis animo accipere, favori tuo atque benevolentiæ inestimabili me humillime commendo. Vale et fave

Tibi deditissimo ac adstrictissimo

LUDOVICO DE LA GRANGE TOURNIER.

P. S. Quod ad tuas ad me literas attinet, rectissime facies si illas mercatori Durando inscribere, quo mihi remittantur, perges.

(¹) *Voir* plus haut, p. 145, note.

5.

EULER A LAGRANGE.

Berolini, die 24 aprilis 1756 ([1]).

VIR CLARISSIME ATQUE ACUTISSIME,

Binas tuas epistolas alteram circa finem anni elapsi, alteram vero nuper ad me datas cum voluptate perlegi, summamque ingenii tui perspicaciam maxime sum admiratus. Non solum enim methodum illam abstrusissimam maximorum et minimorum, cujus equidem prima quasi elementa exposueram, ex veris iisque subtilissimis principiis elicuisti, verum etiam eamdem ad penitus perfecisse videris, ut nihil amplius, quod in hoc genere desiderari queat, sit relictum. Quamobrem tibi, vir clarissime, ex animo gratulor, ac te etiam atque etiam rogo ut quæ in hoc genere tam felici cum successu es meditatus, ea omni studio penitius perscrutari ac perficere pergas. Subtilissimæ autem hic occurrunt quæstiones, quæ non solum omnem ingenii solertiam, sed etiam maximam circumspectionem in ratiocinando postulant, quandoquidem hæc methodus nobis objecta plurimis plerumque circumstantiis involuta exhibet, quas nisi calculum ad exempla determinata applicemus, vix distincte perspicere valeamus. Ita cum investigatio curvæ maximi cujusdam minimive proprietate præditæ perduxerit ad hanc æquationem L = o, quæ scilicet indicat, tractu curvæ paullulum immutato, variationem inde ortam evanescere, quemadmodum natura maximi minimive postulat, dubito, an æquationes

$$dL = o, \qquad d^2L = o$$

seu

$$L = a \qquad vel \qquad L = a + bx,$$

ad eumdem scopum sub aliis circumstantiis perducere queant. Neque etiam transformatio formulæ $\int L\,\delta y$ in $L\int \delta y - dL\int^2 \delta y\ldots$, novas

([1]) Mss. t. IV, f° 6. — *Opera postuma*, t. II, p. 556.

determinationes mihi quidem suppeditare videtur, sed tantum indi-
care, si sit L = o, fore etiam dL = o, quod utique verum est, sed con-
clusio inversa locum non habet. Nam, nisi sit L = o, ratio maximi vel
minimi non amplius versatur : sed fortasse hujusmodi positiones aliis
problematis solvendis inservire poterunt. Quod autem ad brachisto-
chronas per tria plurave puncta data transeuntes attinet, crediderim
eas non esse curvas continuas, sed a quovis puncto ad proximum
sequens arcum cycloidis duci oportere, quo tempus translationis ab
altero ad alterum fiat minimum. Si enim corpus celerrime singulas
has portiones percurrat, totam curvam, sine dubio, tempore brevis-
simo conficiet.

Deinde si non inter omnes curvas, sed eas tantum quæ sub certo
quodam genere continentur, quæratur ea, quæ maximi minimive proprietate gaudeat, tua quidem methodus ad hujusmodi quæstiones æquo
cum successu adhiberi potest, dum mea nullius est usus, sed evolutio
calculi sæpe numero maximis obnoxia est difficultatibus. Veluti si super
semiaxe horizontali dato AC infiniti describantur quadrantes elliptici

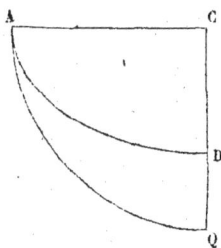

AD, AQ quæ ratione semiaxis conjugati CD, CQ differunt inter eosque
quæratur is AD, super quo corpus in vacuo descensum ex A incipiens
citissime ad rectam verticalem CQ perveniat, æquatio infinita pro specie
hujus ellipsis invenitur, unde nonnisi appropinquando valor semiaxis
conjugati CD definiri potest. Adhibitis autem appropinquationibus repe-
ris esse debere $8\,CD^2 = 3\,AC^2$ seu $CD = AC\sqrt{\frac{3}{8}}$. Scire ergo velim, an
hæc sit vera solutio, et si sit vera, an ea non directe ope methodi cujusdam certæ obtineri queat.

Litteras tuas tam profundis meditationibus refertas cum illustrissimo

XIV.   20

Præside nostro (¹) communicavi, qui summam tuam sagacitatem mecum plurimum est admiratus, simulque tibi pro suscepto principii minimæ actionis patrocinio maximas agit gratias, tuoque nomine numerum sociorum Academiæ nostræ haud mediocriter illustratum iri censet; quod munus ut tibi conferatur, prima oblata occasione curabit. De eo quoque mecum est collocutus, ut ex te sciscitarer, an non sedem, qua Taurini frueris, cum alia in Germania, sub auspiciis Regis nostri munificentissimi, cui te commendare vellet, permutare cupias, qua de re ut me certiorem facias enixe rogo; mihi enim certe nihil exoptatius evenire posset quam si tecum coram communicare, tuaque consuetudine frui liceret. Vale et fave, vir præstantissime,

Tibi deditissimo

L. Eulero (²).

6.

LAGRANGE A EULER.

Taurini, die 19 mai 1756 (³).

VIR AMPLISSIME ATQUE CELEBERRIME, FAUTOR HONORATISSIME,

Gratias, quas possum, maximas tibi ago, vir clarissime, neque unquam agere desinam pro tot, tantisque, quibus abundant nuperæ literæ tuæ humanitatis, atque affectus erga me testimoniis, imprimisque pro singulari quæ tibi mei cura est, dum suavissimæ atque inæstimabilis consuetudinis tuæ participem facere me posse studes. Equidem res ista, ut verum fatear, licet summopere ardua, ac pene impossibilis mihi hactenus visa sit, maximum tamen, et præcipuum votorum meorum semper constituit, unde me tibi, hac occasione, peculiari modo obstrictissimum, devinctissimumque esse debere agnosco. Quod itaque ad sedem

---

(¹) Maupertuis.

(²) L'adresse a été couverte d'encre et on ne peut lire que *Monsieur* [Lagrange] *Tournier*... Turin. Au dos, de la main de Lagrange : *L. Eulero, dei 24 aprile.*

(³) *Lettres inédites,* p. 17.

meam in Germaniam prope te nunc transferendam attinet candide
dicam, quod sentio, hoc mihi nempe gratissimum futurum, modo satis
honesta, et commoda mihi statio offeratur; agitur enim de relinquenda
domo, et patria, ubi vitam meam extra omnes angustias et difficultates
transigo, præsertim cum jam professionem aliquam mathematicam in
scholis Artilleriæ obtinuerim, cum spe ad majora facile perveniendi.
Tu, vir clarissime, extra patriam tuam versaris adeoque, quæ sint ibi
externorum conditiones optime noscis; idcirco nullo me meliori modo
in hoc negotio gerere posse existimo, quam tibi rem totam permittendo,
qui tantis jam benevolentiæ et affectus significationibus honorare me
voluistis. Gratissimum mihi itaque fueris, maximamque tibi habebo gratiam, si, ubi statio aliqua illic mihi offeratur, de ea ejusque conditionibus judicium tuum mihi significare pro summa tua humanitate
volueris; ipse enim regionum illarum penitus ignarus existo. Jam de
itineris impensis non loquor, has enim ubi quis aliquo vocatur, reddi
semper solere audio.

Interim te summopere rogatum volo, ut illustrissimo Præsidi omnes,
quas potes maximas meo nomine reddas gratias, tum pro singulari
quo me immeritum condecorari vult honore admissionis nempe in
regiam Berolinensem Academiam, tum de eo etiam maxime quod me
potentissimo ac munificentissimo Regi velit commendare; simulque
ipsum facias certiorem quam devotum, gratissimumque me habeat, et
habiturus semper sit debitorem pro inæstimabili, quem in me ostendit,
favore suo ac patrocinio, quodque ut æternum mihi frui detur oro,
obtestorque.

Meditatiunculas meas de maximis et minimis, et de applicatione principii minimæ actionis ad dynamicam totam (¹) tibi, ac illustrissimo
Præsidi non displicuisse gaudeo vehementer. Ego in Mecanicæ scriptis
pro scholis nostris condendis occupatus, in istis versari amplius diutius
non potui; nonnulla tamen ad hæc spectantia habeo, quæ alia vice ubi
majus suppetet tempus, communicabo. Sententiam tuam circa theorias
quas proposueram formularum differentialium pro maximis et minimis

(¹) Voir *Miscellanea taurinensia*, t. II, et t. I, p. 365, de la présente édition.

transformationes mihi probatur summopere. Interim quod ad ea attinet, quæ de ellipsi citissimi appulsus ad sectam verticalem habes non
puto rem alio modo quam per appropinquationes peragi posse; quia
enim in ellipsi duo adsunt constantes, ex quibus una tantum ad habendum valorem differentialem pro minimo tempore variabilis ponitur, inservire hic nullo modo potest præclarissima regula, quam in dissertatione tomi VII Acad. Petrop. dedisti, unde ipse valor differentialis per
integrale quodpiam exprimi debet, cujus integrationem non aliunde,
quam per series habere posse existimo; interim sedulius super hanc
rem meditabor. De principio minimæ quantitatis actionis ego ita sentio,
nempe si ad ea excellentissima, quæ de ejus applicatione ad Mecanicam
jam passim dedisti, adjungantur illa paucula, quæ partim jam tecum
communicavi, partim mecum adhuc habeo, tum ad motum corporum
quotcunque inter se quomodocunque connexorum, tum etiam ad equi-
librium, et motum fluidorum quorumvis spectantia, omnium tam stati-
corum, quam dynamicorum problematum universalem veluti clavem
haberi posse; quæ statim æquationes necessarias præbeat alias eruti
difficillimas. Habet certe in hoc invento celeb. Auctor de quo sibi
maxime glorietur. Interim vale et fave

Amplit. tuæ devotissimo

Ludovico de la Grange Tournier.

A Monsieur Euler, Directeur de l'Académie royale des Sciences de Berlin.
— (Par vos très humbles serviteurs Charles Durando et fils,
Banquiers à Turin.)

7.

EULER A LAGRANGE.

Berolini, die 2 sept. 1756 [1].

Vir clarissime ac præstantissime,

Ad litteras tuas mihi quidem jucundissimas prius respondere nolui

[1] Mss. t. IV, f° 8. — *Opera postuma*, t. II, p. 557.

quam sententiam tuam cum illustri Præside nostro, nunc in Gallia degente, communicavissem : qui uti tuum præstantissimum ingenium mecum maxime admiratur ita mihi mandavit, ut quantocius te Academiæ nostræ commendarem, et in numerum Sociorum nostrorum adscribi curarem. Quod cum summo applausu hodie sit expeditum, consuetum diploma cum his litteris accipies. Ceterum ill. Præses noster mihi perscripsit, se post reditum suum apud Regem nostrum omnem operam esse adhibituram, ut tuis meritis dignam stationem obtineat. Cum is tam propenso in te sit animo, haud abs re fore arbitror, si ad ipsum literas dare volueris, quas ita inscribere poteris : *A M. de Maupertuis, Président de l'Académie royale des Sciences et Belles-Lettres de Prusse, à Saint-Malo,* quo loco hyemem commorari decrevit. Interim Academia nostra profundissimas tuas meditationes summo cum desiderio expectat, quibus in posterum nostri Commentarii exornentur.

Vale, Vir clarissime, faveque

ingenii tui sagacissimi admiratori candidissimo,

L. EULERO.

8.

LAGRANGE A EULER.

Taurini, die 4 augusti 1758 ([1]).

VIR CLARISSIME ET EXCELLENTISSIME FAUTOR HONORATISSIME,

Paucis abhinc diebus ad te misi exemplar Operis quod societas quædam privata Taurinensis in lucem emisit sub nomine, *Miscellaneorum philosophico-mathematicorum.* Extat ibi dissertatio mea de soni natura et propagatione ([2]) de qua judicium tuum præcipue exopto. Egi enim præ cæteris de oscillationibus chordarum tensarum, et ex formula generali quam inveni deduxi primum theoriam compositionis oscillationum

---

([1]) *Lettres inédites,* p. 21.
([2]) *Recherches sur la nature et la propagation du son. Voir* t. I, p. 39, 151 et 319.

isochronarum quam Daniel Bernullius indirectis principiis stabilivit,
et demonstravi ipsam tantum locum habere ubi chorda tensa tanquam
nullius massæ sed ponderibus numero finitis onusta consideraretur,
aucto enim horum ponderum numero ad infinitum, iisque in eadem
ratione diminutis, quo chorda uniformiter crassa evadat, tota Bernul-
liona theoria per se labitur, et formula mihi suppeditat eam ipsam
constructionem quam tu, vir clarissime, dedisti in dissertatione tua de
hac re Berolinensibus Commentariis inserta (¹); quamque D. d'Alembert oppugnare agressus est. Hæc quæ at te pertinent tibi hic significo
quia non dubito quin literas istas antea sis accepturus quam librum
ipsum; cætera ibi videre, cum illum accepteris, fas erit.

Literas hic inclusas D. de Maupertuis cujus domicilium ignoro, rogo
ut mittas. In iis loquor præcipue de libro, quem pene jam absolvi, de
applicatione principii minimæ quantitatis actionis ad Mechanicam
totam, cui præmittitur expositio methodi *maximorum* et *minimorum*,
quam tribus abhinc annis tibi communicavi, quamque summopere
generalem reddidi.

Imprimis hic demonstravi id, de quo in ultimis meis ad te datis egi,
quomodo nempe æquationes, quæ ex variabilitate binarum variabilium
x et y deducuntur, eamdem semper curvam exprimant; eamque demonstrationem extendi, si variabiles sint tres aut plures. Inveni nempe
id ex natura functionum differentialium proficisci, ita ut si differen-
tiæ statuantur finitæ amplius locum non habeat ista proprietas; veluti
si quæreretur polygonum quod data maximi minimique proprietate
gauderet; hocque illustravi exemplo polygoni inter isoperimetra maximam aream habentis, quod problema generaliter et analytice secundum
meam methodum resolutum dedi. Hæc tibi in antecessum scribo quia
ad methodi ipsius perfectionem hactenus desiderari mihi videbatur
hujusmodi demonstratio. De reliquis non loquor, nam animus est exemplar manuscriptum Berolinum mittere ne absque tuo et D. de Maupertuis et Academiæ, si id tibi videtur, suffragio edatur; immo et illud si

(¹) *Sur la vibration des cordes*, Mémoires de l'Académie de Berlin, année 1748, p. 69-85.

fieri posset apud vos typis committi mallem, quam aliis in regionibus;
hic enim rationes nonnullæ me deterrent ab hoc opere suscipiendo;
quamobrem consilium tuum de hac re summopere exopto. Ubi literas
aliquas mihi dare dignaberis illas ad D. Durade, directorem literarum
Genevæ pro Rege Sardiniæ, inscribere poteris, quo illas mittat Tauri-
num ad D. commendatorem de Laroli, directorem generalem literarum
(*des postes*) pro tota Regis Sardiniæ ditione, a quo mihi tuto redden-
tur.

Interim, vir clarissime, mihi ignoscas si præsentibus hisce te interpellare audeo; quum enim, exoriente bello, commercium omne inter
vestram et nostram urbem fuerit interclusum, primam quæ mihi sese
offert occasio servitutis meæ tibi renovandæ lubens arripio. Vale, et
fave

Tibi omni honoris cultu addictissimo

Ludovico de la Grange.

P. S. Eques Salutius ([1]) qui dissertationem quamdam de pulvere
pirio in nostris Commentariis dedit, interpretationem molitur operis
quod lingua Germanica composuisti, instar notarum ad D. Robins ([2]),
me rogavit ut te de hac re certiorem facerem, quo animum tuum mihi
significare valeas.

9.

LAGRANGE A EULER.

Taurini, die 28 julii anno 1759 ([3]).

Vir amplissime et celeberrime, Fautor honoratissime,

Tres jam pene elapsi sunt anni ex quo nihil amplius literarum nec a
te accipere, nec tibi mittere mihi datum est. Statim enim ac presens

---

([1]) *Voir* ce Mémoire dans le t. I, p. 3, et les additions dans le t. II, p. 94 et 216.
([2]) *Neue Grundsätze der Artillerie, aus dem Englischen des Hrn B. Robins übersetzt.*
Berlin, 1746; in-8°.
([3]) *Lettres inédites*, p. 25.

bellum exortum est in regionibus vestris, mercator ille per quem epistolæ nostræ transferebantur mihi significavit, commercium inter nostras et vestras regiones aut omnino interdictum, aut saltem periculi et alea plenum esse; nec ex eo tempore viam ullam satis tutam ad id invenire mihi contigit.

Nunc vero cum præsens liber typis manderetur qui aliqua ex parte ad me pertinet, officio meo erga te me defuturum putavi, nisi omnem operam adhibuissem et modum quærerem, quo illum tibi quantocius offerre ac dicare possem. Exoptatam itaque tandem nactus occasionem, tibi mitto hoc exemplar Commentariorum physico-mathematicorum ([1]) quæ societas quædam privata in lucem emittere cœpit, eo animo ut hujuscemodi scientiarum studium, quod hactenus nimis jacuisse videtur apud nos aliquomodo excitetur, et promoveatur. Inter dissertationes mathematicas primæ duo nihil continent quod tua videatur attentione dignum; tertia in qua de soni natura et propagatione agitur, fortassis, ut spero, alicujus ponderis videri poterit, ob theoriam de oscillationibus chordarum tensarum, et fibrarum ærearum, quæ novo et rigoroso calculo superstructa invenitur; atque de hac præcipue judicium tuum quam vehementissime exopto. Quarta demum dissertatio mathematica labor est juvenis cujusdam felicissimi ingenii ([2]), qui inter Artillerii alumnos, meosque discipulos est, et a quo maxima promitti posse videntur. Reperies hic pag. 142 notatiunculum meam de quodam Paradoxo, quod D. d'Alembert invehere in Analysin non dubitavit.

Elapso anno, literas ipsi dedi, quæ ejusdem enodationem complectebantur; rescripsit Auctor tergiversationes potius quærendo, quam rationes meas oppugnando; satius itaque esse duxi rem totam publici juris facere, ut omnem contentionum privatarum molestiam effugerem. De rebus physicis et anatomicis nihil loquor ut pote quæ mihi

---

([1]) C'est le premier Volume de la Société de Turin, 1759.

([2]) Daviet de Fontenex, dont le Mémoire, qui termine le Volume divisé en deux Parties, est intitulé : *Réflexions sur les quantités imaginaires* et occupe les pages 113-146.

([3]) Nous n'avons point cette lettre. La Correspondance de Lagrange avec d'Alembert ne commence qu'avec le mois de septembre 1759.

xtranea maxima ex parte sunt. Interim si tibi æquum videbitur, vir larissime, totum hunc librum Academiæ vestræ judicio submittere acultas omnis pene te esto, et maximas hac de re Societas nostra integra tibi gratias habebit. Si approbationem aliquam apud vos promeeri possemus, id nobis certe maximæ verteremus gloriæ, et simul tiam ad studiorum nostrorum æstimationem non mediocrem, ac tuteam quoque in hac ditione nobis parandam summopere conduceret. Jominum de Maupertuis nescio ubi moretur, quamobrem te deprecor t me de ipsius domicilio certiorem reddas, quo literas ipsi dare, et ibrum hunc quoque mittere possim. Opus quod moliebar de Applicaione principii minimæ quantitatis actionis ad Mechanicam universam, ene absolutum est; illum in duas partes distribui; in prima expoitur methodus mea *maximorum* et *minimorum* ad formulas integrales ndefinitas applicata, cui maximam quam potui extensionem tribuere onatus sum, ita ut parum amplius desiderari posse videatur in hac nateria. Secunda pars agit de principio minimæ quantitatis actionis, ujus ope, et per methodum antea explicatam difficiliora quæque Meanices problemata facillime, et universaliter resolvuntur. Animus sset, si id fieri posset, illum Berolinum antea mittere ut tum tuo, tum). de Maupertuis, tum Academiæ integre judicio submitteretur, et leinde typis quoque illic consignari posset, ad evitanda incommoda mnia quæ in regionibus nostris in libris edendis occurrunt.

Quid hac de re sentias mihi pergratum facies si id significare non ledignaveris. Verum fortassis ante acceptam istam epistolam, alia mea ibi reddetur, in qua de hac re longius agere mihi licebit. Interim vale, ir clarissime, meque indesinenter credas

Amplissimi tui nominis cultorem, et veneratorem candidissimum,

LUDOVICUM DE LA GRANGE.

———

10.

EULER A LAGRANGE.

Berolini, die 2 oct. 1759 (¹).

Vir clarissime ac præstantissime,

Inter tot et tam atroces tumultus bellicos, quibus hic undequaque premimur, tantis curis equidem sum districtus, ut fere omne commercium litterarum negligere sim coactus. Ex quo imprimis te, vir clarissime, etiam atque etiam rogo, ut ne mihi meam negligentiam in scribendo vitio vertere velis. Quanquam autem *Miscellanea philosophico-mathematica* (²) quorum exemplar mihi benevole destinasti, nondum accepi, nec fortasse tam cito expectare possum, tamen non potui quin tibi pro hoc testimonio amicitiæ gratias agam maximas, simulque meam lætitiam et admirationem declarem quod tam felici successu, tam sublimes ac profundissimas investigationes perfeceris. Litteræ tuæ mihi demum post obitum dignissimi præsidis nostri sunt redditæ; quo casu equidem eo gravius sum perculsus, quod optimum fautorem, ac suavissimum amicum amiserim (³). Litteras ergo tuas ad illum directas, in nostro conventu academico aperui. Maxime optassem ut ab ipso superstite responsum accipere posses; nunc quid tibi scribam nescio. Fama est locum præsidis Alembertio cum maximis emolumentis destinari, quo casu, an tuum excellentissimum opus huc mitti consultum sit, ipse judicaveris. Quin potius operam da ut quamprimum prelo committatur; hic enim his turbulentis temporibus, vix quisquam bibliopola suam operam esset præstaturus. Genovæ putem hujusmodi opera commodissime excudi posse, vel Lausannæ, ubiquidem summo otio fruuntur. Lubens cognovi tibi meam solutionem chordæ vibrantis (⁴) pro-

---

(¹) Mss. t. IV, f° 9. — *Opera postuma,* t. II, p. 557.

(²) *Miscellanea philosophico-mathematica Societatis privatæ Taurinensis,* tomus primus, 1759, in-4°.

(³) Maupertuis, président de l'Académie de Berlin, était mort à Bâle le 27 juillet 1759.

(⁴) C'est le Mémoire *Sur les vibrations des cordes,* inséré dans le t. IV du *Recueil de l'Académie de Berlin,* année 1748, p. 69-85.

bari, quam Alembertus variis cavillationibus infirmare est conatus,
idque ob eam solam rationem quod non ab ipso esset profecta. Minatus
est se gravem refutationem esse publicaturum; quod an fecerit, nescio.
Putat se per eloquentiam semidoctis fucum esse facturum. Dubito an
serio rem gerat, nisi forte amore proprio sit penitus occœcatus. Voluit
nostris Commentariis, non demonstrationem, sed nudam declarationem
inseri : meam solutionem maxime esse vitiosam; ego vero opposui no-
vam demonstrationem omni rigore adornatam. Sed præses noster, beatæ
memoriæ, noluit ipsi nostram Academiam tanquam palæstram con-
cedere; unde etiam meam confirmationem lubens suppressi; ex quo
judicabis quantas turbas, si præsidio decoratus, sit acturus. Equidem
omnia tranquillus expecto, nihil negotii cum illo mixturus. Tua solutio
problematis isoperimetrici continet, ut video, quidquid in hac quæs-
tione desiderari potest; et ego maxime gaudeo hoc argumentum, quod
fere solus post primos conatus tractaveram, a te potissimum ad summum perfectionis fastigium esse evectum. Rei dignitas me excitavit ut
tuis luminibus adjutus, ipse solutionem analyticam conscripserim quam
tamen celare statui, donec ipse tuas meditationes publici juris feceris,
ne ullam partem gloriæ tibi debitæ præripiam.

Quoniam his gravissimis temporibus ab aliis negotiis vacavi, librum
de Calculo integrali conscribere cœpi (¹), quod opus jampridem eram
meditatus, atque adeo Petropolitanæ pollicitus, nunc igitur jam nota-
bilem partem absolvi. Calculum integralem ita definivi, ut esset methodus functiones unius pluriumve variabilium inveniendi ex data differentialium vel primi vel altiorum graduum relatione, unde prout
functiones sint vel unius vel duarum pluriumve variabilium, totum
opus in duos libros divisi; ubi quidem pro posteriori vix quicquam est
cultum. Eo pertinent scilicet quæstiones de chordis vibrantibus, ubi
pro dato tempore t, et chordæ puncto, cujus situs variabilis s denotetur,
ejus celeritas et .... (²) determinari debet; quæritur enim functio
quædam (z) binarum variabilium t et s, ex data relatione formularum

(¹) Euler a publié à Pétersbourg, 1768-1770, *Institutiones Calculi integralis*, 3 vol. in-4°.
(²) Il y a ici un trou dans le papier.

$\frac{\partial^2 z}{\partial t^2}$ et $\frac{\partial^2 z}{\partial s^2}$, et hujusmodi formulis universa hydrodynamica innititur. Utilissimum ergo erit hanc partem Calculi integralis adhuc fere intactam accuratius evolvi, cujus equidem prima fundamenta jam fecisse videor. Incipiendum autem erat a differentialibus primi gradus, ut functio z binarum variabilium t et s definiatur ex data quacumque relatione inter z et has formulas $\frac{\partial z}{\partial t}$ et $\frac{\partial z}{\partial s}$, per differentiationem inde derivatas. Ex quo perspicuum est fere omnia quæ adhuc de integrandi methodo sunt prolata, etiam si binarum variabilium mentio fiat, ad primam tamen partem referri debere, quia altera ut functio alterius tractatur. Alio forte tempore plura de his commemorare continget. Vale ac fave

Tibi addictissimo,

L. EULERO.

Privatam adhuc Societatem litterarum taurinensem mox publicam fieri in augmentum Scientiarum magnopere opto.

Adresse :

A monsieur Durade, intendant des postes de S. M. le Roy de Sardaigne, pour la remettre à M. Louis de la Grange, à Turin, par la voye de M. Caroli, directeur général des postes pour tous les états du Roy de Sardaigne, à Genève.

11.

EULER A LAGRANGE.

Berlin, ce 23 octobre 1759 ([1]).

Monsieur,

Ayant reçu l'excellent présent que vous avez eu la bonté de m'envoyer ([2]), je l'ai d'abord parcouru avec la plus grande avidité, et je n'ai

---

([1]) Ms. t. IV, f° 11. — *Opera postuma*, t. II, p. 559.

([2]) C'est le volume des *Miscellanea* dont il a été question plus haut et qui, entre autres, contient de Lagrange : *Recherches sur la nature et la propagation du son.*

pu assez admirer votre adresse, dont vous maniez les plus difficiles équations, pour déterminer le mouvement des cordes et la propagation du son. Je vous suis infiniment obligé d'avoir mis ma solution à l'abri de toutes chicanes et c'est après vos profonds calculs que tout le monde doit à présent reconnaître l'usage des fonctions irrégulières et discontinues dans la solution de ce genre de problèmes. En effet, la chose me parait à présent si claire, qu'il n'y saurait rester le moindre doute. Supposons qu'il faille chercher une telle fonction z des deux variables t et x, qu'il soit $\frac{\partial z}{\partial t} = \frac{\partial z}{\partial x}$, et il est évident, que toute fonction de $t + x$ tant irrégulière que régulière peut être mise pour z : par exemple, ayant tracé à plaisir une ligne quelconque AM (*fig.* 1), si l'on

Fig. 1.

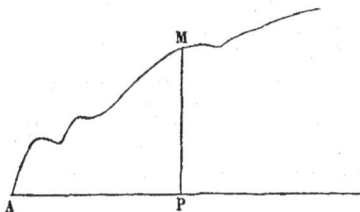

prend l'objectif AP $= t + x$, l'appliquée PM fournira une valeur pour z, et il en est de même du problème des cordes. A cette occasion, j'ai observé que ma solution n'est pas assez générale : car qu'on puisse donner à la corde au commencement une figure quelconque AMB (*fig.* 2) ma solution exige que dans cet état il n'y ait point de mou-

Fig. 2.

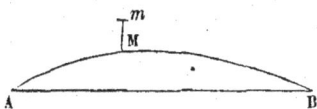

vement, mais à présent je puis résoudre le problème lorsqu'on a donné à la corde non seulement une figure quelconque AMB, mais qu'outre cela on ait imprimé à chaque point M une vitesse quelconque M*m*. Je vois que vous avez traité ce cas lorsque la corde, au commencement, est tendue en ligne droite AB, mais je ne sais pas bien si votre solution s'étend aussi au cas où l'on suppose à la corde, outre le mouvement donné, une figure quelconque.

Je passe à la propagation du son, dont je n'ai jamais pu venir à bout, quelques efforts que je me sois donnés, car ce que j'en avais donné dans ma jeunesse était fondé sur quelque idée illusoire, pour mettre d'accord la théorie avec l'expérience sur la vitesse du son. J'ai donc lu votre Mémoire sur cette matière avec la plus vive satisfaction, et je [ne] puis assez admirer votre sagacité en surmontant tous les obstacles. A présent, je vois bien qu'on pourrait tirer la même solution de la formule

$$\frac{\partial^2 z}{\partial t^2} = \alpha \frac{\partial^2 z}{\partial x^2},$$

en faisant usage des fonctions discontinues; mais alors M. d'Alembert me ferait les mêmes objections que contre le mouvement des cordes : ce n'est qu'après vos recherches que je pourrai faire valoir cette méthode. J'ai résolu par là le cas où l'on suppose au commencement non seulement un déplacement quelconque à autant de molécules d'air qu'on veut, mais en donnant, outre cela, à chacun un mouvement quelconque, tout comme dans les cordes, mais en ne regardant qu'une ligne physique d'air, ou bien un tuyau mince et droit, rempli d'air, comme vous avez fait. Cette généralisation me paraît d'autant plus utile qu'elle nous découvre plus clairement le mouvement dont toutes les particules d'air sont successivement ébranlées : on en peut aussi répondre à un doute bien important, qui m'a longtemps tourmenté, c'est qu'un ébranlement excité en A (*fig.* 3) se répand également des

Fig. 3.

deux côtés du point A, mais étant parvenu en X, il ne se répand que vers E, on demande donc quelle différence il y a entre un ébranlement primitif en A et un dérivatif en X, pour que celui-là se répande vers D et E et celui-ci uniquement vers E. Ce doute est levé par la susdite solution générale, par laquelle on verra que le déplacement primitif des parti-

cules en A, avec le mouvement imprimé à chacune, pourrait être tel,
que la propagation ne se fît que dans le sens E, et on s'apercevra
ensuite que cette circonstance a toujours lieu dans les ébranlements
dérivés. Il est bien remarquable que la propagation du son se fait actuellement plus vite que le calcul marque, et je renonce à présent à la
pensée que j'eus autrefois, que les ébranlements suivants pourraient
accélérer la propagation des précédents, de sorte que plus un son serait
aigu, plus serait grande sa vitesse, comme vous aurez peut-être vu dans
nos derniers Mémoires. Il m'est aussi venu dans l'esprit, si la grandeur
des ébranlements n'y pourrait causer quelque accélération, puisque
dans le calcul on les a supposés infiniment petits, et il est évident que
la grandeur changerait le calcul et le rendrait intraitable. Mais autant
que j'y puis entrevoir, il me semble que cette circonstance diminuerait
plutôt la vitesse.

C'est dommage que ce même problème ne peut pas être résolu en
donnant à l'air trois dimensions, ou seulement deux, car on a lieu de
douter si la propagation serait alors la même. Au moins est-il certain
que les ébranlements seraient alors d'autant plus faibles, plus ils s'écar-
teraient de leur origine. J'ai bien trouvé les formules fondamentales
pour le cas où l'étendue de l'air n'a que deux dimensions, ou est contenue entre deux plans. Soit Y (*fig.* 4) une particule d'air dans l'état
d'équilibre, qui après quelque agitation ait été transportée en y.

Fig. 4.

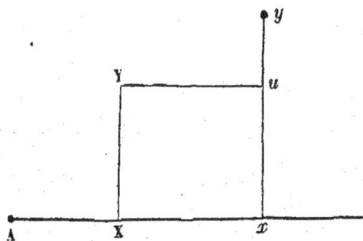

Posons AX $=$ X, XY $=$ Y; X$x =$ Y$u = x$ et $uy = y$. Cela posé, tant
x que y seront certaines fonctions de XY et du temps t, et partant de
trois variables, et je trouve pour leurs déterminations les deux équa-

tions suivantes :

$$\frac{\partial^2 x}{\partial t^2} = \alpha \frac{\partial^2 x}{\partial X^2} + \alpha \frac{\partial^2 y}{\partial X \partial Y}$$

et

$$\frac{\partial^2 y}{\partial t^2} = \alpha \frac{\partial^2 y}{\partial Y^2} + \alpha \frac{\partial^2 x}{\partial X \partial Y}.$$

De là, si je suppose que l'ébranlement primitif soit fait en A (*fig.* 5) et qu'il se répande de là, en forme des ondes circulaires, de sorte qu'un

Fig. 5.

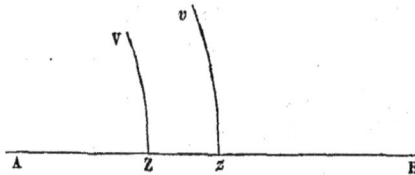

arc ZV (dans l'état d'équilibre) ait été après l'agitation transporté en *zv*, posant AZ $=$ Z et Z*z* $=$ *z*, la quantité *z* sera une certaine fonction des deux variables *t* et Z pour la détermination de laquelle je trouve cette équation

$$\frac{\partial^2 z}{\partial t^2} = \alpha \frac{\partial^2 z}{\partial Z^2} + \frac{\alpha}{Z} \frac{\partial z}{\partial Z} - \frac{\alpha z}{Z^2}.$$

En rejetant ces deux derniers termes, il reste la même équation, qui convient au cas où l'air est étendu uniquement en ligne droite AE. Or de cette équation, il ne paraît pas que la propagation se fasse avec la même vitesse dans les deux cas. Il serait donc fort à souhaiter que l'analyse fût portée au point de pouvoir résoudre ces sortes d'équations, et j'espère que cette gloire vous est réservée. Ce que vous dites des échos est aussi important dans l'Analyse que dans la Physique, et tout le monde doit convenir que ce premier Volume de vos travaux est un vrai chef-d'œuvre, et renferme bien plus de profondeur que tant d'autres Volumes des Académies établies et jamais société particulière n'a plus mérité d'être soutenue par son souverain.

Pour les sons de Musique, je suis parfaitement de votre avis, Monsieur, que les sons consonnants que M. Rameau prétend entendre d'une même corde (¹) viennent des autres corps ébranlés : et je ne vois pas pourquoi ce phénomène doit être regardé comme le principe de la Musique plutôt que les proportions véritables qui en sont le fondement. Je crois encore avoir bien déterminé le dégré d'agrément avec lequel on entend deux sons donnés, et de là deux sons en raison 8:9 s'aperçoivent (²) plus aisément que s'ils étaient en raison 7:8. Mais je crois qu'ici il faut avoir égard à un préjugé, par lequel on suppose d'avance la proportion des sons, et alors une aberration est insupportable. Comme celui qui accorde un violon, si deux cordes se trouvent dans l'intervalle d'une sixte, il les juge fausses, puisqu'il prétend que leur intervalle soit une quinte. Ainsi, pour l'intervalle 7:8, il sera fort difficile de prendre cet intervalle tel qu'il est; on s'imaginera toujours qu'il devrait être celui de 8 à 9, étant mal accordé. Il ne s'agit que de prévenir ce préjugé pour mettre en usage l'intervalle 7:8, mais il faudrait aussi pour cela des règles particulières de composition.

Je viens d'achever le IIIᵉ Volume de ma *Mécanique*, qui roule sur le mouvement des corps solides inflexibles. J'y ai découvert des principes tout à fait nouveaux et de la dernière importance. Pour qu'un tel corps tourne librement autour d'un axe, il ne suffit pas que cet axe passe par le centre de gravité (ou plutôt par le centre d'inertie du corps); mais il faut outre cela que toutes les forces centrifuges se détruisent. Il est bien évident que, dans tous les corps, toutes les lignes qui passent par son centre d'inertie n'ont pas cette propriété. Or j'ai démontré que dans tous les corps, quelque irréguliers qu'ils soient, il y a toujours trois telles lignes perpendiculaires entre elles, que je nomme les trois axes principaux du corps, par rapport auxquels je détermine ensuite les *moments d'inertie*, et cette considération m'a mis en état de résoudre quantité de problèmes, qui m'avaient paru insolubles auparavant; comme, ayant imprimé à un corps quelconque un mouvement quelconque, de déterminer la continuation de ce mouvement, faisant

(¹) *Voir* RAMEAU, *Génération harmonique ou Traité de Musique théorique et pratique*, Paris, 1737, in-8°, Chap. VIII, p. 105.
(²) *s'aperçoivent*, il aurait dû écrire : *se perçoivent*.

abstraction de toutes forces qui pourraient agir sur le corps. J'espère que vous aurez bien reçu ma dernière lettre; pour celle-ci je la fais passer par la main d'un ami à Genève, M. Bertrand ([1]), qui s'est appliqué aux Mathématiques avec un très grand succès.

J'ai l'honneur d'être, Monsieur,

Votre très humble et très obéissant serviteur,

L. EULER.

A Monsieur de La Grange Tournier, Professeur en Mathématiques et membre de l'Académie royale des Sciences et Belles-Lettres, de Prusse à Turin.

12.

LAGRANGE A EULER.

De Turin, 24 novembre 1759 ([2]).

MONSIEUR,

Rien ne pouvait m'arriver de plus agréable que l'honneur de vos lettres, qui m'assurent de la continuation de votre précieuse amitié; j'ai été charmé surtout d'apprendre que vous ayez enfin reçu le Livre que j'avais pris la liberté de vous envoyer comme un témoignage du respectueux attachement que je conserve sans cesse pour votre illustre personne. Notre Société vous est infiniment redevable de la bonté que vous avez eue d'examiner ses travaux, et du jugement honorable que vous en portez; vos suffrages, monsieur, sont pour nous les plus flatteurs, et ce n'est que sur eux que nous croyons pouvoir justement apprécier notre Ouvrage. Le succès de cette première entreprise nous encourage à ne pas l'abandonner, et nous espérons de donner au public un semblable Volume au milieu de l'année prochaine. Nous avons d'ailleurs tout lieu de croire que le Gouvernement ne manquera pas de

---

([1]) Louis Bertrand, géomètre, membre de l'Académie de Berlin, né à Genève le 3 octobre 1731, mort le 15 mai 1812.

([2]) *Lettres inédites*, p. 29.

soutenir une Société naissante, qui, sans un établissement convenable, ne saurait pas subsister longtemps; mais ce qui pourrait l'engager le plus ce serait de voir que ceux mêmes qui tiennent les premiers rangs dans les Sciences daignassent y concourir, et l'appuyer par leurs noms et leur crédit. M. Haller vient de nous faire cet honneur en nous promettant deux Dissertations pour le Tome suivant (¹). Oserais-je vous supplier aussi, monsieur, d'une faveur semblable, au nom de toute la Société? Les Lettrés de notre Pays seront sans doute fidèles à conserver une vive reconnaissance de ceux qui les auront les premiers honorés et protégés. En cas que vous vouliez vous daigner nous envoyer quelque pièce, vous pouvez, s'il n'y a pas d'autre voie plus commode et plus sûre, nous la faire tenir directement par la poste en l'adressant à Genève, sans craindre nullement la grosseur du paquet.

Je me crois extrêmement heureux d'avoir pu contribuer à mettre votre solution de *chordis vibrantibus* à l'abri de toutes les objections de MM. Bernoulli et d'Alembert. Il est vrai que les calculs en sont assez longs et compliqués; mais je ne sais pas si, en envisageant les choses comme j'ai cru devoir faire, on pourrait les abréger ou simplifier. J'ai cependant imaginé depuis peu une autre solution analytique, par laquelle je parviens directement de la formule différentielle $\frac{\partial^2 y}{\partial t^2} = c\,\frac{\partial^2 y}{\partial x^2}$ à la même construction générale que j'ai donnée dans l'article 45, sans que la nature du calcul puisse porter la moindre atteinte à sa généralité; car cette nouvelle méthode est fondée sur les mêmes principes que celle que j'ai expliquée pour le cas d'un nombre indéterminé de corps mobiles, avec cette différence que les opérations, ici roulant toujours sur des termes infiniment petits, ne sont composées que des intégrations et différentiations convenables. Cette solution, étant d'un genre tout à fait nouveau, ne sera peut-être pas aussi indigne de votre attention, et elle servira encore plus à établir l'usage des fonctions irré-

(¹) Albert de Haller, anatomiste, botaniste et poète, né à Berne en 1708, mort en 1777. Il tint parole à Lagrange, car dans le IIᵉ Volume, qui comprit les années 1760-1761, le premier Mémoire est de lui. Il est intitulé : *Emendationes et auctaria ad stirpium helveticarum historiam.*

gulières et discontinues dans une infinité d'autres problèmes. Je la réserve pour le second Tome de nos Mémoires (¹). A propos de la solution générale, lorsque la corde a au commencement une figure quelconque avec des vitesses données à tous ses points, vous verrez que je l'ai donnée dans l'article cité, et je ne doute pas qu'elle ne soit entièrement conforme à celle que vous avez inventée; mais il faut avoir égard à l'errata qui se trouve à la fin de tout le Livre. Si l'on suppose que, dans le premier état de la corde, on ait

$$y = \varphi(x) \qquad \text{et} \qquad u = \Delta x,$$

on aura généralement

$$y = \frac{\varphi(x+ct) + \varphi(x-ct) + \int \Delta(x+ct)\,dt + \int \Delta(x-ct)\,dt}{2};$$

d'où l'on tire par la différentiation la valeur de u.

J'ai reconnu avec une grande satisfaction ce que vous dites de la différence entre les ébranlements primitifs et dérivatifs; c'est assurément une remarque bien importante tant pour le calcul que pour la Physique, et digne de votre profond génie. Après avoir presque achevé ma théorie sur la propagation du son, je me suis bien aperçu que j'aurais pu également la tirer de la construction des cordes; cependant, comme il s'agissait de fonctions tout à fait discontinues, j'ai aimé mieux la déduire directement de mes formules générales. Une chose qui, en y pensant de nouveau, m'a paru peu exacte, c'est la supposition que je fais qu'une seule particule d'air soit ébranlée à chaque vibration du corps sonore, d'où il n'en résulte dans les particules suivantes qu'un mouvement tout à fait instantané. Je crois donc que, pour se conformer de plus à la nature, il sera mieux d'imaginer que plusieurs particules d'air soient remuées à la fois par le corps sonore, et on trouvera dans ce cas que chacune des particules suivantes recevra un mouvement qui ne sera plus instantané, mais qui s'éteindra tout à fait après un certain

---

(¹) *Voyez* dans ce second Tome, p. 2 de la IIᵉ Partie: *Nouvelles recherches sur la nature et la propagation du son*, et le t. I de la présente édition.

temps; et ce temps sera le même que celui que le son mettrait à parcourir la longueur de l'espace par lequel on suppose que les particules soient agitées dans le premier ébranlement. Or, le son parcourant à peu près 1200 pieds par seconde, et le son le plus aigu ne faisant qu'environ 1800 vibrations dans le même temps, il s'ensuit qu'à moins que l'étendue de la première onde d'air, pour ainsi dire, ne surpasse la longueur de deux tiers d'un pied, ce qui n'est nullement probable, chaque particule sera réduite au repos avant qu'elle puisse recevoir une seconde secousse. Ainsi, tout se passera de même comme dans l'hypothèse des ébranlements instantanés, et les lois de la propagation et de la réflexion du son demeureront aussi les mêmes. Je suis parfaitement d'accord avec vous, monsieur, que les vraies lois de la propagation du son dépendent de la considération d'une triple dimension dans l'air, et c'est de là qu'on doit aussi tirer la théorie de la diminution du son; car, en ne regardant qu'une ligne physique, il est tout naturel, et le calcul le montre aussi, que la force du son ne doit souffrir d'elle-même aucune diminution. Je doute que la proportion connue de la diminution en raison inverse des carrés des distances soit assez exacte, mais ce n'est que par un calcul tout à fait rigoureux qu'on pourra s'en assurer.

J'aurai l'honneur de vous parler une autre fois de ce que j'ai trouvé de nouveau touchant les isopérimètres, et l'application du principe de la moindre quantité d'action. Je suis ravi que vous continuiez à enrichir la république des Lettres par de nouveaux Ouvrages très importants, tels que le *Calcul différentiel et intégral*, et le troisième Tome de la *Mécanique*. Je tâcherai de les acquérir par la voie de Genève ou de Paris, s'il m'est possible. J'ai aussi composé moi-même des éléments de Mécanique et de Calcul différentiel et intégral à l'usage de mes écoliers, et je crois avoir développé la vraie métaphysique de leurs principes, autant qu'il est possible. Je vous supplie de faire agréer mes compliments et mes services à votre savant fils Albert (¹) que je

(¹) Jean-Albert, fils aîné d'Euler, né le 27 novembre 1734 à Pétersbourg, où il est mort le 6 septembre 1800.

vois marcher sur vos illustres traces, et je suis avec la plus parfaite considération

Votre très humble et très obéissant serviteur,

LOUIS DE LA GRANGE.

A monsieur Euler, Directeur de l'Académie royale des Sciences et Belles-Lettres de Berlin.

13.

LAGRANGE A EULER.

Turin, 26 décembre 1759 ([1]).

MONSIEUR,

Dans la dernière Lettre que vous m'avez fait l'honneur de m'écrire vous m'avez proposé à résoudre l'équation

$$\frac{\partial^2 z}{\partial t^2} = c\,\frac{\partial^2 z}{\partial Z^2} + c\,\frac{\partial z}{Z\,\partial Z} - c\,\frac{z}{Z^2}$$

ou bien

$$\frac{\partial^2 z}{\partial t^2} = c\,\frac{\partial^2 z}{\partial Z^2} + c\,\frac{\partial}{\partial Z}\left(\frac{z}{Z}\right),$$

qui renferme les lois de la propagation du son dans le cas que les ébranlements se répandent en forme d'ondes circulaires. Comme je n'avais pas alors tout le loisir nécessaire pour entreprendre une telle recherche, j'ai été obligé de la remettre à un autre temps; c'est pourquoi je n'en ai point du tout parlé dans la réponse que je vous fis alors, et que je me flatte que vous aurez bien reçue. Maintenant, voici les principaux résultats de mes réflexions sur ce sujet.

Ayant trouvé, quelque temps avant, le moyen de simplifier ma méthode *De chordis vibrantibus*, dans le cas de la corde uniformément épaisse, et de parvenir directement de l'équation différentielle à la construction géométrique par deux intégrations diverses, l'une en x, et l'autre en t, je crus devoir essayer si les mêmes procédés auraient

---

([1]) *Lettres inédites*, p. 37.

aussi été applicables à l'équation proposée; mais, comme le calcul devenait assez compliqué et incertain, à cause de quelque équation qui tombait dans le cas de Riccati ([1]), j'ai aimé mieux de considérer d'abord la question dans l'état qui peut avoir lieu dans la nature, savoir en supposant que les ébranlements se répandent en forme d'ondes sphériques.

Pour cela, après avoir trouvé l'équation

$$\frac{\partial z}{\partial t^2} = c\frac{\partial^2 z}{\partial Z^2} + 2c\frac{\partial}{\partial Z}\left(\frac{z}{Z}\right),$$

et l'avoir maniée par un grand nombre d'opérations que ma méthode exigeait, je suis enfin parvenu à une construction géométrique assez simple par laquelle, étant donnés les ébranlements primitifs de l'air dans un tuyau conique infiniment prolongé, il était aisé d'en déterminer tous les suivants.

J'ai trouvé que l'air n'étant ébranlé d'abord que par un très petit espace au sommet du cône, cet ébranlement, qui peut être regardé comme une onde sonore, se communique d'une partie de l'air à l'autre et avance toujours avec une vitesse constante, et la même que celle qui convient au cas d'une simple ligne physique; mais, en même temps, la force de l'ébranlement ira en décroissant dans la raison inverse des carrés des distances, ce qui semble s'accorder avec les expériences ordinaires sur la diminution du son. En examinant ensuite plus intimement la même construction, je me suis aperçu que je pouvais aussi assigner l'intégrale de l'équation proposée en termes algébriques. La voici :

$$z + \frac{\partial}{\partial Z}(zZ) = \varphi(Z \pm t\sqrt{c}),$$

d'où l'on tire

$$z = \frac{\int Z\,\varphi(Z \pm t\sqrt{c})\,dZ}{Z^2},$$

où la fonction φ peut être continue ou discontinue, comme l'on voudra.

([1]) *Voir*, sur lui, la Note de la p. 138 du t. XIII.

Cette équation, si on la traite d'une manière convenable, suffira pou
nous découvrir tous les mouvements de l'air dans un tuyau coniqu
d'une longueur quelconque, pour quelque agitation primitive qu'o
veuille imaginer ; mais aussi, il ne sera pas fort difficile de voir que l
système dans ce cas ne pourra jamais plus reprendre sa première posi
tion, si ce n'est par hasard ou par le moyen de certaines condition
dans les ébranlements primitifs, puisque les branches de la courb
génératrice, qui doivent être tracées de part et d'autre à l'infini, ne s
trouvent pas semblables entre elles comme celles des cordes vibrantes.

Vous pouvez, monsieur, avec peu d'attention, découvrir toutes le
conséquences qui résultent de cette formule, et qui pourraient se dé
rober à mes efforts. Après avoir ainsi rempli mon objet, je suis revenu
au cas des ondes circulaires, mais j'ai été tout étonné de trouver que
le problème dans cette hypothèse, en apparence plus simple que l'autre
se refusait néanmoins à une exacte solution. Je pris donc à considérer
la question dans le sens le plus général, en supposant la figure conoï-
dale du tuyau rempli d'air telle que chaque section perpendiculaire
à l'axe soit proportionnelle à Z^m, Z étant la distance du sommet du
conoïde donné.

En ce cas, j'ai trouvé l'équation différentielle

$$\frac{\partial^2 z}{\partial t^2} = c \frac{\partial^2 z}{\partial Z^2} + mc \frac{\partial}{\partial Z}\left(\frac{z}{Z}\right),$$

et, de là, par ma méthode, j'ai tiré la formule

$$z + \frac{\partial z Z}{\partial Z} + \frac{m-2}{2(m-1)}\frac{\partial^2 Z^2 z}{dZ^2} + \frac{(m-2)(m-4)}{2.3(m-1)(m-2)}\frac{\partial^3 Z^3 z}{\partial Z^3} + \ldots = \varphi(Z \pm t\sqrt{c}).$$

J'ai aussi trouvé, en même temps, une autre formule pour la valeur
de z, savoir :

$$z Z^m = \psi(Z \pm t\sqrt{c}) - Z\frac{\partial}{\partial Z}\psi(Z \pm t\sqrt{c}) + \frac{m-2}{2(m-1)}Z^2\frac{\partial^2}{\partial Z^2}\psi(Z \pm t\sqrt{c})$$

$$- \frac{(m-2)(m-4)}{2.3(m-1)(m-2)}Z^3\frac{\partial^3}{\partial Z^3}\psi(Z \pm t\sqrt{c}) + \ldots,$$

où la fonction ψ dépend de φ par un nombre d'intégrations relatif au

nombre m. On voit par ces formules que z n'aura jamais une valeur exacte que dans les cas de m pair et positif; dans tous les autres, la série ira à l'infini, et, si m est impair positif, il y aura toujours quelques termes qui s'évanouiront au commencement d'elle. Les cas de m pair négatif admettent néanmoins une solution exacte lorsque $m \ldots$.
On trouvera la formule, pour ce cas, en posant dans la sup....
$\frac{z}{Z^{m+1}}$ au lieu de z, et puis $-m-2$ au lieu de m; car on peut voir que par ces transformations l'équation différentielle demeurera la même.

Au reste, j'ai reconnu que, dans toutes les équations d'une semblable nature, on peut souvent abréger le calcul en supposant d'abord

$$z = A\,\psi(Z+kt) + B\frac{\partial}{\partial Z}\psi(Z+kt) + C\frac{\partial^2}{\partial Z^2}\psi(Z+kt) + \ldots,$$

où A, B, C, ... étant des fonctions de Z qu'on déterminera après la substitution par la simple comparaison des termes; mais, si l'équation renfermait quelque terme qui ne contînt point le z, ou quelqu'une de ses différences, il serait peut-être alors indispensable d'avoir recours à une méthode directe; la mienne serait encore utile, quelle que fût la nature de ce terme. Je compte d'expliquer cette matière dans une dissertation particulière que je prépare pour le Volume de nos Mélanges de l'année prochaine. En attendant, je commence par soumettre ce petit essai à votre jugement que je regarde comme le premier dans le petit nombre de ceux qui peuvent véritablement me flatter ou me donner de la peine.

Daignez, monsieur, d'accepter les vœux que j'ose joindre avec ceux de toute la République des Lettres pour la conservation de votre précieuse vie.

Je suis avec le plus respectueux attachement, monsieur,

Votre très humble et très obéissant serviteur,

LOUIS DE LA GRANGE.

A monsieur Euler, Directeur de l'Académie royale des Sciences et Belles-Lettres, à Berlin.

14.

EULER A LAGRANGE.

Berlin, 1er juin 1760 (¹).

Monsieur,

Depuis ma dernière lettre, j'ai réussi à ramener au calcul la propaga‑
tion du son, en supposant à l'air toutes les trois dimensions, et, quoiqu
je ne doute pas que vous n'y soyez parvenu plus heureusement, je n
crois pouvoir mieux témoigner mon attachement envers votre illustr
Société qu'en lui présentant mes recherches sur ce même sujet :

Recherches sur la propagation des ébranlements dans un milieu élastique

En considérant le milieu dans l'état d'équilibre, soit sa densité égal
à 1, et son élasticité balancée par le poids d'une colonne du mêm
fluide dont la hauteur est égale à h, je commence par considérer un élé‑
ment quelconque du fluide, qui, dans l'état d'équilibre, se trouve au
point Z (*fig.* 1) déterminé par les trois coordonnées perpendiculaire

Fig. 1.

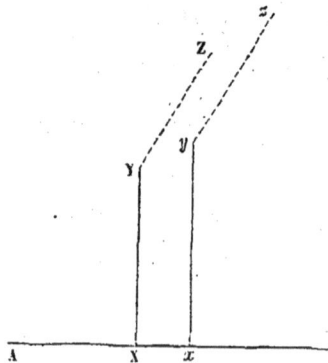

entre elles, $AX = X$, $XY = Y$ et $YZ = Z$; et que, par l'agitation, ce
même élément ait été transporté en z, dont les coordonnées soien

(¹) Cette lettre, qui se trouve au f° 13 du ms., a été publiée comme inédite dans le t. I.
p. 561, des *Opera postuma*; elle avait été insérée dans le Tome II des *Miscellanea Taurinensia* (1760-1761), page 1 de la IIᵉ Partie.

$Ax = x$, $xy = y$ et $yz = z$ qui seront certaines fonctions des premières X, Y, Z pour un instant donné. Soient donc

$$dx = L\,dX + M\,dY + N\,dZ,$$
$$dy = P\,dX + Q\,dY + R\,dZ,$$
$$dz = S\,dX + T\,dY + V\,dZ.$$

Ensuite, je considère un volume infiniment petit de fluide, qui, dans l'état d'équilibre, ait la figure pyramidale $Z\xi\eta\theta$ (*fig.* 2) rectangulaire,

Fig. 2.

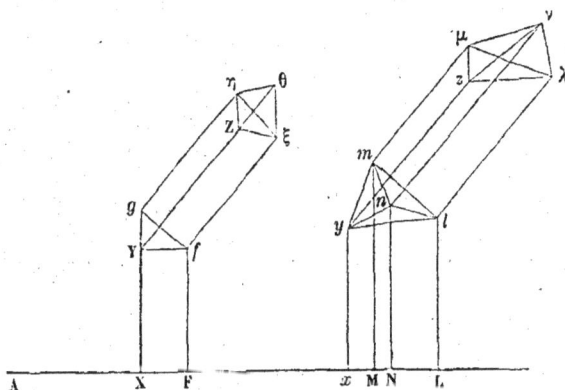

qui, par l'agitation, soit transportée en $z\lambda\mu\nu$, dont la figure sera aussi pyramidale, et posant, pour l'état d'équilibre,

des points	les coordonnées		
z..................	X	Y	Z
ξ..................	X + α	Y	Z
η..................	X	Y + β	Z
θ..................	X	Y	Z + γ

on aura, pour l'état d'agitation,

des points	les trois coordonnées		
z............	$Ax = x$	$xy = y$	$yz = z$
λ..........	$AL = x + L\alpha$	$Ll = y + P\alpha$	$l\lambda = z + S\alpha$
μ..........	$AM = x + M\beta$	$Mm = y + Q\beta$	$m\mu = z + T\beta$
ν..........	$AN = x + N\gamma$	$Nn = y + R\gamma$	$n\nu = z + V\gamma$

Le volume de la pyramide $Z\xi\eta\theta$ égale $\frac{1}{6}\,\alpha\beta\gamma$.

Il s'agit de trouver le volume de la pyramide $z\lambda\mu\nu$, qu'on voit être composée de ces prismes

$$y\,mn\,z\mu\nu + y\,ln\,z\lambda\nu + lmn\lambda\mu\nu - y\,lm\,z\lambda\mu,$$

et, prenant la solidité de chaque part, on trouvera cette solidité

$$\left.\begin{aligned}
&+\tfrac{1}{3}(yz+l\lambda\ +n\nu\ )\Delta yln\\
&+\tfrac{1}{3}(yz+m\mu+n\nu)\Delta ymn\\
&+\tfrac{1}{3}(l\lambda+m\mu+n\nu\ )\Delta lmn\\
&-\tfrac{1}{3}(yz+l\lambda\ +m\mu)\Delta ylm
\end{aligned}\right\} = \left\{\begin{aligned}
&+\tfrac{1}{3}(3z+S\alpha+\ \ \ \ V\gamma\ \ )\Delta yln\\
&+\tfrac{1}{3}(3z+T\beta+\ \ \ \ V\gamma\ )\Delta ymn\\
&+\tfrac{1}{3}(3z+T\alpha+T\beta+V\gamma)\Delta lmn\\
&-\tfrac{1}{3}(3z+S\alpha+\ \ \ \ T\beta\ \ )\Delta ylm
\end{aligned}\right\} = \left\{\begin{aligned}
&-\tfrac{1}{3}S\alpha\,\Delta ymn,\\
&-\tfrac{1}{3}T\beta\,\Delta yln,\\
&+\tfrac{1}{3}V\gamma\,\Delta ylm.
\end{aligned}\right.$$

Ensuite, on trouve les aires de ces triangles, à cause de $x\mathrm{L} = \mathrm{L}\alpha$, $x\mathrm{M} = \mathrm{M}\beta$, $x\mathrm{N} = \mathrm{N}\gamma$, comme il suit :

$$\Delta ymn = \tfrac{1}{2}x\mathrm{M}(2y+\mathrm{Q}\beta) + \tfrac{1}{2}\mathrm{MN}(2y+\mathrm{Q}\beta+\mathrm{R}\gamma) - \tfrac{1}{2}x\mathrm{N}(2y+\mathrm{R}\gamma) = \tfrac{1}{2}\mathrm{Q}\beta\times x\mathrm{N} - \tfrac{1}{2}\mathrm{R}\gamma\times x\mathrm{M} = \tfrac{1}{2}\beta\gamma\,(\mathrm{NQ}-\mathrm{MR}),$$

$$\Delta yln = \tfrac{1}{2}x\mathrm{N}(2y+\mathrm{R}\gamma) + \tfrac{1}{2}\mathrm{LN}(2y+\mathrm{P}\alpha+\mathrm{R}\gamma) - \tfrac{1}{2}x\mathrm{L}(2y+\mathrm{P}\alpha) = \tfrac{1}{2}\mathrm{R}\gamma\times x\mathrm{L} - \tfrac{1}{2}\mathrm{P}\alpha\times x\mathrm{N} = \tfrac{1}{2}\alpha\gamma\,(\mathrm{LR}-\mathrm{NP}),$$

$$\Delta ylm = \tfrac{1}{2}x\mathrm{M}(2y+\mathrm{Q}\beta) + \tfrac{1}{2}\mathrm{LM}(2y+\mathrm{P}\alpha+\mathrm{Q}\beta) - \tfrac{1}{2}x\mathrm{L}(2y+\mathrm{P}\alpha) = \tfrac{1}{2}\mathrm{Q}\beta\times x\mathrm{L} - \tfrac{1}{2}\mathrm{P}\alpha\times x\mathrm{M} = \tfrac{1}{2}\alpha\beta\,(\mathrm{LQ}-\mathrm{MP}).$$

De là, nous tirons la solidité de notre pyramide $z\lambda\mu\nu$ dans l'état d'agitation

$$-\tfrac{1}{6}\alpha\beta\gamma\,\mathrm{S}(\mathrm{NQ}-\mathrm{MR}) - \tfrac{1}{6}\alpha\beta\gamma\,\mathrm{T}(\mathrm{LR}-\mathrm{NP}) + \tfrac{1}{6}\alpha\beta\gamma\,\mathrm{V}(\mathrm{LQ}-\mathrm{MP}),$$

et, partant, la densité du milieu agité en z sera

$$1 : (\mathrm{LQV} - \mathrm{MPV} + \mathrm{MRS} + \mathrm{NQS} + \mathrm{NPT} - \mathrm{LRT}),$$

et, posant Π pour la hauteur de la colonne qui y balance l'élasticité, nous aurons

$$\Pi = h : (\mathrm{LQV} - \mathrm{MPV} + \mathrm{MRS} - \mathrm{NQS} + \mathrm{NPT} - \mathrm{LRT}),$$

laquelle étant une fonction des trois variables X, Y, Z, posons

$$d\Pi = \mathrm{E}\,d\mathrm{X} + \mathrm{F}\,d\mathrm{Y} + \mathrm{G}\,d\mathrm{Z},$$

de sorte que

$$\mathrm{E} = \frac{\partial\Pi}{\partial\mathrm{X}}, \qquad \mathrm{F} = \frac{\partial\Pi}{\partial\mathrm{Y}}, \qquad \mathrm{G} = \frac{\partial\Pi}{\partial\mathrm{Z}}.$$

Soit, pour abréger,

$$\mathrm{LQV} + \mathrm{MPV} + \mathrm{MRS} - \mathrm{NQS} - + \mathrm{NPT} - \mathrm{LRT} = \mathrm{K},$$

de sorte que $\Pi = \dfrac{h}{K}$. Si nous concevons, dans l'état d'équilibre, un point Z′ infiniment proche de Z déterminé par ces coordonnées $X + dX$, $Y + dY$, $Z + dZ$, ce point se trouvera après l'agitation en $z′$ dont les coordonnées seront

$$x + L\,dX + M\,dY + N\,dZ,$$
$$y + P\,dX + Q\,dY + R\,dZ,$$
$$z + S\,dX + T\,dY + V\,dZ;$$

donc, réciproquement, la position du point $z′$ infiniment proche de z dans l'état troublé, étant donnée par les coordonnées $X + \alpha$, $Y + \beta$, $Z + \gamma$, son lieu dans l'état d'équilibre sera déterminé par les coordonnées $X + dX$, $Y + dY$, $Z + dZ$, de sorte que

$$dX = \frac{\alpha(QV - RT) + \beta(NT - MV) + \gamma(MR - NQ)}{K},$$
$$dY = \frac{\alpha(RS - PV) + \beta(LV - NS) + \gamma(NP - LR)}{K},$$
et
$$dZ = \frac{\alpha(PT - QS) + \beta(MS - LT) + \gamma(LQ - MP)}{K}.$$

De là, l'élasticité en z étant

$$\Pi = \frac{h}{K},$$

elle sera en $z′$

$$\Pi + E\,dX + F\,dY + G\,dZ$$

ou bien, si nous posons, pour abréger,

$$E(QV - RT) + F(RS - PV) + G(PT - QS) = A,$$
$$E(NT - MV) + F(LV - NS) + G(MS - LT) = B,$$
$$E(MR - NQ) + F(NP - LR) + G(LQ - MP) = C,$$

l'élasticité en $z′$ sera exprimée par

$$\Pi + \frac{A\alpha + B\beta + C\gamma}{K},$$

la densité y étant $\dfrac{1}{K}$.

Considérons maintenant un parallélépipède rectangle infiniment petit $zbcd\alpha\beta\gamma\delta$ (*fig.* 3) dont les côtés parallèles à nos coordonnées soient $zb = \alpha$, $zc = \beta$ et $z\alpha = \gamma$; son volume sera $\alpha\beta\gamma$ et sa masse

Fig. 3.

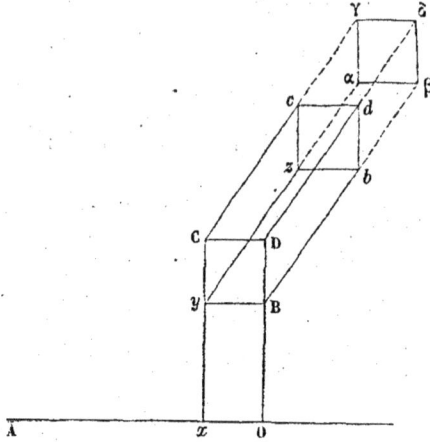

$\dfrac{\alpha\beta\gamma}{K}$. Pour connaître les forces dont ce parallélépipède est sollicité, cherchons d'abord l'élasticité du milieu à chacun de ses angles :

Point.	Coordonnées.			Élasticité.
z........	x	y	z	Π
b.......	$x + \alpha$	y	z	$\Pi + \dfrac{A\alpha}{K}$
c.......	x	$y + \beta$	z	$\Pi + \dfrac{B\beta}{K}$
d......	$x + \alpha$	$y + \beta$	z	$\Pi + \dfrac{A\alpha + B\beta}{K}$
α.......	x	y	$z + \gamma$	$\Pi + \dfrac{C\gamma}{K}$
β......	$x + \alpha$	y	$z + \gamma$	$\Pi + \dfrac{A\alpha + C\gamma}{K}$
γ.......	x	$y + \beta$	$z + \gamma$	$\Pi + \dfrac{B\beta + C\gamma}{K}$
δ........	$x + \alpha$	$y + \beta$	$z + \gamma$	$\Pi + \dfrac{A\alpha + B\beta + C\gamma}{K}$

De là, il est clair que, considérant les faces opposées $zc\alpha\gamma$ et $bd\beta\delta$, les pressions sur celle-ci surpassent les pressions sur celle-là de la quantité $\dfrac{A\alpha}{K}$; donc l'aire de ces faces étant égale à $\beta\gamma$, il en résulte une force suivant la direction $Ax = -\dfrac{A\alpha\beta\gamma}{K}$.

De la même manière, le parallélépipède sera poussé suivant la direction xy par la force $-\dfrac{B\,\alpha\beta\gamma}{K}$, et suivant la direction yz par la force $-\dfrac{C\,\alpha\beta\gamma}{K}$.

Donc la masse de ce parallélépipède étant $\dfrac{\alpha\beta\gamma}{K}$, si nous introduisons la hauteur g par laquelle un corps grave tombe dans une seconde, en exprimant le temps écoulé t en secondes, nous aurons, pour la connaissance du mouvement, les trois accélérations suivantes :

$$\frac{d^2x}{dt^2}=-2g\,A, \qquad \frac{d^2y}{dt^2}=-2g\,B \qquad \text{et} \qquad \frac{d^2z}{dt^2}=-2g\,C.$$

Ces formules étant générales pour toutes les agitations possibles, je ne considère ici que le cas où ces agitations sont quasi infiniment petites : pour cet effet, je pose $x=X+p$, $y=Y+q$ et $z=Z+r$, de sorte que p, q, r sont des quantités infiniment petites. De là, nous aurons

$$dp=(L-1)\,dX+M\,dY+N\,dZ,$$
$$dq=P\,dX+(Q-1)\,dY+R\,dZ,$$
$$dr=S\,dX+T\,dY+(V-1)\,dZ,$$

et partant, à peu près,

$$L=1,\quad M=0,\quad N=0,$$
$$P=0,\quad Q=1,\quad R=0,$$
$$S=0,\quad T=0,\quad V=1$$

et

$$K=1;$$

mais, pour la différentielle de Π, nous aurons

$$E=-h\left(\frac{\partial L}{\partial X}+\frac{\partial Q}{\partial X}+\frac{\partial V}{\partial X}\right),$$
$$F=-h\left(\frac{\partial L}{\partial Y}+\frac{\partial Q}{\partial Y}+\frac{\partial V}{\partial Y}\right),$$
$$G=-h\left(\frac{\partial L}{\partial Z}+\frac{\partial Q}{\partial Z}+\frac{\partial V}{\partial Z}\right).$$

Ensuite, nous trouvons

$$A = E, \qquad B = F \quad \text{et} \quad C = G,$$

et enfin, pour nous débarrasser des autres lettres, remarquons que

$$L = 1 + \frac{\partial p}{\partial X}, \qquad Q = 1 + \frac{\partial q}{\partial Y}, \qquad V = 1 + \frac{\partial r}{\partial Z},$$

de sorte que, outre les coordonnées X, Y, Z avec le temps t, il ne reste dans le calcul que les lettres p, q, r qui marquent le déplacement de chaque point; car, substituant ces valeurs que nous venons de trouver, le mouvement causé par une agitation quelconque, mais fort petite, sera déterminé par les trois équations suivantes

$$\frac{1}{2\,gh} \frac{\partial^2 p}{\partial t^2} = \frac{\partial^2 p}{\partial X^2} + \frac{\partial^2 q}{\partial X\,\partial Y} + \frac{\partial^2 r}{\partial X\,\partial Z},$$

$$\frac{1}{2\,gh} \frac{\partial^2 q}{\partial t^2} = \frac{\partial^2 p}{\partial X\,\partial Y} + \frac{\partial^2 q}{\partial Y^2} + \frac{\partial^2 r}{\partial Y\,\partial Z}$$

et

$$\frac{1}{2\,gh} \frac{\partial^2 r}{\partial t^2} = \frac{\partial^2 p}{\partial X\,\partial Z} + \frac{\partial^2 q}{\partial Y\,\partial Z} + \frac{\partial^2 r}{\partial Z^2},$$

ou bien, posant

$$\frac{\partial p}{\partial X} + \frac{\partial q}{\partial Y} + \frac{\partial r}{\partial Z} = u,$$

nous aurons

$$\frac{\partial^2 p}{\partial t^2} = 2\,gh \frac{\partial u}{\partial X}, \qquad \frac{\partial^2 q}{\partial t^2} = 2\,gh \frac{\partial u}{\partial Y} \quad \text{et} \quad \frac{\partial^2 r}{\partial t^2} = 2\,gh \frac{\partial u}{\partial Z};$$

d'où il est aisé de conclure

$$\frac{1}{2\,gh} \frac{\partial^2 u}{\partial t^2} = \frac{\partial^2 u}{\partial X^2} + \frac{\partial^2 u}{\partial Y^2} + \frac{\partial^2 u}{\partial Z^2};$$

d'où il faut déterminer la nature de la fonction u déterminée par les coordonnées X, Y, Z et le temps t.

De là, il n'est pas difficile de trouver une infinité de solutions particulières, comme

$$p = \beta\,\Phi(\alpha t + \beta X + \gamma Y + \delta Z),$$

$$q = \gamma\,\Phi(\alpha t + \beta X + \gamma Y + \delta Z)$$

et

$$r = \delta\,\Phi(\alpha t + \beta X + \gamma Y + \delta Z),$$

pourvu que $a = \sqrt{2gh(\beta^2 + \gamma^2 + \delta^2)}$, où β, γ, δ sont des quantités quelconques, et Φ la marque d'une fonction quelconque. Donc quelques valeurs qu'on prenne, on aura toujours le cas d'un certain ébranlement dont on pourra déterminer la continuation. Mais, pour notre dessein, il s'agit de trouver un tel cas, où l'ébranlement initial aura été renfermé dans un petit espace, d'où il est répandu ensuite en tout sens. Soit donc A le centre de l'agitation primitive, et posons

$$p = Xs, \qquad q = Ys, \qquad r = Zs,$$

et s sera une fonction du temps t et de la quantité $\sqrt{X^2 + Y^2 + Z^2} = V$, qui marque la distance du point A. Donc, puisque

$$ds = \frac{\partial s}{\partial t} dt + \frac{\partial s}{\partial V} dV,$$

nous aurons

$$ds = \frac{\partial s}{\partial t} dt + \frac{X\, dX + Y\, dY + Z\, dZ}{V} \frac{\partial s}{\partial V}$$

et puis

$$\frac{\partial p}{\partial X} = s + \frac{X^2}{V} \frac{\partial s}{\partial V}, \qquad \frac{\partial q}{\partial Y} = s + \frac{Y^2}{V} \frac{\partial s}{\partial V}, \qquad \frac{\partial r}{\partial Z} = s + \frac{Z^2}{V} \frac{\partial s}{\partial V}.$$

Donc

$$u = \frac{\partial p}{\partial X} + \frac{\partial q}{\partial Y} + \frac{\partial r}{\partial Z} = 3s + V \frac{\partial s}{\partial V}.$$

Maintenant, ayant

$$\frac{\partial s}{\partial X} = \frac{X}{V} \frac{\partial s}{\partial V}, \qquad \frac{\partial V}{\partial X} = \frac{X}{V},$$

notre première équation deviendra

$$\frac{X}{2gh} \frac{\partial^2 s}{\partial t^2} = \frac{3X}{V} \frac{\partial s}{\partial V} + \frac{X}{V} \frac{\partial s}{\partial V} + X \frac{\partial^2 s}{\partial V^2}$$

ou

$$\frac{1}{2gh} \frac{\partial^2 s}{\partial t^2} = \frac{4}{V} \frac{\partial s}{\partial V} + \frac{d^2 s}{\partial V^2},$$

à laquelle se réduisent aussi les deux autres, et l'éloignement du point z depuis le centre A sera

$$Vs = s\sqrt{X^2 + Y^2 + Z^2} = \sqrt{p^2 + q^2 + r^2},$$

XIV.   24

qui en marque le déplacement par rapport à l'état d'équilibre; de sorte que le rayon d'une couche sphérique, qui dans l'état d'équilibre était égal à V, sera à présent égal à V + Vs. Donc, si nous posons $Vs = u$, ou $s = \dfrac{u}{V}$, afin que u exprime le changement de cette couche, la particule u sera déterminée par cette équation

$$\frac{\text{I}}{2\,gh}\,\frac{\partial^2 u}{\partial t^2} = -\,\frac{2\,u}{V^2} + \frac{2}{V}\,\frac{\partial u}{\partial V} + \frac{\partial^2 u}{\partial V^2}.$$

Après plusieurs recherches, j'ai enfin trouvé que cette équation admet une résolution générale semblable au cas où l'on ne suppose à l'air qu'une seule dimension; que $\Phi(z)$ marque une fonction quelconque de z, et qu'on indique son différentiel en [cette] sorte,

$$d\,\Phi(z) = \Phi'(z)\,dz.$$

Cela posé, on verra qu'on satisfait à notre équation en supposant

$$u = \frac{A}{V^2}\,\Phi\big(V \pm t\sqrt{2\,gh}\big) - \frac{A}{V}\,\Phi'\big(V \pm t\sqrt{2\,gh}\big).$$

Donc, pour le commencement de l'agitation, nous aurons cette équation

$$u = \frac{A}{V^2}\,\Phi(V) - \frac{A}{V}\,\Phi'(V),$$

d'où l'on voit que, pour appliquer cette formule à la propagation du son, la fonction $\Phi(z)$ doit toujours être égale à zéro, excepté les cas où la quantité z est extrêmement petite. Or il faut que la fonction $\Phi(z)$ ait la même propriété et encore celle-ci $\Phi''(z)$, en supposant $d\,\Phi'(z) = \Phi''(z)\,dz$, afin que non seulement la quantité u, mais aussi la vitesse $\dfrac{\partial u}{\partial t}$ s'évanouissent au commencement, partout excepté dans le petit espace autour de A, où s'est fait l'ébranlement primitif. Que le caractère Ψ marque des fonctions discontinues de la même nature, et nous aurons la solution générale qui suit

$$u = \frac{A}{V^2}\,\Phi\big(V + t\sqrt{2\,gh}\big) - \frac{A}{V}\,\Phi'\big(V + t\sqrt{2\,gh}\big)$$
$$+ \frac{B}{V^2}\,\Psi\big(V - t\sqrt{2\,gh}\big) - \frac{B}{V}\,\Psi'\big(V - t\sqrt{2\,gh}\big)$$

, pour la vitesse,

$$\frac{du}{dt} = \frac{A\sqrt{2gh}}{V^2}\Phi'(V + t\sqrt{2gh}) - \frac{A\sqrt{2gh}}{V}\Phi''(V + t\sqrt{2gh})$$

$$- \frac{B\sqrt{2gh}}{V^2}\Psi'(V - t\sqrt{2gh}) + \frac{B\sqrt{2gh}}{V}\Psi''(V - t\sqrt{2gh}).$$

De là il est clair qu'une couche sphérique, dont le rayon est égal V, demeure en repos tant que la formule $V - t\sqrt{2gh}$ ne devienne assez etite ou moindre que le rayon de la petite sphère ébranlée au comencement; et partant l'agitation primitive sera répandue à la disnce V après le temps $t = \frac{V}{\sqrt{2gh}}$ secondes. D'où il suit la même vitesse u son que Newton a trouvée, c'est-à-dire plus petite que selon les périences. D'où je conclus que, ayant supposé dans ce calcul les oranlements infiniment petits, leur grandeur cause une propagation us prompte. Ensuite ces formules nous apprennent que, lorsque les stances V sont fort grandes, les termes divisés par V^2 s'évanouissant l'égard des autres divisés par V, tant les petits espaces u que les tesses $\frac{\partial u}{\partial t}$ diminuent en raison des distances; d'où l'on peut justement ger de l'affaiblissement du son par des grandes distances.

Voilà mes recherches, que vous pourrez insérer, Monsieur, à votre cond Volume, si vous le jugez à propos. Je les ai abrégées autant u'il m'a été possible, et si vous y vouliez ajouter vos remarques, ou lelques éclaircissements, je vous en serais infiniment obligé. Il y a ngtemps que j'ai examiné les sons des cordes qui ne sont pas égalent épaisses, et je viens de lire à notre Académie quelques Mémoires r le son des cloches et des tambours ou timbales (¹), fondés sur la ème théorie des fonctions discontinues. Faites bien mes compliments

---

(¹) Ces Mémoires sur le son des cloches et des tambours ont été publiés dans le Tome X s *Novi Commentarii* de Pétersbourg, année 1766, sous les titres : *De motu vibratorio mpanorum* (p. 243-260). — *Tentamen de sono campanarum* (p. 261-281).

les plus empressés à toute votre illustre Société, et soyez assuré que je suis avec le plus parfait attachement, Monsieur,

Votre très humble et très obéissant serviteur,

L. EULER.

—————

15.

LAGRANGE A EULER.

Turin, le 1er mars 1760 (¹).

MONSIEUR,

Notre Société a reçu la pièce que vous m'avez fait l'honneur de m'adresser dans votre dernière lettre du 1er janvier, avec tous les sentiments d'estime et de reconnaissance dus au mérite de votre illustre personne. Elle est extrêmement flattée de pouvoir orner ses nouveaux *Mélanges* d'un nom tel que le vôtre, ce qui ne peut pas manquer de lui attirer dans le public une considération à laquelle elle n'aurait jamais osé prétendre. Quelques occupations indispensables m'ont empêché de vous répondre plus tôt pour m'acquitter de ce devoir que toute la Société m'a d'abord imposé de vous remercier en son nom, et de vous témoigner combien elle a été sensible à une telle marque d'honneur qu'il vous a plu de lui donner; je vous prie d'en recevoir mes très humbles excuses. J'ai lu vos recherches sur la propagation des ébranlements dans un milieu élastique avec la même admiration avec laquelle j'ai toujours étudié tous vos Ouvrages. J'ai été charmé surtout de voir l'analyse du problème de la propagation des ébranlements finis, sur lequel je m'étais déjà exercé en vain; je doute cependant qu'on puisse jamais, au moins par les méthodes connues, parvenir à la construction de telles équations, dans lesquelles les fonctions inconnues se trouvent engagées entre elles dans des puissances quelconques, comme il en est

(¹) *Lettres inédites,* p. 41.

de celles que vous avez découvertes pour les ébranlements finis. Il y a longtemps que cette espèce d'équations m'est connue, y ayant été conduit par la recherche des plus grands et plus petits dans les surfaces courbes, selon ma méthode analytique, que j'ai eu autrefois l'honneur de vous communiquer. Par exemple, si l'on cherche la figure d'un corps qui, sous la même surface, ait la plus grande solidité, je trouve, en appelant x, y, z ses coordonnées rectangles, de sorte que $z =$ fonctions x, y, et $dz = p\,dx + q\,dy$, l'équation générale

$$\frac{\partial}{\partial x} \frac{p}{\sqrt{1+p^2+q^2}} + \frac{\partial}{\partial y} \frac{q}{\sqrt{1+p^2+q^2}} + \frac{1}{a} = 0,$$

a étant une constante arbitraire quelconque, je vois que je puis satisfaire à cette équation en supposant $z^2 = 4a^2 - x^2 - y^2$, ce qui donne une sphère de rayon $= 2a$; mais ce n'est là qu'une solution tout à fait particulière. A l'égard de la générale, je désespère de pouvoir jamais la trouver. Il en est de même de tous les autres problèmes *de maximis et minimis*, que personne que je sache n'a jamais encore traités sous ce nouveau point de vue. J'ai été extrêmement satisfait de trouver dans votre Mémoire la construction de l'équation pour les ébranlements sphériques infiniment petits, tout à fait conforme à celle que ma méthode m'a donnée et que j'espère que vous aurez pu voir dans la lettre que je vous ai, pour cela, envoyée le 27 décembre de l'année passée. Il n'y a de différence entre vos résultats et les miens, qu'en ce qui regarde l'affaiblissement des ébranlements, dont vous faites diminuer la force en raison inverse des distances, lorsqu'elles sont assez grandes, au lieu que cette raison se trouve, selon mes calculs, toujours l'inverse des carrés des distances; mais c'est une méprise que j'ai reconnue ensuite, et dans laquelle je n'ai été entraîné qu'en considérant l'équation intégrale

$$z = \int \frac{Z \varphi(Z \pm t\sqrt{c})}{Z^2},$$

qui m'était d'abord résultée, sans y donner l'attention nécessaire. M. Daniel Bernoulli m'a écrit, il n'y a pas longtemps, que des recherches qu'il avait faites autrefois sur les vibrations de l'air dans des tuyaux coniques lui avaient appris que la force des ébranlements diminuait aussi dans la raison inverse des distances simples depuis le sommet du cône, ce qui devait être ainsi pour tout ébranlement répandu à la ronde autour d'un centre. Il faudrait que la même loi fût encore observée dans la lumière, supposé que sa propagation se fasse, comme il est très vraisemblable, par les ébranlements d'un milieu élastique, ce qui ne s'accorde pas avec l'opinion reçue des physiciens, qui établissent sa diminution dans la raison inverse doublée des distances : c'est pourquoi ce géomètre souhaiterait qu'on fît sur ce projet des expériences exactes qui pussent nous mettre en état de décider un point si important.

Dans ma dernière lettre mentionnée, je n'ai donné que les formules générales pour résoudre l'équation

$$\frac{\partial^2 z}{\partial t^2} = c\left[\frac{\partial^2 z}{\partial Z^2} + m\frac{\partial}{\partial Z}\left(\frac{z}{Z}\right)\right],$$

qui contient les lois des ébranlements de l'air dans un tuyau conoïdal, dont les sections sont proportionnelles à Z^m, formules qui ne deviennent exactes et finies, que lorsque $\pm(m+1)-1$ est un nombre pair positif. Or, j'ai trouvé depuis moyen de les étendre encore à cette autre équation

$$Z^n\frac{\partial^2 z}{\partial t^2} = c\left[\frac{\partial^2 z}{\partial Z^2} + m\frac{\partial}{\partial Z}\left(\frac{z}{Z}\right)\right],$$

qui est beaucoup plus générale et qui appartient aussi au même problème ; mais, en supposant l'air hétérogène et de différente gravité spécifique, j'ai trouvé que, pour que la valeur de z soit ici exprimée par une formule finie, il faut que $\pm\frac{2m+2}{n+2}-1$ soit un nombre pair positif. Si on suppose $m=0$, on a la solution du problème des vibrations des cordes inégalement épaisses, qui ne peut être exacte, par mes calculs, à moins que $\pm\frac{2}{n+2}-1$ soit un nombre pair positif, de sorte que, posant pour μ un nombre quelconque entier positif, il faudra que $n=\pm\frac{2}{2\mu+1}-2$. Par exemple, si $\mu=0$ et qu'on prenne le signe négatif, on aura

$$n = 4 \quad \text{et} \quad z = Z\varphi(Z^{-1} \pm t\sqrt{c});$$

si $\mu = 1$, prenant le signe positif, on aura $n = -\frac{4}{3}$ et la valeur de z sera

$$\varphi\left(Z^{\frac{1}{3}} \pm \frac{t\sqrt{c}}{3}\right) - Z^{\frac{1}{3}}\varphi'\left(Z^{\frac{1}{3}} \pm \frac{t\sqrt{c}}{3}\right);$$

en général, ces formules auront toujours autant de termes qu'il y a d'unités dans $\mu + 1$; mais ce qu'il y a de remarquable, c'est qu'excepté la première, et celle où $n = 0$, qui ne sont composées que d'un seul terme, toutes les autres donnent des courbes génératrices avec des branches dissemblables à l'infini; d'où il suit que les cordes ne peuvent jamais plus reprendre leur figure primitive, si cela n'arrive par hasard, et rendre par conséquent un ton fixe et invariable; c'est ce que l'expérience paraît confirmer dans toutes les cordes d'inégale épaisseur, et que les musiciens nomment pour cela fausses. Comme il serait de la dernière importance de décider si la grandeur des ébranlements peut rendre leur propagation plus prompte, j'ai cherché des moyens pour résoudre ce problème au moins par approximation, en supposant d'abord les ébranlements infiniment petits et puis en introduisant dans les termes qu'on a négligés les valeurs trouvées, et résolvant de nouveau l'équation, comme on le pratique ordinairement dans toutes les approximations. J'ai vu que le tout dépendait de la résolution des équations

$$\frac{\partial^2 z}{\partial t^2} = c\frac{\partial^2 z}{\partial Z^2} + F \quad \text{et} \quad \frac{\partial^2 z}{\partial t^2} = c\left[\frac{\partial^2 z}{\partial Z^2} + 2\frac{\partial}{\partial Z}\left(\frac{z}{Z}\right)\right] + F,$$

F étant une fonction quelconque donnée de Z et t; or j'ai trouvé pour cela, selon ma méthode, les formules suivantes : soit fait $Z + t\sqrt{c} = p$; $Z - t\sqrt{c} = q$ et, substituant dans $\int F\,dZ$ au lieu de Z d'abord $p - t\sqrt{c}$, ensuite $q + t\sqrt{c}$, qu'elle devienne $\psi(p, t)$ et $\psi(q, t)$; on aura, pour la première équation,

$$z = \varphi(p) + \varphi(q) + \int \frac{[\psi(p,t) - \psi(q,t)]\,dt}{2\sqrt{c}}$$

et, pour la seconde,

$$\varphi + \frac{\partial}{\partial Z} zZ = \varphi(p) + \varphi(q) + \int \frac{\left[\psi(p,t) - \psi(q,t) + (p - t\sqrt{c})\dfrac{\partial\psi(p,t)}{\partial p} - (q + t\sqrt{c})\dfrac{\partial\psi(q,t)}{\partial q}\right]}{2\sqrt{c}} a$$

Or, en considérant le cas d'une ligne physique d'air, on trouve aisément l'équation

$$\frac{\partial^2 z}{\partial t^2} = c\frac{\partial^2 z}{\partial Z^2} - c\frac{\partial}{\partial Z}\left(\frac{\partial^2 z}{\partial Z^2} - \frac{\partial^3 z}{\partial Z^3} + \ldots\right);$$

on aura donc, pour la première approximation qui provient du terme $\frac{\partial^2 z}{\partial Z^2}$,

$$z = \varphi(p) + \varphi(q) - \frac{t\sqrt{c}}{2}\sqrt{\varphi'^2(p) - \varphi'^2(q) - \tfrac{1}{2}[\varphi'(p) - \varphi'(q)]^2},$$

sauf erreur de calcul; on trouvera aussi, par les approximations suivantes, des termes de trois, de quatre, ... dimensions de φ. Or, afin que la vitesse de la propagation augmente, il faudrait que ce fût le coefficient de t dans $\varphi(p)$ et $\varphi(q)$ qui augmente, ce qui devrait donner des termes à ajouter à φ de cette sorte $\alpha t \varphi'$, $\beta t^2 \varphi''$, ..., d'où il me paraît raisonnable de pouvoir conclure que les termes trouvés ne sont nullement propres à faire augmenter cette vitesse. On trouvera aussi des résultats semblables en calculant la propagation par la seconde formule; mais je me défendrai néanmoins de rien décider sur ce point avant d'en avoir votre jugement, que je suis très empressé à vous demander. Au reste, lorsque le temps t aura une valeur assez grande, les termes qui ne sont pas multipliés par t s'évanouiront auprès de ceux de leurs semblables qui le sont; on trouvera dans ce cas la formule

$$z = \varphi(p) + \varphi(q) - \frac{\sqrt{c}\,t}{2}\sqrt{\varphi'^2(p) - \varphi'^2(q)} - c\frac{\sqrt{c}\,t^3}{2.4.3}\sqrt{\left[\frac{\partial\varphi'(p)}{\partial p}\right]^2 - \left[\frac{\partial\varphi'(q)}{\partial q}\right]^2} - c^3\frac{\sqrt{c}\,t^3}{2.4.16.9.3}\sqrt{\ \ } \ldots$$

A l'égard de la formule pour la propagation sphérique, elle est si compliquée que ce n'est pas la peine de la transcrire ici.

J'ai l'honneur d'être, avec une parfaite considération et un entier dévouement,

Votre très humble et très obéissant serviteur,

DE LA GRANGE.

16.

LAGRANGE A EULER.

A Turin, ce 14 juin 1760 [1].

MONSIEUR,

Voici le second Volume des *Mélanges* de notre Société que le Roi a bien voulu honorer du titre de *Société Royale*. Elle m'a chargé de vous l'envoyer, et de vous prier de l'accepter comme un tribut qu'elle vous doit et qu'elle est bien glorieuse de vous devoir. Comme j'ai quelque part à cet Ouvrage, je vous prie encore, Monsieur, de me permettre de vous le présenter comme un témoignage du respect et de l'attachement avec lequel je suis et je serai toute ma vie, Monsieur,

Votre très humble et très obéissant serviteur,

DE LA GRANGE.

A Monsieur Euler, Directeur de l'Académie royale des Sciences et Belles-Lettres de Berlin.

17.

EULER A LAGRANGE.

Berlin, 24 juin 1760 [2].

MONSIEUR,

Je suis bien flatté de l'approbation dont votre illustre Académie, et

---

[1] *Lettres inédites,* p. 45.
[2] Ms. f° 16. — *Opera postuma,* t. II, p. 561.

vous en particulier, avez bien voulu honorer mon essai sur les ébranlements dans un milieu élastique ; l'honneur de ces profondes recherches
est uniquement dû à votre sagacité, et je n'y ai rien fait que profiter
des lumières que votre excellent Mémoire m'a fournies. Vous y avez
ouvert une carrière tout à fait nouvelle, où tous les géomètres qui
viendront après nous trouveront toujours abondamment de quoi occuper
leur adresse, et, à mesure qu'ils y réussiront, l'Analyse en acquerra des
accroissements très considérables. Or la matière même est sans doute
la plus importante dans la Physique : non seulement tous les phénomènes de la propagation du son en dépendent, mais je suis assuré que
la propagation de la lumière suit les mêmes lois. On n'a qu'à substituer
l'éther au lieu de l'air, et les ébranlements qui y sont répandus nous
donneront la propagation de la lumière. Maintenant il serait à souhaiter
qu'on pût déterminer les altérations que les ébranlements excités dans
un milieu souffrent lorsqu'ils passent dans un autre milieu dont la
densité et l'élasticité sont différentes. Je ne sais pas si l'on peut espérer
la solution de ce problème, mais je suis convaincu qu'on y découvrirait
infailliblement non seulement les véritables lois de la réfraction, mais
aussi la plus complète explication de la réflexion dont la réfraction est
toujours accompagnée : on verrait qu'il est impossible que les rayons
passent d'un milieu dans un autre, sans qu'une partie rebrousse chemin.
Peut-être que cette considération pourrait faciliter le développement
de l'analyse et fournir au moins quelques solutions particulières ; mais
on rencontrera ici une nouvelle difficulté. Comme il faut estimer tant
la densité que l'élasticité des autres milieux transparents, comme par
exemple du verre, la densité, étant si grande par rapport à celle de l'éther
sans qu'on puisse supposer plus grande son élasticité que la vitesse des
rayons dans le verre, deviendrait extrêmement petite ; cependant je crois
que la réfraction même prouve suffisamment que la vitesse des rayons
dans le verre à celle dans l'éther doit être dans la raison de 2 à 3. Si
les pores du verre sont remplis d'un éther pur par lequel se ferait la
propagation, il semble que la matière du verre n'y contribuerait en rien,
ce qui est pourtant faux. De là je voudrais bien conclure qu'il faut

tenir compte des particules du verre même, mais d'une manière tout
à fait différente de celle dont nous concevons la propagation des ébranlements par l'air, où nous supposons les moindres particules parfaitement liquides. Or il doit y avoir une différence très essentielle entre
les particules fluides et solides dont le milieu est composé : par les
particules fluides, les impressions ne sont transmises que successivement, pendant qu'une particule solide, étant frappée par un bout,
transmet le coup quasi dans un instant à l'autre bout; et je crois que
c'est la raison pourquoi les rayons de lumière traversent le verre avec
une si prodigieuse vitesse, que si la densité était des milliers de fois
plus petite qu'elle n'est effectivement. Cette pensée me semble conduire à l'explication de cet étrange phénomène, que la vitesse du son
par l'air est plus grande que le calcul nous l'indique. Tous les efforts
que vous avez faits pour déterminer la propagation des ébranlements
finis prouveront incontestablement qu'aucune accélération n'en saurait
résulter, comme je l'avais soupçonné. Il faut donc que cette accélération actuelle que l'expérience nous découvre dans la propagation du
son provienne d'une autre cause. Ne pourrait-on donc dire que l'air
n'est pas un milieu parfaitement liquide dans ses moindres particules,
mais qu'il renferme des particules solides ou rigides qui, étant frappées
d'un côté, communiquent l'impulsion dans un instant à l'autre côté,
et que la propagation successive, sur laquelle est fondé le calcul, n'a
pas lieu dans ces particules solides? Je crois que cette explication
pourrait être vérifiée par quantité d'expériences, où le son est transmis
par d'autres corps que l'air. Nous savons que le son pénètre par tous
les corps, pourvu qu'ils ne soient pas trop épais. On entend parler à
travers des murailles, et l'on ne saurait dire que la communication se
fasse par les particules d'air renfermées dans les pores de la muraille;
la propagation du son se fait plutôt par la substance de la muraille. Et
il me semble que tous les corps sont, par rapport au son, la même
chose que les corps transparents par rapport à la lumière; et comme
tous les corps, si sont assez minces, sont transparents, et que réciproquement les corps transparents, si sont trop épais, perdent la

transparence; il en est de même de tous les corps à l'égard du son, qui tous, s'ils ne sont pas trop épais, transmettent les sons, les uns pourtant plus aisément que les autres. Je souhaiterais qu'on fît plus d'expériences sur cette matière et qu'on examinât surtout si le son, en traversant un autre corps, ne souffre point quelque réfraction. Je vois bien que la chose serait assujettie à de grandes difficultés, puisque nous ne pouvons pas si aisément juger de la direction du son que de la lumière. La question que notre Académie vient de proposer pour l'année 1762 est relative à cette matière. On demande une explication mathématique, comment la représentation du son se fait dans l'organe de l'ouïe; semblable ou analogue à celle dont on explique la représentation des objets visibles dans le fond de l'œil. Il faut bien que les rayons quasi sonores, qui partent d'un point sonore, soient réunis dans un seul point dans la cavité de l'oreille, et qu'ils y représentent une espèce d'image ou un simulacre, sans quoi il serait impossible que nous distinguassions tant de sons différents. Or une telle réunion des rayons sonores, qui sont divergents en entrant dans l'oreille, ne saurait arriver sans une espèce de réfraction; voilà donc à quoi se réduit notre question, c'est de montrer que les rayons sonores sont assujettis à quelque réfraction sous certaines circonstances. Quelques expériences nous pourraient fournir bien de la lumière là-dessus; par exemple, l'angle d'un bastion y pourrait servir. Si quelqu'un en A criait bien

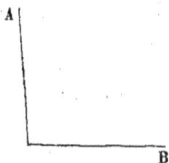

fort, un autre en B devrait juger suivant quelle direction il écouterait le son. Or, ayant bien développé les circonstances sous lesquelles la direction du son souffre quelque changement, on ne manquera pas de rencontrer de pareilles circonstances dans la structure de l'oreille. Puissiez-vous vous résoudre, Monsieur, à travailler sur cette question; je doute fort que tout autre que vous soit capable de travailler là-dessus.

Quoique la diminution des ébranlements transmis à de grandes distances suive la raison des distances, je crois pourtant que la force du son que nous apercevons soit proportionnelle réciproquement au carré des distances. Chaque particule d'air étant ébranlée se meut par un certain espace qui détermine son excursion, et tant cet espace que la plus grande vitesse même qu'elle y acquiert est réciproquement proportionnel à la distance (si je ne me trompe, car j'oublie aisément telles circonstances, et je n'ai pas le temps de consulter mes calculs); or il me semble que la force dont une telle particule frappe nos organes dépend conjointement de son excursion et de sa vitesse, ce qui produirait la raison inverse des carrés. Vous aurez vu sans doute la Photométrie de M. Lambert, où il prouve incontestablement que la force des lumières décroit en raison inverse du carré des distances; mais il parle de la force et non pas de la vitesse ou de l'excussion de chaque particule; et, partant, je ne trouve aucune contradiction entre ses expériences et nos calculs.

Ce que vous me marquez, Monsieur, sur les ébranlements de l'air dans un tuyau conoïdal, où vous supposez même l'air hétérogène, est extrêmement profond, et quoiqu'il ne puisse servir à nous éclairer sur la réfraction, vous en pourrez connaître, pour les cas où l'équation est résoluble, s'il n'y a point des ébranlements répandus aussi en arrière. Cela prouverait que, dans toutes les réfractions, ou lorsqu'un rayon passe d'un milieu dans un autre, il s'y fait toujours quelque réflexion.

Pour les formules que vous avez trouvées pour la figure d'un corps qui sous la même surface ait la plus grande solidité, où p et q doivent être telles fonctions de x et y, pour que cette formule $p\,dx + q\,dy$ devienne intégrable, j'ai remarqué que l'autre condition se réduit à ce que cette formule $\dfrac{p\,dy - q\,dx}{\sqrt{1 + p^2 + q^2}} - \dfrac{y\,dx}{a}$ doit aussi être intégrable, mais cela n'avance rien.

Au reste, la solution générale doit être telle que, posant $z = 0$, l'équation entre x et y donne une figure quelconque et même décrite par hasard, sans avoir quelque continuité.

J'ai l'honneur d'être avec la plus profonde considération, Monsieur,

Votre très humble et très obéissant serviteur,

L. EULER.

18.

LAGRANGE A EULER.

Turin, ce 28 octobre 1762 (¹).

MONSIEUR,

Notre Société a fait paraître, il y a quelques mois, le second Volume de ses *Mélanges,* et elle s'est fait gloire d'y insérer votre excellent Mémoire sur les ébranlements dans un milieu élastique (²). Je n'ai pas manqué, aussitôt que je l'ai pu, de m'acquitter du devoir dont elle m'avait chargé, en vous envoyant un exemplaire de cet Ouvrage, que j'ai aussi accompagné d'une de mes Lettres; mais de crainte de quelque accident qui pût l'empêcher de parvenir entre vos mains, j'ai cru devoir encore profiter d'une autre occasion qui s'est présentée depuis peu pour vous en faire tenir une autre copie. Si vous les recevez toutes deux, je vous prie d'en remettre une de ma part à M. Formey, secrétaire de votre Académie.

Je ne vous dirai rien sur la partie de ce Recueil qui m'appartient; et j'attends sur cela votre jugement avec la plus grande impatience.

Ayant appris, par une de vos Lettres de 1759, que vous aviez fait assez de cas de ma méthode *de maximis et minimis* pour l'étendre et la perfectionner dans un Traité particulier, j'ai cru devoir supprimer entiè-

---

(¹) *Lettres inédites,* p. 49.

(²) Il est intitulé : *Lettre de M. Euler à M. de la Grange, contenant des recherches sur la propagation des ébranlements dans un milieu élastique.*

rement celui que j'avais presque déjà achevé sur ce sujet, et je me suis borné à en exposer simplement les principes dans un Mémoire que j'ai tâché de rendre le plus court qu'il m'a été possible; je ne me suis même déterminé à composer ce Mémoire que parce que vous m'avez fait l'honneur de me mander dans la même lettre que vous ne vouliez point publier votre travail avant le mien. Je suis impatient de pouvoir profiter des nouvelles lumières que vous aurez sans doute répandues sur une matière si difficile; en attendant, je vous prie de recevoir ici mes très humbles remercîments de l'honneur que vous avez bien voulu me faire, et que je regarde comme la récompense la plus flatteuse de mes études mathématiques.

Je dois encore vous remercier de la Notice que vous avez eu la bonté de me donner dans votre dernière Lettre au sujet du prix proposé par votre Académie pour l'année présente. Je ne me suis pas senti ni le courage ni la sagacité nécessaire pour travailler sur un sujet si difficile; je me flatte que d'autres auront rempli cet objet d'une manière digne de l'importance de la matière et des vues profondes de l'Académie, et je souhaiterais fort de connaître la pièce qui aura été couronnée. Au reste, vous m'obligerez infiniment de me faire savoir les questions qui auront été proposées pour les sujets des prix des années qui viennent tant par votre Académie que par celle de Pétersbourg.

J'ai l'honneur d'être, avec toute l'estime et tous les sentiments que je dois à votre personne et à l'amitié dont vous m'honorez, Monsieur,

Votre très humble et très obéissant serviteur,

DE LA GRANGE.

Monsieur Euler, Directeur perpétuel de l'Académie royale des Sciences et Belles-Lettres de Berlin.

19.

EULER A LAGRANGE.

Berlin, 9 novembre 1762 (¹).

Monsieur,

Je dois être infiniment flatté de la distinction toute particulière, dont la nouvelle Académie Royale des Sciences vient de m'honorer, en accordant une place dans ses Mémoires à mes faibles recherches sur la propagation du son, que j'avais pris la liberté de vous envoyer. Je connais tout le prix de cette distinction, et j'en suis le plus vivement touché; ce que je vous supplie, monsieur, de témoigner à l'illustre Académie, et de lui présenter mes très humbles remerciments en l'assurant de ma plus haute vénération et de mon attachement le plus inviolable. Mais je ne sens aussi que trop que c'est uniquement à vous que je suis redevable de cette glorieuse distinction. Je vous en suis infiniment obligé, de même que des deux exemplaires du premier Recueil académique que vous m'avez bien voulu envoyer. Vous ne douterez pas que je ne l'aie parcouru avec la plus grande avidité, et je fus tout à fait surpris de l'excellence et de la richesse des Mémoires que ce Recueil renferme. Vous en particulier, Monsieur, vous y avez véritablement prodigué vos profondes découvertes; tout autre en aurait eu abondamment de quoi fournir à plusieurs Académies et à plusieurs Volumes, pendant que vous y avez ramassé en quelques morceaux des sciences entières et accomplies, dont la moindre particule aurait coûté à d'autres les plus pénibles recherches. Vous ne craignez pas de vous épuiser pour les Volumes suivants, puisque vos ressources sont inépuisables; et je suis tout stupéfait, quand je pense seulement que les Volumes suivants ne brilleront pas moins de nouvelles découvertes, quoique je ne puisse pas encore comprendre sur quelles matières elles rouleront. Mais je vous avoue franchement, que je ne suis quasi

---

(¹) Ms. f° 18. — *Opera postuma*, t. II, p. 564.

qu'ébloui de l'abondance et de la profondeur de vos recherches, et bien d'autres souhaiteront avec moi que vous preniez la peine de traiter successivement plus en détail tous les sujets particuliers, que vous n'avez fait jusqu'ici qu'envelopper dans la plus grande généralité.

Quelle satisfaction n'aurait pas M. de Maupertuis, s'il était encore en vie, de voir son principe de la moindre action porté au plus haut degré de dignité dont il est susceptible ([1]).

Dans vos autres recherches, il s'agit principalement d'une branche tout à fait nouvelle de l'Analyse, qui mériterait bien d'être développée avec tous les soins possibles. C'est la résolution de cette espèce d'équation

$$\frac{\partial^2 z}{\partial t^2} = P \frac{\partial^2 z}{\partial x^2} + Q \frac{\partial z}{\partial x} + R z,$$

dont l'intégrale complète renferme par sa propre nature des fonctions indéterminées, et même discontinues, contre les prétentions de M. d'Alembert, qui cependant sera bien embarrassé des réponses solides que vous lui avez faites, quoique je doute fort qu'il s'y rende ([2]). Avant toutes choses, il faudrait bien chercher des méthodes plus propres à traiter ces équations. Il semble que des transformations convenables y puissent beaucoup contribuer. En voici un échantillon que j'appliquerai au cas le plus simple

$$\frac{\partial^2 z}{\partial t^2} = a \frac{\partial^2 z}{\partial x^2};$$

au lieu des variables t et x, j'en introduirai deux autres p et q, de sorte que

$$p = \alpha x + \beta t \qquad \text{et} \qquad q = \gamma x + \delta t.$$

([1]) « Ce principe, dit Delambre (Biographie Michaud, art. *Maupertuis*), que Maupertuis prétendait déduire philosophiquement des causes finales, était ainsi énoncé par lui : *La quantité d'action nécessaire pour produire un changement dans le mouvement des corps est toujours un minimum.* Il entendait par *quantité d'action* le produit d'une masse par sa vitesse et par l'espace qu'elle parcourt. » — *Voir*, dans le Tome II des *OEuvres* de Maupertuis (1756, in-8°, p. 243 et suiv.), la Lettre XI : *Sur ce qui s'est passé à l'occasion du principe de la moindre action.*

([2]) *Voir*, dans le Tome XIII, les Lettres 3, 8, 9, etc.

Pour cet effet, considérant une fonction quelconque de t et x qui soit v, puisque

$$dv = \frac{\partial v}{\partial t} dt + \frac{\partial v}{\partial x} dx$$

et par les nouvelles variables

$$dv = \frac{\partial v}{\partial p} dp + \frac{\partial v}{\partial q} dq,$$

en substituant ici pour dp et dq leurs valeurs, j'aurai

$$dv = \alpha \frac{\partial v}{\partial p} dx + \beta \frac{\partial v}{\partial p} dt + \gamma \frac{\partial v}{\partial q} dx + \delta \frac{\partial v}{\partial q} dt,$$

$$= \left(\alpha \frac{\partial v}{\partial p} + \gamma \frac{\partial v}{\partial q} \right) dx + \left(\beta \frac{\partial v}{\partial p} + \delta \frac{\partial v}{\partial q} \right) dt;$$

d'où il s'ensuit, pour les substitutions dont j'ai besoin,

$$\frac{\partial v}{\partial t} = \beta \frac{\partial v}{\partial p} + \delta \frac{\partial v}{\partial q} \quad \text{et} \quad \frac{\partial v}{\partial x} = \alpha \frac{\partial v}{\partial p} + \gamma \frac{\partial v}{\partial q};$$

donc

$$\frac{\partial z}{\partial t} = \beta \frac{\partial z}{\partial p} + \delta \frac{\partial z}{\partial q} \quad \text{et} \quad \frac{\partial^2 z}{\partial t^2} = \beta^2 \frac{\partial^2 z}{\partial p^2} + 2\beta\delta \frac{\partial^2 z}{\partial p\, \partial q} + \delta^2 \frac{\partial^2 z}{\partial q^2},$$

$$\frac{\partial z}{\partial x} = \alpha \frac{\partial z}{\partial p} + \gamma \frac{\partial^2 z}{\partial q} \quad \text{et} \quad \frac{\partial^2 z}{\partial x^2} = \alpha^2 \frac{\partial^2 z}{\partial p^2} + 2\alpha\gamma \frac{\partial^2 z}{\partial p\, \partial q} + \gamma^2 \frac{\partial^2 z}{\partial q^2}.$$

Maintenant je pose

$$\beta^2 - \alpha^2 a = 0 \quad \text{et} \quad \delta^2 - \gamma^2 a = 0$$

ou

$$\beta = \alpha \sqrt{a} \quad \text{et} \quad \delta = -\gamma \sqrt{a},$$

pour avoir cette équation

$$2(\beta\delta - \alpha\gamma a) \frac{\partial^2 z}{\partial p\, \partial q} = 0 \quad \text{ou} \quad \frac{\partial^2 z}{\partial p\, \partial q} = 0.$$

A présent M. d'Alembert ne saurait disconvenir que l'intégration de cette formule, en ne prenant que p variable, ne donne

$$\frac{dz}{dq} = \varphi'(q)$$

et ensuite, faisant quarrer,

$$z = \varphi(q) + \psi(p) = \varphi(x - t\sqrt{a}) + \psi(x + t\sqrt{a}),$$

où ces fonctions sont absolument indéterminées et dépendent entièrement de notre volonté, de sorte que la construction générale se puisse faire par deux courbes décrites à plaisir, l'appliquée de l'une donnant $\varphi(x - t\sqrt{a})$ pour l'abscisse $x - t\sqrt{a}$, et de l'autre $\psi(x + t\sqrt{a})$ pour l'abscisse $x + t\sqrt{a}$.

Mais, si l'on demandait une semblable intégrale complète pour le cas où a serait une quantité négative $-b$, je ne vois pas comment on la pourrait représenter par des courbes arbitraires, puisqu'on n'y saurait assigner les appliquées qui répondent à des abscisses imaginaires.

La réduction aux arcs de cercle, en posant

$$x = \varrho\cos\varphi \qquad \text{et} \qquad t\sqrt{b} = \varrho\sin\varphi,$$

qui donneront

$$z = A + B\varrho\cos\varphi + C\varrho^2\cos2\varphi + \ldots + K\varrho\sin\varphi + L\varrho^2\sin2\varphi + \ldots,$$

combien de termes qu'on ne prenne (^{1}), ne saurait jamais produire une solution générale, en sorte que posant $t = 0$, il en résulte entre z et x une relation donnée exprimée par quelque courbe décrite à volonté.

Pour le problème des isopérimètres pris dans sa plus grande étendue, c'est à vous que nous sommes redevables de la plus parfaite solution, et je fus bien surpris de voir par quelle adresse vous l'avez étendu à des surfaces et même à des polygones. Vous conviendrez que ces profondes recherches mériteraient un développement plus détaillé. Il est fâcheux que la solution du cas où l'on demande, entre tous les solides de la même capacité, celui dont la surface est la plus petite conduise à une équation presque absolument intraitable; on voit bien que les surfaces sphériques et cylindriques y sont comprises, sans être en état de les en conclure. Mais les corps ont des bizarreries qui ne se trouvent pas dans les surfaces; quoique tous les côtés d'un polygone et même

(^{1}) C'est-à-dire quel que soit le nombre des termes.

leur ordre soient donnés, la figure est encore susceptible d'une infinité de déterminations; mais, dans un polyèdre, dès qu'on connaît tous les hèdres ([1]) avec leur ordre, le corps est tout à fait déterminé. Ensuite, on ne saurait donner deux courbes différentes qui aient pour toutes les abscisses des arcs égaux; mais on peut toujours trouver une infinité de surfaces différentes où les éléments $dx\,dy\sqrt{1+p^2+q^2}$ soient les mêmes. Ainsi les surfaces coniques dont l'axe est perpendiculaire à la base conviennent avec une surface plane, et les corps exprimés par ces équations $az=xy$ et $2az=x^2+y^2$ ont leurs surfaces égales, puisque p^2+q^2 est le même de part et d'autre; mais on trouve aisément une infinité d'autres surfaces de la même nature, où l'on peut même introduire des fonctions arbitraires et discontinues. Or il est plus difficile de trouver de tels corps, dont la surface convienne avec celle de la sphère. Il s'agit de trouver une telle équation intégrable $dz=p\,dx+q\,dy$ que p^2+q^2 soit égal à $\dfrac{x^2+y^2}{a^2-x^2-y^2}$. Je puis bien définir toutes les fonctions possibles pour p et q, mais je n'en puis tirer aucune d'où l'équation entre x, y et z devient algébrique. C'est encore un sujet qui demande la nouvelle branche de l'Analyse qui roule sur les fonctions de deux ou plusieurs variables, de certains rapports entre leurs différentiels étant donnés.

Sur le problème du mouvement d'un corps attiré vers deux points fixes en raison réciproque carrée des distances, j'ai trouvé moyen de construire la courbe que le corps décrit quand même elle ne serait point dans le même plan, et j'y ai observé une infinité de cas où la courbe devient algébrique, outre ceux de l'ellipse ou hyperbole dont les foyers tombent dans les deux points fixes.

J'ai l'honneur d'être avec la plus haute considération, monsieur,

Votre très humble et très obéissant serviteur,

L. EULER.

([1]) *Hèdre,* surface.

20.

EULER A LAGRANGE.

Berlin, le 16 février 1765 ([1]).

MONSIEUR,

La gracieuse déclaration que vous venez de me faire de la part de la Société royale de Turin devait sans doute faire la plus vive impression sur mon esprit; aussi en suis-je entièrement pénétré de la plus respectueuse reconnaissance; ce que je vous prie de lui témoigner avec la plus forte assurance que je saisirai avec le plus grand empressement toutes les occasions, où je serai capable de rendre quelques services à cette illustre Société, à laquelle je prends la liberté de présenter les pièces ci-jointes, dont deux roulent aussi sur le mouvement des cordes ([2]). M. d'Alembert m'a aussi fait quantité d'objections sur ce sujet; mais je vous avoue qu'elles ne me paraissent pas assez fortes pour renverser votre solution. Ce grand génie me semble un peu trop enclin à détruire tout ce qui n'est pas construit par lui-même. Quand la figure initiale de la corde n'est pas telle qu'il prétend qu'elle devrait être, je ne saurais me persuader que son mouvement fût différent de celui que notre solution lui assigne; et, quand M. d'Alembert soutient que, dans ces cas, le mouvement ne saurait être compris sous la loi de continuité, je lui accorde très volontiers cette remarque, mais je soutiens aussi à mon tour que ma solution donne ce même mouvement discontinu; car c'est une propriété essentielle des équations différentielles à trois et à plusieurs variables, que leurs intégrales renferment des fonctions arbitraires qui peuvent aussi bien être discontinues que continues.

Après cette remarque, je vous accorde aisément, monsieur, que pour que le mouvement de la corde soit conforme à la loi de continuité, il

([1]) Ms. t. IV, f° 19 bis. — Opera postuma, t. I, p. 566.
([2]) Le Tome III des Miscellanea taurinensia contient cinq Mémoires d'Euler et, entre autres, Éclaircissements sur le mouvement des cordes vibrantes. — Recherches sur le mouvement des cordes inégalement épaisses.

faut que, dans la figure initiale, les $\frac{d^2 y}{dx^2}, \frac{d^4 y}{dx^4}, \frac{d^6 y}{dx^6}, \cdots$ soient égales à
aux deux extrémités; mais, quoique ces conditions n'aient pas lieu, j
crois pouvoir soutenir que notre solution donnera néanmoins le véri
table mouvement de la corde; car, dans ce cas, il y aura bien quelqu
erreur dans la détermination du mouvement des éléments extrêmes d
la corde; mais, par cette même raison, l'erreur sera infiniment petite
et partant nulle.

Toutes les circonstances de ce problème ne me sont plus assez pré
sentes pour oser prononcer plus hardiment là dessus; mais il m
semble que par de semblables objections, dont M. d'Alembert comba
notre solution, on pourrait combattre les vérités les mieux constatées
Par exemple, je dirais que la formule $\int y\,dx$ ne saurait donne
l'aire d'une courbe APM, à moins qu'il ne soit $\frac{dy}{dx} = 0$ au commen

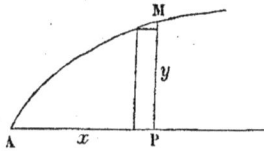

cement A où $y = 0$; car, puisque dans chaque élément de l'aire, qui es
véritablement égale à $y\,dx + \frac{1}{2}dx\,dy$, on néglige le petit triangle $\frac{1}{2}dx\,dy$
cela ne saurait plus être pratiqué au commencement A où y, et partan
le premier membre $y\,dx = 0$, attendu que là le second membre $\frac{1}{2}dx\,d$
pourrait même être infiniment plus grand que le premier, à moin
qu'il ne fût $\frac{dy}{dx} = 0$. Comme donc, nonobstant cette objection, la for
mule $\int y\,dx$ exprime toujours la véritable aire de la courbe, je crois auss
que notre solution sur les cordes donne toujours le vrai mouvement
quoique le premier et le dernier élément soient assujettis à un gran
inconvénient, ou même à une contradiction apparente. M. d'Alember
témoigne partout un trop grand empressement de rendre douteux tou
ce qui a été soutenu par d'autres, et il ne permettra jamais qu'on fass
de semblables objections contre ses propres recherches.

J'avais déjà reçu le projet de la nouvelle édition des Ouvrages d

Leibnitz ([1]), et je crois que M. Formey aura déjà marqué à l'éditeur qu'on vient de découvrir à Hannover quantité d'Ouvrages manuscrits de ce grand homme, dont on a nouvellement publié les remarques sur Locke. Sur la fameuse controverse touchant le Calcul différentiel ([2]), je ne saurais dire autre chose que ce que j'avais déjà dit dans la préface de mon Calcul différentiel ([3]).

Le XIV⁰ Volume de nos Mémoires est sous la presse et paraîtra à Pâques, de même que mon Ouvrage sur la Mécanique qui s'imprime à Rostock ([4]). J'ai achevé, il y a longtemps, mon Ouvrage *Sur le Calcul intégral,* mais il n'y a aucune apparence qu'il soit publié sitôt faute de libraires. L'Académie de Russie vient de publier le IX⁰ Volume de ses *Nouveaux Commentaires.* J'avais aussi depuis longtemps achevé un *Traité sur la Dioptrique,* dont le résultat se trouve dans le XIII⁰ Volume de nos Mémoires ([5]); mais, comme on vient de découvrir de nouvelles espèces de verre, qui causent une beaucoup plus grande réfraction que le verre ordinaire, je suis actuellement occupé à refondre mon Ouvrage et à l'appliquer à toutes les diverses espèces de verre, puisque, par ce moyen, on peut procurer aux instruments dioptriques un beaucoup plus haut degré de perfection.

Je suis extrêmement ravi que le rétablissement de la paix me procure l'avantage de recommencer votre correspondance, qui m'a toujours fourni les plus importants éclaircissements, et je me flatte d'en retirer à l'avenir encore un plus grand profit.

J'ai l'honneur d'être avec la plus parfaite considération, monsieur,

Votre très humble et très obéissant serviteur,

L. EULER.

([1]) *Voir* t. XIII, p. 31.
([2]) Entre Newton et Leibnitz au sujet de la priorité de la découverte.
([3]) Voir *Institutiones Calculi differentialis,* 1755, in-4°. *Præfatio,* p. xv et suiv.
([4]) *Theoria motus corporum solidorum seu rigidorum.* Rostock, 1765, in-4°.
([5]) Ce treizième Volume (année 1757) contient les deux Mémoires suivants d'Euler : *Règles générales pour la construction des télescopes, de quelque nombre de verres qu'ils soient composés. — Recherches sur les lunettes à trois verres qui représentent les objets renversés.*

21.

EULER A LAGRANGE.

Berlin, le 3 mai 1766 ([1]).

MONSIEUR ET TRÈS CHER CONFRÈRE,

Je dois bien commencer par vous demander mille pardons de ce que j'ai si longtemps différé de vous répondre à la lettre obligeante dont vous m'avez bien voulu honorer. Je suis sans doute infiniment charmé que votre illustre Société a si bien reçu les Mémoires que j'avais pris la liberté de vous envoyer, et je suis tout impatient de voir bientôt le troisième Volume de vos Ouvrages, pour y voir la continuation de vos profondes recherches sur cette nouvelle partie de l'Analyse, dont les premiers principes même ont été inconnus avant que vous en ayez entrepris le développement avec le plus heureux succès. Je me flatte que la présente foire de Leipzig me procurera ce précieux présent. Mais, pour justifier mon long silence, je dois vous informer, monsieur, que depuis longtemps je me trouve dans le plus grand embarras, qui m'a presque entièrement empêché de m'appliquer à aucune recherche, et j'avais honte de vous écrire une lettre tout à fait vide de recherches géométriques; or, aussi à l'heure qu'il est, je n'en suis pas en état; de grandes raisons m'ayant déterminé de solliciter ici mon congé pour retourner à Pétersbourg, où la plus avantageuse vocation ([2]) de l'Impératrice m'appelle. Vous savez sans doute que l'Académie de Russie est depuis quelque temps fort tombée en décadence; mais, maintenant sa Majesté Impériale a formé le dessein de rétablir cette Académie dans son ancien lustre et de lui donner même plus d'éclat, vu qu'elle y a destiné un fonds de 60 000 roubles par an. Dans cette vue, sa Majesté veut bien m'honorer de sa haute confiance, en m'appelant pour diriger et exécuter ce grand dessein, où il s'agit principale-

([1]) Ms. t. IV, f° 20 bis. — Opera postuma, t. I, p. 567.
([2]) Vocation, appel, offre.

ment d'engager des grands hommes dans toutes les Sciences, pour venir s'établir à Pétersbourg et y travailler conjointement à l'avancement des Sciences.

Vous comprendrez aisément, Monsieur, que vous avez été le premier que j'ai proposé à sa Majesté Impériale, et je m'estimerais infiniment heureux, si je pouvais vous persuader d'accepter une telle vocation, qui sera toujours aussi avantageuse qu'honorable pour vous. Je comprends bien que le grand éloignement et le climat rude vous causeront d'abord une horreur; mais, comme je connais parfaitement cet endroit y ayant séjourné pendant quatorze ans, et que j'y retourne avec le plus grand empressement, je vous puis assurer que la ville de Pétersbourg renferme à la fois tous les agréments qu'on ne trouve que séparément dans les autres lieux, et qu'on y a des moyens de se garantir du froid, de sorte qu'on y en est beaucoup moins incommodé que dans les pays plus chauds.

Je vous prie donc, Monsieur, de faire réflexion sur cette proposition et de m'en marquer votre sentiment au plus tôt, avant que je parte d'ici, ce qui pourrait bien encore traîner quelques mois.

J'ai l'honneur d'être, avec la plus parfaite considération et le plus inviolable attachement, Monsieur,

Votre très humble et très obéissant serviteur,

L. EULER.

22.

EULER A LAGRANGE.

A Saint-Pétersbourg, ce 9 janvier 1767, st. v. ([1]).

MONSIEUR ET TRÈS CHER AMI,

J'espère que vous m'excuserez que j'ai manqué de vous répondre à la lettre dont vous m'aviez honoré encore de Turin. La grande distrac-

---

([1]) Ms. f° 21 *bis*. — *Opera postuma*, t. II, p. 568.

tion que mon voyage et nouvel établissement m'ont causée en est une raison plus que suffisante. Quelque glorieux qu'il soit pour moi que vous êtes mon successeur à l'Académie de Berlin ([1]), j'aurais souhaité que vous eussiez été en état d'écouter les propositions que l'Académie Impériale se proposait de vous faire, et je crois que vous y auriez trouvé beaucoup plus d'avantages et d'agréments. Cependant, je souhaite de tout mon cœur que votre séjour à Berlin soit comblé de toutes sortes de prospérités, et qu'il vous mette en état de continuer vos profondes recherches pour l'avancement des Sciences. J'attends avec la dernière impatience le troisième Volume des *Mémoires de l'Académie de Turin*, que je crains beaucoup qu'il ne soit le dernier, tant à cause de votre absence, que parce que M. Cigna ([2]) est aussi disposé de quitter : je n'ai pas manqué d'en parler à notre Académie, où tout dépend des arrangements qu'on doit encore faire pour là mettre sur un bon pied, et jusque-là on n'a pu encore penser qu'à remplir les places, qui étaient actuellement vacantes, dont aucune n'aurait convenu à M. Cigna ; mais, aussitôt qu'on pourra lui donner une plus grande extension, on ne manquera pas de faire réflexion aux mérites de cet habile homme.

Je suis extrêmement ravi que mon dernier Ouvrage sur la Mécanique ([3]) ait mérité votre approbation, mais je suis fâché que je n'ai été en état de vous en présenter un exemplaire ; car, à peine avais-je trouvé un libraire qui voulût se charger de l'impression, et je fus même obligé de renoncer à quelque nombre d'exemplaires pour les présenter à mes amis ; mais, en effet, le libraire n'avait pas tort, puisqu'il n'en a fait imprimer que cinq cents exemplaires et, que selon toute apparence, il n'en débitera pas cent.

Dès mon arrivée ici, l'Académie Impériale a bien voulu se charger de l'impression de mon Ouvrage sur le Calcul intégral, qui a déjà

([1]) *Voir* Tome XIII, lettres 23 à 29.

([2]) Jean-François Cigna, anatomiste, né à Mondovi, le 2 juillet 1734, mort à Turin en 1790. Secrétaire de la Société qui devint plus tard l'Académie royale de Turin, il dirigea la publication de ses quatre Volumes de Mémoires.

([3]) *Voir* plus haut p. 137.

avancé assez bien; mais, comme il y en aura trois Volumes in-4°, il faudra attendre encore plus qu'un an, avant que tout soit achevé. Le troisième Volume renferme la nouvelle partie du Calcul intégral, dont le public sera toujours redevable à votre sagacité, et j'espère que, par vos soins, cette partie que je n'ai fait qu'ébaucher sera bientôt portée à un plus haut point de perfection. Tant la faiblesse de ma vue que mon emploi présent, qui m'oblige de passer tous les matins à la Direction de l'Académie, me mettent absolument hors d'état de continuer mes recherches sur cette matière; mais, à l'aide de mon fils Albert, je serai toujours en état de profiter des éclaircissements que vous me voudrez bien communiquer tant sur ce sujet que sur tous les autres, auxquels vous vous appliquerez; je vous en supplie même avec le plus grand empressement, dans la confiance que vous serez déjà suffisamment convaincu que personne ne saurait faire plus de cas de l'importance de vos découvertes. Je vous prie donc, Monsieur, de me conserver toujours votre amitié et votre affection, et d'être assuré que je serai toujours avec la plus parfaite considération et le plus inviolable attachement, Monsieur,

Votre très humble et très obéissant serviteur,

L. EULER.

A Monsieur de Lagrange, membre de l'Académie royale des Sciences et Belles-Lettres, et Directeur de la Classe de Mathématiques, à Berlin.

23.

EULER A LAGRANGE.

Saint-Pétersbourg, ce $\frac{5}{16}$ février 1768 ([1]).

MONSIEUR,

Votre lettre du 29 décembre de l'année passée m'a été remise à peu

---

([1]) Ms. f° 23. — *Opera postuma*, t. II, p. 569.

près en même temps que j'ai reçu le dernier Volume des *Mémoires de l'Académie de Berlin*, où je me suis d'abord fait lire votre excellent Mémoire sur le tautochronisme ([1]), puisque cette matière m'a autrefois tenu fort au cœur, et que j'ai aussi fait une analyse de la méthode de M. Fontaine, que vous trouverez dans le Volume X de nos Commentaires ([2]). Mais votre méthode est beaucoup plus ingénieuse, et la lecture m'en a causé un vrai plaisir, quoique l'espérance d'y trouver des tautochrones pour toutes les hypothèses possibles de la résistance n'a pas été entièrement remplie. Or j'en ai d'abord découvert la source dans la formule $\frac{X}{A}$, à une fonction quelconque de laquelle vous égalez le temps par un arc indéfini, ou bien à une fonction de nulle dimension des quantités X et A. Mais vous conviendrez aisément que la supposition d'une telle fonction apporte à la solution une très grande limitation, attendu qu'on pourrait imaginer une infinité d'autres expressions également propres à représenter le temps $\frac{X_1}{A_1}$, $\frac{X_2}{A_2}$, et qu'on supposât le temps égal à une fonction quelconque de toutes ces formules ensemble, mais l'exécution mènerait à des calculs presque insurmontables.

J'ai aussi déjà remarqué, dans le Volume II de ma Mécanique, que les cas où la résistance serait comme le cube ou quelque puissance plus haute de la vitesse ne sauraient être résolus par de telles fonctions de nulle dimension, mais qu'il faut recourir à des fonctions de plusieurs dimensions, où je crois avoir indiqué la vraie route pour parvenir à la résolution de tels cas, mais qui, cependant, est trop embarrassante pour que j'aie pu en faire l'application à d'autres cas que celui où la résistance en elle-même est extrêmement petite. J'ai aussi vu que les trois méthodes de M. d'Alembert, dans le même Volume de Mémoires ([3]), sont assujetties à la même restriction. Au reste, je crois devoir avertir que feu M. J. Bernoulli n'a trouvé la tautochrone pour

---

([1]) *Sur les courbes tautochrones* (*voir* t. II, p. 317 de la présente édition).
([2]) *Dilucidationes de tautochronis in medio resistente*, année 1766, t. X.
([3]) *Sur les tautochrones*, année 1765, t. XXI, p. 381-413.

la résistance proportionnelle au carré de la vitesse qu'après que je lui en avais communiqué ma solution, et il n'a jamais dit qu'il en avait fait le premier la découverte.

Je suis extrêmement ravi, Monsieur, que mes recherches sur le mouvement d'un corps attiré à deux centres de forces fixes aient mérité votre attention ; mais vous n'en avez vu que ce qui a été inséré dans les Mémoires de Berlin et qui regarde principalement les courbes algébriques que ma solution renferme (¹). Or j'en ai composé encore deux autres Mémoires, dont l'un se trouve dans le Volume X de nos Commentaires et l'autre dans le Volume XI (²). Dans le dernier, j'ai réussi à déterminer le mouvement dudit corps, lorsqu'il ne se meut pas dans le même plan, et je suis extrêmement curieux d'apprendre, à quel égard vous avez donné à ce problème une plus grande étendue. Si vous avez réussi de donner à l'un des deux centres de force un mouvement autour de l'autre, quoiqu'il ne fût que circulaire et uniforme, je le regarderai comme la plus importante découverte dans l'Astronomie.

L'impression de mon Calcul intégral avance assez passablement, et le premier Tome est déjà achevé, que je tâcherai de vous envoyer au plus tôt et peut-être accompagné du second ; il y en aura trois Volumes en tout.

Je n'ai reçu qu'un exemplaire du Volume III des Mémoires de Turin et je vous en ai déjà, si je ne me trompe, présenté mes très humbles remercîments. Comme je suis hors d'état de lire et d'écrire moi-même, je suis d'autant plus curieux de profiter des écrits des autres, mais principalement de vos recherches, qui sont toujours marquées d'un très éminent degré de profondeur. Je vous prie donc de me conserver toujours votre amitié et bienveillance, et d'être assuré que je ne ces-

---

(¹) Problème. — *Un corps étant attiré en raison réciproque quarrée des distances vers deux points fixes donnés, trouver le cas où la courbe décrite par ce corps sera algébrique.* T. XVI, année 1760, p. 228-249.

(²) Ces deux Mémoires sont compris sous le même titre : *De motu corporis ad duo centra virium fixa attracti.* T. X, année 1766, p. 207, et tome XI, année 1767, p. 152 des *Novi Commentarii.*

serai jamais d'être, avec une très respectueuse considération, Monsieur,

Votre très humble et très obéissant serviteur,

L. EULER.

Mes compliments les plus empressés à mon très digne ami, M. le professeur Beguelin.

M. Bernoulli aura bien la bonté de faire parvenir l'incluse à son adresse, et nous vous prions, Monsieur, de lui présenter nos civilités.

24.

EULER A LAGRANGE.

Saint-Pétersbourg, $\frac{16}{27}$ janvier 1770 (¹).

MONSIEUR MON TRÈS CHER CONFRÈRE,

Je suis extrêmement ravi que vous ayez reçu avec tant de bonté mon Ouvrage sur le Calcul intégral, dans lequel j'ai tâché de ramasser tout ce que j'ai observé sur ce sujet de remarquable. Mais j'espère de vous envoyer au plus tôt la troisième Partie de cet Ouvrage, qui appartient presque uniquement à vous, et je ne doute pas que vous ne la portiez bientôt à un plus haut degré de perfection.

M. Formey m'a envoyé les feuilles du dernier Volume des Mémoires de Berlin, qui contiennent les excellentes pièces dont vous me parlez dans votre lettre. Comme je ne suis pas en état de les lire moi-même, j'ai prié notre habile M. Lexell de m'en faire la lecture, que j'ai entendue avec la plus grande avidité. J'y ai non seulement admiré la profondeur de toutes vos recherches, mais aussi surtout leur multiplicité, qui à tout autre aurait fourni de quoi remplir une douzaine d'excellents Mé-

------

(¹) Ms. f° 25. — *Opera postuma*, t. II, p. 571.

moires différents. Vous savez, Monsieur, que j'ai beaucoup travaillé dans cette espèce d'analyse et que j'en connais parfaitement toutes les difficultés, et partant j'ai vu avec la plus grande satisfaction que vous en avez surmonté quelques-unes très heureusement. La méthode que vous employez pour résoudre l'équation $A = p^2 \pm Bq^2$ est d'autant plus ingénieuse qu'elle ne suppose rien qui ne soit fondé que sur l'induction. J'ai été curieux d'appliquer d'abord vos méthodes à des exemples, qui ont pour la plupart très bien réussi; mais l'exemple suivant m'a causé quelque embarras, où il s'agit de résoudre en nombres entiers $101 = p^2 - 13q^2$. Selon votre méthode, il faut donc chercher un nombre α plus petit que $\frac{101}{2}$, de sorte que $\alpha^2 - 13$ soit divisible par 101, où j'ai trouvé $\alpha = 35$ et de là $A_1 = 12 = p_1^2 - 13q_1^2$, pendant que $A = 101$ et $B_1 = 13$, d'où l'on tire $p_1 = 5$ et $q_1 = 1$; donc, selon votre méthode, on trouverait

$$p = \frac{\alpha p_1 \mp Bq_1}{A_1} = \frac{35.5 \mp 13}{12} \quad \text{et} \quad q = \frac{\alpha q_1 \mp p_1}{A_1} = \frac{35 \mp 5}{12};$$

et partant, ces nombres n'étant pas entiers, on devrait conclure que ce cas n'est pas possible; cependant, on satisfait à cette question en prenant $p = 123$ et $q = 34$, ce qui me faisait croire que votre méthode était insuffisante.

Mais, en écrivant cela, je vois que je n'ai pas assez bien observé les préceptes que vous donnez; car, puisque $A_1 = 12$ est divisible par le carré 4, il faut poser $\frac{12}{4} = 3 = t^2 - 13u^2$, ce qui donne $t = 4$ et $u = 1$, d'où l'on doit prendre $p_1 = 8$ et $q_1 = 2$, et alors on aura

$$p = \frac{35.8 \mp 13.2}{12} = \frac{140 \mp 13}{6} \quad \text{et} \quad q = \frac{35.2 \mp 8}{12} = \frac{35 \mp 4}{6};$$

or ces formules ne sauraient donner des nombres entiers. Cependant je vois bien qu'on parviendrait à ma solution, si l'on prenait $p_1 = 47$ et $q_1 = 13$ vu que $12 = 47^2 - 13.13^2 = 2209 - 2197$, car de là on tirerait

$$p = \frac{35.47 \mp 13.13}{12} \quad \text{et} \quad q = \frac{35.13 \mp 47}{12},$$

où les signes supérieurs donnent $p = 123$ et $q = 34$, mais quelle raison nous conduit à supposer $q_1 = 47$ et $p_1 = 13$?

J'ai aussi fort admiré votre méthode d'employer les nombres irrationnels et même les imaginaires dans cette espèce d'analyse, qui est uniquement attachée aux nombres rationnels. Il y a déjà quelques années que j'ai eu de semblables idées; mais je n'en ai encore rien donné là-dessus ni dans nos Commentaires, ni dans les Mémoires de Berlin; cependant, ayant publié ici une Algèbre complète en langue russe, j'y ai développé cette matière fort au long, où j'ai fait voir que, pour résoudre l'équation $x^2 + ny^2 = (p^2 + nq^2)^\lambda$, on n'a qu'à résoudre celle-ci : $x + y\sqrt{-n} = (p + q\sqrt{-n})^\lambda$. Cet Ouvrage s'imprime actuellement aussi en allemand, en 2 vol. in-8° (¹), et, quand je vous expédierai le Volume III du *Calcul intégral*, j'y ajouterai un exemplaire de cette Algèbre ou en russe ou en allemand.

Mais je n'y ai pas poussé mes recherches au delà des racines carrées; et l'application aux racines cubiques et ultérieures vous a été réservée uniquement. C'est de là que j'ai tiré cette formule très remarquable

$$x^3 + ny^3 + n^2 z^3 - 3nxyz,$$

dont les trois facteurs sont $x + y\sqrt[3]{n} + z\sqrt[3]{n^2}$; d'où l'on voit qu'on peut toujours aisément déterminer les lettres x, y et z pour que cette formule devienne un carré, ou un cube, ou un carré-carré, ou quelque plus haute puissance. Au reste, pour juger si l'équation $A = p^2 \pm Bq^2$ est possible ou non, j'ai trouvé cette règle pour les cas où A est un nombre premier : ôtez du nombre A un multiple quelconque de $4B$, et, toutes les fois que le reste est un nombre premier a, l'équation proposée sera possible si celle-ci $a = p^2 \pm Bq^2$ l'est, et de plus si le reste $A - 4nB$ devient un tel nombre ab^2, de sorte que a soit un nombre premier, ou même l'unité; alors la possibilité ou impossibilité de l'équation $a = p^2 - Bq^2$ déclare la nature de l'équation proposée. Ainsi, ayant

---

(¹) *Anleitung zur Algebra*, Pétersbourg, 1770, 2 vol. in-8°.

l'équation $109 = p^2 - 7q^2$, puisque $109 - 4 \times 7 = 81$, ou $a = 1$ et $B = 9$, je forme cette équation $1 = p^2 - 7q^2$, qui, étant possible, prouve la possibilité de la proposée; et dans l'exemple rapporté ci-dessus $101 = p^2 - 13q^2$, puisque $101 - 4 \times 13 = 49$ et partant $a = 1$, le jugement se réduit à cette équation $1 = p^2 - 13q^2$, qui est sans doute possible; mais je dois avouer à ma confusion que je ne saurais démontrer cette règle, et, quand même on en trouverait une démonstration, cela ne servirait en rien à la solution actuelle de l'équation $A = p^2 - Bq^2$.

J'attends avec la plus grande impatience le IVe Volume des *Mémoires de Turin,* que vous aurez la bonté, Monsieur, de m'envoyer, ne pouvant douter qu'ils ne soient remplis de vos très excellentes recherches, et je vous en présente d'avance mes remercîments les plus empressés, ayant l'honneur d'être, avec la plus parfaite considération, Monsieur, votre très humble serviteur,

L. EULER.

P. S. Il y a quelque temps, Monsieur, que j'ai trouvé une solution complète du problème suivant :

Il s'agit de trouver trois fonctions X, Y *et* Z *de deux variables* t *et* u, *telles que, posant* $dX = P\,dt + p\,du$, $dY = Q\,dt + q\,du$, $dZ = R\,dt + r\,du$, *on satisfasse aux conditions suivantes :*

I. $$P^2 + Q^2 + R^2 = 1,$$

II. $$p^2 + q^2 + r^2 = 1,$$

III. $$Pp + Qq + Rr = 0.$$

Or la nature des différentielles demande encore les conditions suivantes :

I. $$\frac{\partial P}{\partial u} = \frac{\partial p}{\partial t},$$

II. $$\frac{\partial Q}{\partial u} = \frac{\partial q}{\partial t},$$

III. $$\frac{\partial R}{\partial u} = \frac{\partial r}{\partial t}.$$

Comme une considération tout à fait singulière m'a conduit à
solution de ce problème, que j'aurais d'ailleurs jugé presque impo
sible, je crois que cette découverte pourra devenir d'une grande ir
portance dans la nouvelle partie du Calcul intégral dont la Géométr
vous est redevable.

Voilà, Monsieur et très honoré Confrère, un théorème de la plt
grande importance, et un problème très difficile à résoudre :

THEOREMA. — *Si formula* $mx^2 + ny^2$, *casu* $x = a$ *et* $y = b$, *præbe*
numerum primum α, *tunc omnes numeri primi in formula* $\alpha \pm 4mn$,
quin etiam in hac formula generaliori $\alpha q^2 \pm 4mnp$ *contenti, simul eru*
numeri formæ $mx^2 + ny^2$.

N. B. *Demonstratio adhuc desideratur.*

PROBLEMA. — *Invenire duos numeros quorum productum, tam summ*
quam differentia sive auctum sive minutum, fiat quadratum

$$xy + x + y = \square, \qquad xy - x - y = \square,$$
$$xy + x - y = \square, \qquad xy - x + y = \square.$$

Solutio. — Quærantur duo numerorum paria p, q et r, s ut formul

$$2pq(p^2 - q^2)(p^2 + q^2) \quad \text{et} \quad 2rs(r^2 - s^2)(r^2 + s^2)$$

teneant rationem quadrati ad quadratum. Tum enim numerorum quæ
sitorum alter erit $\dfrac{(p^2 + q^2)(r^2 + s^2)}{2pq(r^2 - s^2)}$, alter vero $\dfrac{(p^2 + q^2)(r^2 + s^2)}{2rs(p^2 - q^2)}$. Con
ditio præscripta impletur sumendo $p = 12, q = 1$ et $r = 16, s = 11$
tum enim eris

$$\frac{2pq(p^2 - q^2)(p^2 + q^2)}{2rs(r^2 - s^2)(r^2 + s^2)} = \frac{1}{36} = \square.$$

Hinc ergo numeri quæsiti erunt $\dfrac{13.29^2}{2^3.9^2}$ et $\dfrac{5.29^2}{2^5.11^2}$.

(Au-dessous de la dernière ligne on lit, de la main de Lagrange, *Répondue.*)
Cette réponse manque.

25.

EULER A LAGRANGE.

Saint-Pétersbourg, ce $\frac{9}{20}$ mars 1770 ([1]).

MONSIEUR ET TRÈS HONORÉ CONFRÈRE,

Votre prompte réponse sur les remarques que j'avais eu l'honneur de vous communiquer m'a causé bien du plaisir, et je vous en suis infiniment obligé. Je me suis fait lire toutes les opérations que vous avez faites sur la formule $101 = p^2 - 13q^2$ et je suis entièrement convaincu de leur solidité; mais, étant hors d'état de lire ou d'écrire moi-même, je dois vous avouer que mon imagination n'a pas été capable de saisir le fondement de toutes les déductions que vous avez été obligé de faire et encore moins de fixer dans mon esprit la signification de toutes les lettres que vous y avez introduites. Il est bien vrai que de semblables recherches ont fait autrefois mes délices et m'ont coûté bien du temps; mais à présent je ne saurais plus entreprendre que celles que je suis capable de développer dans ma tête et souvent je suis obligé de recourir à un ami pour exécuter les calculs que mon imagination projette.

Pour ce qui regarde le problème de deux nombres dont le produit, étant tant augmenté que diminué de leurs sommes aussi bien que de leurs différences, produise des carrés, il m'a été autrefois proposé par un certain capitaine, M. de Kappe, qui me dit l'avoir reçu d'un ami de Leipzig, qui s'était longtemps inutilement occupé à en trouver une solution, et que lui-même y avait épuisé toutes ses forces sans aucun fruit. Il m'a donc demandé si je croyais ce problème possible ou non. Je lui répondis d'abord que ce problème me paraissait d'une nature singulière et surpassait même les règles connues de l'analyse de Diophante; en quoi je ne crois pas m'être trompé. Cependant, après quelques .

([1]) Ms. f° 3o. — *Opera postuma*, t. I, p. 574.

essais, j'ai trouvé la solution que j'ai eu l'honneur de vous communiquer, et je croyais presque que c'était l'unique qu'on serait en état de donner. Mais, depuis que j'ai eu l'honneur de vous écrire, ayant fixé encore mes recherches sur ce problème, j'ai découvert une route qui en fournit une infinité de solutions. Voilà de quelle manière je m'y suis pris. Posant les deux nombres cherchés A et B, les premiers efforts fournissent d'abord ces formules

$$A = \frac{(p^2+s^2)(q^2+r^2)}{4pqrs} \qquad \text{et} \qquad B = \frac{(p^2+s^2)(q^2+r^2)}{(p^2-s^2)(q^2-r^2)},$$

mais il est nécessaire que cette formule $\dfrac{(p^2+s^2)(q^2+r^2)}{2pqrs(p^2-s^2)(q^2-r^2)}$ devienne un carré, ce qui est, sans doute, extrêmement difficile et au-dessus de la méthode ordinaire de Diophante. Mais, ayant employé les substitutions suivantes

$$p = m^2+(m-n)^2, \qquad q = m^2+mn-n^2=s \quad \text{et} \quad r = m(m-rn),$$

cette formule, après en avoir ôté les facteurs carrés, se réduit à celle-ci

$$\frac{5m^2-6m^2+2n^2}{2n(2m+n)},$$

qu'il est aisé de rendre carrée; car, posant $n = 2m-l$, cette formule devient

$$\frac{m^2-2ml+2l^2}{(4m-2l)(4m-l)},$$

dont le numérateur multiplié par le dénominateur donne ce produit

$$16m^4-44m^3l+58m^2l^2-28ml^3+4l^4,$$

qui doit être un carré et dont la résolution est fort aisée. Quoique cette solution paraisse fort particulière, vu que, au lieu de quatre lettres p, q, r, s, cette formule n'en contient que deux, j'ai lieu de croire qu'elle renferme pourtant toutes les solutions possibles.

Je serais fort curieux, Monsieur, d'apprendre votre sentiment sur les deux théorèmes suivants, que je crois vrais sans les pouvoir démontrer :

1° *Outre le cercle, il n'y a point d'autres courbes algébriques dont chaque arc soit égal à un arc de cercle.*

2° *Il n'y a point de courbes algébriques non plus, dont chaque arc soit égal à un logarithme.*

Vous voyez bien qu'il ne s'agit pas ici des courbes algébriques dont la rectification dépende ou des arcs de cercle ou des logarithmes.

Je reviens au problème dont je vous ai aussi parlé dans ma Lettre précédente, où il s'agit de déterminer les trois quantités x, y et z par les deux variables t et u; en sorte que, posant

$$dx = l\,dt + \lambda\,du, \qquad dy = m\,dt + \mu\,du, \qquad dz = n\,dt + \nu\,du,$$

les trois conditions suivantes soient remplies :

1°
$$l^2 + m^2 + n^2 = 1,$$
2°
$$\lambda^2 + \mu^2 + \nu^2 = 1,$$
3°
$$l\lambda + m\mu + n\nu = 0,$$

dont j'avais bien trouvé une solution complète, mais par une méthode extrêmement indirecte, et je croyais presque qu'il n'y avait point de méthode directe qui puisse conduire à la solution. Mais, afin que vous ne pensiez pas que c'est une pure et stérile spéculation, j'ai l'honneur de vous dire que le problème suivant m'y a conduit : *Trouver tous les solides dont la surface puisse être expliquée* (¹) *dans un plan,* comme il arrive dans tous les corps cylindriques et coniques. Or, depuis quelques jours, je suis tombé sur la solution suivante, qui me paraît assez directe : Introduisant une nouvelle variable ω, qu'on en cherche trois telles fonctions p, q et r en sorte que

1°
$$p^2 + q^2 + r^2 = 1$$
et
2°
$$dp^2 + dq^2 + dr^2 = d\omega^2,$$

(¹) *Expliquer,* développer; *explicare.*

ce qui n'a aucune difficulté; ensuite, qu'on pose comme il suit

$$l = p\sin\omega + \frac{dp}{d\omega}\cos\omega, \qquad m = q\sin\omega + \frac{dq}{d\omega}\cos\omega, \qquad n = r\sin\omega + \frac{dr}{d\omega}\cos\omega,$$

$$\lambda = p\cos\omega - \frac{dp}{d\omega}\sin\omega, \qquad \mu = q\cos\omega - \frac{dq}{d\omega}\sin\omega, \qquad \nu = r\cos\omega - \frac{dr}{d\omega}\sin\omega,$$

et il est clair que les trois conditions prescrites sont remplies; il ne reste donc que de rendre intégrables les trois formules différentielles. Pour cet effet, je remarque que

$$dl = d\omega\cos\omega\left(p + \frac{d^2p}{d\omega^2}\right),$$

$$dm = d\omega\cos\omega\left(q + \frac{d^2q}{d\omega^2}\right),$$

$$dn = d\omega\cos\omega\left(r + \frac{d^2r}{d\omega^2}\right);$$

$$d\lambda = -d\omega\sin\omega\left(p + \frac{d^2p}{d\omega^2}\right),$$

$$d\mu = -d\omega\sin\omega\left(q + \frac{d^2q}{d\omega^2}\right),$$

$$d\nu = -d\omega\sin\omega\left(r + \frac{d^2r}{d\omega^2}\right),$$

de sorte que

$$\frac{d\lambda}{dl} = \frac{d\mu}{dm} = \frac{d\nu}{dn} = -\tang\omega.$$

Maintenant transformons les formules proposées en cette sorte

$$x = lt + \lambda u - \int(t\,dl + u\,d\lambda) = lt + \lambda u - \int(t - u\tang\omega)\,dl,$$

$$y = mt + \mu u - \int(t\,dm + u\,d\mu) = mt + \mu u - \int(t - u\tang\omega)\,dm,$$

$$z = nt + \nu u - \int(t\,dn + u\,d\nu) = nt + \nu u - \int(t - u\tang\omega)\,dn,$$

où puisque l, m et n sont des fonctions de la seule variable ω, toutes ces trois formules deviendront intégrables en égalant la formule

$$t - u\tang\omega$$

à une fonction quelconque de ω, qui soit Ω; de là, on tire

$$t = \Omega + u\tang\omega,$$

de sorte que le calcul roulera à présent sur les deux variables u et ω,
dont les coordonnées x, y et z deviendront certaines fonctions.

Permettez-moi, Monsieur, que je vous parle encore d'un problème
qui me paraît fort curieux et digne de toute attention.

Dans un carré divisé en seize cases, il s'agit d'inscrire seize nombres

A	B	C	D
E	F	G	H
J	K	L	M
N	O	P	Q

dans ces cases, en sorte que premièrement les sommes des carrés de
chacune des bandes horizontales, et ensuite aussi la somme des carrés
pris par les bandes verticales, soient égales entre elles, et, outre cela
aussi, la somme des carrés par les diagonales, ce qui donne déjà dix
conditions à remplir; mais, outre cela, il faut encore remplir les conditions suivantes :

11° $AE + BF + CG + DH = 0,$

12° $AJ + BK + CL + DM = 0,$

$$\dots\dots\dots\dots\dots\dots\dots,$$

et, ainsi, joignant deux à deux des bandes horizontales, ce qui donne
six conditions; enfin il faut aussi remplir celles-ci :

17° $AB + EF + JK + NO = 0,$

18° $AC + EG + JL + NP = 0,$

$$\dots\dots\dots\dots\dots\dots\dots$$

en combinant deux à deux des bandes verticales, ce qui donne aussi
six conditions, de sorte qu'il faut remplir en tout vingt-deux conditions différentes pendant qu'on n'a que seize quantités inconnues.
Cependant, ce problème ne laisse pas d'être infiniment indéterminé,

et j'ai réussi d'en trouver la solution en général, dont j'ajoute ici un exemple particulier.

+ 68	— 29	+ 41	— 37
— 17	+ 31	+ 79	+ 32
+ 59	+ 28	— 23	+ 61
— 11	— 77	+ 8	+ 49

Enfin, j'ai l'honneur d'être, avec la plus parfaite considération, Monsieur,

Votre très humble et très obéissant serviteur,

L. EULER.

P. S. — Lorsque M. le Directeur (¹) voudra bien répondre à cette Lettre, on le prie de donner sa réponse ou au professeur Formey, ou de l'envoyer sous l'adresse du Secrétaire de l'Académie impériale des Sciences.

(Au bas du dernier feuillet, on lit : *Répondue,* de la main de Lagrange.)
Cette réponse manque.

26.

EULER A LAGRANGE.

Saint-Pétersbourg, ce $\frac{20}{31}$ mai 1771 (²).

MONSIEUR ET TRÈS HONORÉ CONFRÈRE,

Comme je suis hors d'état d'écrire moi-même, et que les occasions de me servir d'une autre main se présentent rarement, vous me par-

(¹) Lagrange était devenu directeur de la Classe de Mathématiques.
(²) Ms. f° 34. — *Opera postuma*, t. I, p. 577.

donnerez, Monsieur, que j'aie différé si longtemps de répondre à l'obligeante Lettre dont vous m'avez honoré. D'ailleurs, depuis environ un an, la théorie de la Lune m'a tellement occupé que je n'ai presque pu penser à d'autres choses (¹). Trois habiles calculateurs m'ont bien voulu assister pendant tout ce temps, et, quoique nous y ayons rencontré mille obstacles, nous les avons surmontés presque tous assez heureusement, de sorte que nos travaux sur cette matière se trouvent actuellement sous presse. Jamais une recherche n'a demandé tant de pénibles calculs et tant d'adresse dans l'exécution; cependant, il s'en faut de beaucoup que cette matière soit entièrement épuisée; nous devons nous contenter, si les Tables que nous en avons tirées s'accordent encore mieux avec le ciel que celles de MM. Mayer et Clairaut (²), et que leur usage soit beaucoup plus aisé.

Malgré ces pénibles recherches, je n'ai point manqué de profiter de quelques moments pour étudier vos excellents Mémoires, qui m'ont été communiqués par M. Formey; et d'abord, ce qui m'a frappé le plus et que je ne puis pas assez admirer, c'est la beauté et l'étendue infinie de votre théorème général, lorsque

$$x = t + \varphi(t) + \tfrac{1}{2} d\varphi^2(t) + \tfrac{1}{6} d^2 \varphi^3(t) + \tfrac{1}{24} d^3 \varphi^4(t) + \dots,$$

et marquant par $\psi(x)$ une fonction quelconque de x et prenant $\psi(t)$ une semblable fonction de t, on aura toujours

$$\psi(x) = \psi(t) + \varphi(t)\psi'(t) + \tfrac{1}{2} d\varphi^2(t)\psi'(t)$$
$$+ \tfrac{1}{6} d^2 \varphi^3(t)\psi'(t) + \tfrac{1}{24} d^3 \varphi^4(t)\psi'(t) + \dots,$$

en omettant les divisions par les puissances de dt. Ce théorème me paraît déjà de la dernière importance sans même avoir égard à l'équation $t = x - \varphi(x)$, dont il fournit la résolution et dont vous vous servez avec le plus heureux succès pour résoudre toutes sortes d'équa-

---

(¹) Le sujet proposé par l'Académie des Sciences de Paris avait été, en 1768, remis une seconde fois au concours pour 1770. La moitié du prix fut alors adjugée à Euler, et la question remise au concours pour 1772; cette fois, le prix fut partagé entre Euler et Lagrange; *voir* t. XIII, lettres 45, 48, 50, 55 et suiv., 61 et suiv., 71 et suiv., 80 et suiv., 102.

(²) *Voir* tome XIII, lettres 27, 49, 62, 84.

tions. J'avais déjà composé, avant mon départ de Berlin, un Mémoire sur le même sujet à l'occasion d'une excellente pièce de M. Lambert, insérée dans les *Actes helvétiques* (¹). Cette idée me parut d'abord susceptible d'une beaucoup plus grande étendue, que j'ai tâché de développer dans ledit Mémoire, qui, actuellement, se trouve imprimé dans le XVe Volume de nos Mémoires ou Commentaires. Mais vous avez poussé, Monsieur, cette recherche beaucoup plus loin à l'aide de votre admirable théorème. Après y avoir réfléchi tant soit peu, j'ai d'abord reconnu que sa vérité est indépendante de la résolution des équations et des rapports qui règnent entre les racines. J'avais d'abord formé le dessein d'en rechercher une démonstration directe, tirée des premiers principes généraux de l'Analyse, mais j'y ai d'abord rencontré de trop grands obstacles. Or notre habile académicien M. Lexell y a bientôt parfaitement réussi, et en a trouvé une telle démonstration qui répondait parfaitement à mes souhaits. C'est dommage que ce beau théorème soit tellement caché entre vos nombreuses recherches, Monsieur, que peu de monde l'y observera et en remarquera toute l'importance. Pour moi, je le crois bien loin préférable à mon théorème général sur l'intégrabilité, que j'avais tiré de la théorie des isopérimètres, et que vous avez jugé digne, Monsieur, d'insérer dans les *Mémoires de Berlin*, avec une Note touchant M. le marquis de Condorcet.

A cette occasion, j'ai aussi l'honneur de vous marquer que M. Lexell a pareillement donné une très belle démonstration de ce même théorème, que vous lirez dans le XVe Volume de nos Commentaires. Vous avez bien voulu dire à M. Formey que les extraits des lettres de M. d'Alembert, insérés dans les *Mémoires de Berlin* (²), ne sont rien moins que ce que porte le titre, mais que ce grand homme vous les avait, Monsieur, adressés exprès pour les publier dans cette forme, quoique, à mon avis, elles ne renferment que des observations assez légères. Or, comme les dernières lettres que j'ai eu l'honneur de vous adresser, Monsieur, contiennent quelques articles qui ont mérité votre

---

(¹) *Observationes variæ in Mathesim puram*, dans le t. III des *Acta helvetica*, p. 128.
(²) *Voir* année 1769, p. 254 et 265.

approbation, il me semble que vous les pourriez également faire insérer dans vos Mémoires sous le titre d'Extraits, sans que j'aie besoin de l'y mettre moi-même à la tête.

Ne doutant pas que vous n'ayez, Monsieur, poussé encore plus loin vos premières recherches sur le problème de deux nombres dont tant la somme que la différence, étant ou ajoutée ou retranchée du produit de ces mêmes nombres, produise des nombres carrés, je suis fort curieux d'apprendre si vous en avez découvert une solution plus générale que la mienne, que j'avais trouvée par bien des détours.

On expédiera d'ici, avec les premiers vaisseaux, le IIIe Volume de mon Calcul intégral avec le IIIe Volume de ma Dioptrique, qui enseigne la plus parfaite construction des microscopes (¹). Vous verrez alors aussi le Volume XIV de nos Commentaires divisé en deux Parties, dont la dernière est presque uniquement remplie des recherches sur la parallaxe du Soleil, tirées des observations du dernier passage de Vénus sur le disque du Soleil, que M. Lexell a bien voulu exécuter sur les idées que je lui avais communiquées (²). Ce même académicien a aussi composé un Traité à part sur la comète de l'année 1769, qui vient de paraître il y a quelques mois (³).

Vous voyez, Monsieur, que je profite amplement de la belle occasion que M. Lexell me fournit en me prêtant ses yeux et sa main.

J'ai l'honneur d'être avec la plus haute considération, Monsieur, votre très humble et très obéissant serviteur,

L. EULER.

A Monsieur de Lagrange, Directeur de l'Académie royale des Sciences et Belles-Lettres de Prusse, à Berlin.

(¹) *Dioptrica*, Pétersbourg, 1769, 1770, 1771, 3 vol. in-4°.
(²) Année 1769.
(³) *Recherches et calculs sur la vraie orbite elliptique de la comète de 1769 et de son temps périodique, exécutés sous la direction de M. L. Euler*, par M. Lexell, Saint-Pétersbourg, 1770, in-4°.

27.

LEXELL A LAGRANGE.

Saint-Pétersbourg, 5 mars 1772 ([1]).

Monsieur,

Ayant appris par la lettre ([2]) que notre illustre M. Euler a reçue de vous, et qu'il a bien voulu avoir la bonté de me communiquer, que vous seriez curieux de voir la démonstration que j'ai donnée ([3]) de votre très élégant théorème, qui se trouve dans le Tome XXIV des Mémoires de Berlin ([4]); et, M. Euler m'ayant ordonné de vous communiquer en même temps quelques-unes de ses démonstrations qu'il a trouvées dudit théorème, je profiterai de cette occasion pour vous présenter, Monsieur, les hommages que je dois offrir à vous comme à un des plus grands mathématiciens de notre siècle, et de vous témoigner les sentiments d'admiration et de respect que vos sublimes recherches m'ont inspirés.

Avant que de donner les démonstrations dont je viens de parler, je remarquerai que les deux premières sont de M. Euler, et la troisième celle que j'avais trouvée. Outre ces deux démonstrations, M. Euler en a encore trouvé quelques autres, mais celles-ci m'ont paru les plus remarquables.

Première démonstration. — Puisque $t = x - P$, il sera

$$1 = \frac{dx}{dt} - \frac{dx}{dt} P';$$

donc

$$\frac{dx}{dt} Q' - Q' = \frac{dx}{dt} P' Q' = \frac{dx}{dt} R';$$

où Q' marque une nouvelle fonction quelconque de x.

([1]) Ms. in-4°, t. IV, f° 36; Euler, *Opera postuma*, t. I, p. 579.
([2]) Nous n'avons point cette lettre.
([3]) *Voir* plus haut, p. 226.
([4]) P. 275. Ce théorème fait partie du Mémoire intitulé : *Nouvelle méthode pour résoudre les équations littérales par le moyen des séries. Voir* t. III, p. 5, de la présente édition.

Soient p, q, r de semblables fonctions de t que P, Q, R sont de x, et posons

$$Q = q + A + B + C + D + \ldots,$$

où A, B, C, D sont des fonctions déterminées de t. Il sera donc

$$Q' = q' + \frac{dA}{dq} + \frac{dB}{dq} + \frac{dC}{dq} + \ldots,$$

car, en supposant

$$Q' = q' + A' + B' + C' + \ldots,$$

on a

$$\frac{dA}{dq} = A', \qquad \frac{dB}{dq} = B', \qquad \ldots;$$

mais, en prenant le différentiel complet de Q, il résulte

$$\frac{dx}{dt} Q' = q' + \frac{dA}{dq} + \frac{dB}{dq} + \frac{dC}{dq} + \ldots + \frac{dA}{dt} + \frac{dB}{dt} + \frac{dC}{dt} + \ldots;$$

d'où l'on tire

$$\frac{dx}{dt} Q' - Q' = \frac{dx}{dt} R' = \frac{dA}{dt} + \frac{dB}{dt} + \frac{dC}{dt} + \ldots.$$

Posons maintenant

$$R = r + \mathcal{A} + \mathcal{B} + \mathcal{C} + \mathcal{D} + \ldots;$$

il s'ensuivra

$$\frac{dx}{dt} R' = r' + \frac{d\mathcal{A}}{dt} + \frac{d\mathcal{B}}{dt} + \frac{d\mathcal{C}}{dt} + \frac{d\mathcal{D}}{dt} + \ldots,$$

par conséquent,

$$r' + \frac{d\mathcal{A}}{dt} + \frac{d\mathcal{B}}{dt} + \frac{d\mathcal{C}}{dt} + \frac{d\mathcal{D}}{dt} + \ldots = \frac{dA}{dt} + \frac{dB}{dt} + \frac{dC}{dt} + \ldots$$

En comparant les membres :

1°
$$\frac{dA}{dt} = r' = p'q',$$

donc

$$A = pq' \qquad \text{et} \qquad \mathcal{A} = pr' = pp'q';$$

2°
$$\frac{dB}{dt} = \frac{d\mathcal{A}}{dt} = \frac{d(pp'q')}{dt},$$

donc

$$dB = dp\, d(pq') \quad \text{et} \quad B = \frac{1}{2} d(p^2 q');$$

donc

$$\mathcal{B} = \frac{1}{2} d(p^2 r') = \frac{1}{2} d(p^2 p' q') = \frac{1}{1.2.3} d^2 (p^3 q');$$

3°
$$\frac{dC}{dt} = \frac{d\mathcal{B}}{dt} = \frac{1}{1.2.3} d^3 (p^3 q'),$$

donc

$$C = \frac{1}{1.2.3} d^2 (p^3 q') \quad \text{et} \quad \mathcal{C} = \frac{1}{1.2.3} d^2 (p^3 r') = \frac{1}{1.2.3.4} d^3 (p^4 q'), \quad \ldots$$

Ainsi on obtiendra

$$Q = q + pq' + \frac{1}{2} d(p^2 q') + \frac{1}{1.2.3} d^2 (p^3 q') + \frac{1}{1.2.3.4} d^3 (p^4 q') + \ldots,$$

en omettant partout les dénominateurs affectés de dt.

Je ne sais si j'ai bien saisi le sens et la forme de cette démonstration, mais j'avoue qu'elle me paraît un peu douteuse.

Deuxième démonstration. — Posons

$$\psi(x) = \psi(t) + P\,\psi'(t) + d[Q\,\psi'(t)] + d^2[R\,\psi'(t)] + d^3[S\,\psi'(t)] + \ldots;$$

donc, pour le cas

$$\psi(x) = x, \quad \psi(t) = t \quad \text{et} \quad \psi(t) = 1,$$

on aura

$$x = t + P + dQ + d^2 R + d^3 S + d^4 P + \ldots$$

Or, puisque

$$x - t = \varphi(x)$$

et

$$\varphi(x) = \varphi(t) + \mathrm{P}\,\varphi'(t) + d[\mathrm{Q}\,\varphi'(t)] + d^2[\mathrm{R}\,\varphi'(t)] + d^3[\mathrm{S}\,\varphi'(t)] + \cdots,$$

il sera

$$\mathrm{P} + d\mathrm{Q} + d^2\mathrm{R} + d^3\mathrm{S} + \cdots = \varphi(t) + \mathrm{P}\varphi'(t) + d[\mathrm{Q}\,\varphi'(t)] + \cdots,$$

donc

$$\mathrm{P} = \varphi(t), \quad d\mathrm{Q} = \mathrm{P}\,\varphi'(t), \quad d^2\mathrm{R} = d[\mathrm{Q}\,\varphi'(t)], \quad d^3\mathrm{S} = d^2[\mathrm{Q}\,\varphi'(t),] \quad \cdots$$

ou

$$\mathrm{P} = \varphi(t), \quad \mathrm{Q} = \frac{1}{2}\varphi^2(t), \quad \mathrm{R} = \frac{1}{1.2.3}\varphi^3(t), \quad \cdots.$$

Troisième démonstration. — Par les principes d'Analyse

$$\psi(t) = \psi(x) - \varphi(x)\,\psi'(x) + \varphi^2(x)\frac{d\,\psi(x)}{1.2\,dx} - \varphi^3(x)\frac{d^2\,\psi(x)}{1.2.3\,dx^2} + \cdots;$$

de même

$$\varphi(t)\,\psi'(t) = \varphi(x)\,\psi'(x) - \varphi(x)\frac{d[\varphi(x)\,\psi'(x)]}{dx} + \varphi^2(x)\frac{d^2[\varphi(x)\,\psi'(x)]}{1.2\,dx^2} - \cdots;$$

donc il sera

$$\left.\begin{array}{l} \psi(t) - \psi(x) \\[4pt] \varphi(t)\,\psi'(t) \\[4pt] \dfrac{d\,\varphi^2(t)\,\psi'(t)}{1.2\,dt} \\[4pt] \dfrac{d^2\,\varphi^3(t)\,\psi'(t)}{1.2.3\,dt^2} \\[4pt] \dfrac{d^3\,\varphi^4(t)\,\psi'(t)}{1.2.3.4\,dt^3} \end{array}\right\} = \left\{ \begin{array}{llll} -\varphi(x)\,\psi'(x) + \varphi^2(x)\dfrac{d\,\psi'(x)}{1.2\,dx} & -\varphi^3(x)\dfrac{d^2\,\psi'(x)}{1.2.3\,dx^2} & +\varphi^4(x)\dfrac{d^3\,\psi'(x)}{1.2.3.4\,dx^3} & -\cdots \\[10pt] +\varphi(x)\,\psi'(x) - \varphi(x)\dfrac{d[\varphi(x)\,\psi'(x)]}{dx} & +\varphi^2(x)\dfrac{d^2[\varphi(x)\,\psi'(x)]}{1.2.3\,dx^2} & -\varphi^3(x)\dfrac{d^3[\varphi(x)\,\psi'(x)]}{1.2.3\,dx^3} & +\cdots \\[10pt] +\dfrac{d[\varphi^2(x)\,\psi'(x)]}{1.2\,dx} - \varphi(x)\dfrac{d^2[\varphi^2(x)\,\psi'(x)]}{1.2\,dx^2} & +\varphi^2(x)\dfrac{d^3[\varphi^2(x)\,\psi'(x)]}{1.2.1.2\,dx^3} & -\cdots \\[10pt] +\dfrac{d^2[\varphi^3(x)\,\psi'(x)]}{1.2.3\,dx^2} - \varphi(x)\dfrac{d^3[\varphi^3(x)\,\psi'(x)]}{1.2.3\,dx^3} & +\cdots \\[10pt] +\dfrac{d^3[\varphi^4(x)\,\psi'(x)]}{1.2.3.4\,dx^3} & -\cdots \end{array}\right.$$

Or, du côté droit, tous les membres placés dans les mêmes lignes verticales se détruisent, parce qu'il est en général

$$y^m a^{m-1} z - m y^{m-1} d^{m-1} y z + \frac{m(m-1)}{1.2} y^{m-2} d^{m-1} y^2 z' \cdots \pm d^{m-1} y^m z = 0.$$

Par conséquent, nous en obtiendrons

$$\psi(x) = \psi(t) + \varphi(t)\,\psi'(t) + \dots$$

Dans le Mémoire que j'ai composé sur ce théorème, j'ai aussi considéré cette équation plus générale $t = x - \mathrm{P}$, où P est une fonction quelconque de x et t, et j'ai trouvé qu'on aura encore

$$\psi(x) = \psi(t) + \mathrm{Q}\,\psi'(t) + \frac{d[\mathrm{Q}^2\psi'(t)]}{1\cdot2\,dt} + \dots,$$

Q signifiant une fonction dans laquelle P sera changé, en substituant a pour t et t pour x, et introduisant de nouveau après la différentiation t au lieu de a.

Il n'y a que fort peu de temps que j'ai trouvé des formules, à ce qu'il me semble, assez belles, pour les différences finies des fonctions de deux ou plusieurs variables.

Soit z une fonction quelconque de deux variables x et y, et supposons x augmenté de p et y de q, ainsi qu'il suit

$$x' = x + p \qquad \text{et} \qquad y' = y + q;$$

soit de plus z' telle fonction de x', y' que z est de x et y, et on aura

$$\begin{aligned}
z' = z &+ p\frac{\partial z}{\partial x} + \frac{1}{2}p^2\frac{\partial^2 z}{\partial x^2} + \frac{1}{1\cdot2\cdot3}p^3\frac{\partial^3 z}{\partial x^3} + \dots \\
&+ q\frac{\partial z}{\partial y} + \frac{2}{2}pq\frac{\partial^2 z}{\partial x\,\partial y} + \frac{3}{1\cdot2\cdot3}p^2 q\frac{\partial^3 z}{\partial x^2\,\partial y} + \dots \\
&+ \frac{1}{2}q^2\frac{\partial^2 z}{\partial y^2} + \frac{3}{1\cdot2\cdot3}pq^2\frac{\partial^3 z}{\partial x\,\partial y^2} + \dots \\
&+ \frac{1}{1\cdot2\cdot3}q^3\frac{\partial^3 z}{\partial y^3} + \dots.
\end{aligned}$$

Si l'on supposait que z serait une fonction de trois variables comme x, y, u, il ne serait plus difficile de trouver la valeur de z'.

Dans le Tome XV de nos *Commentaires*, nouvellement imprimé ([1]),

---

([1]) Année 1771. Ce Volume des *Novi Commentarii* contient, dans la partie *Mathematica*, quatre Mémoires d'Euler.

il se trouve, parmi d'autres pièces de M. Euler, aussi la solution qu'il a donnée de ce problème curieux :

Trouver deux nombres x et y, tels que

$$xy \pm (x+y) = \square \quad \text{et} \quad xy \pm (x-y) = \square.$$

Dans le même Tome, il y a aussi insérée une dissertation que j'avais donnée sur les caractères d'intégrabilité (^{1}), dont le principal sujet est de démontrer le beau théorème de M. Euler. Quoique la démonstration que j'en ai donnée me semblât fort exacte, lorsque j'étais occupé à écrire cette pièce, j'ai pourtant reconnu qu'elle n'est pas tout à fait concluante; c'est aussi pourquoi je lui en ai substitué une autre dans un Mémoire qui sera imprimé, comme la suite du précédent, dans le Tome XVI (^{2}). Ayant appris que M. le marquis de Condorcet a déjà traité le même sujet, je dois craindre que mes petites recherches ne deviennent tout à fait superflues. Je serais fort curieux de savoir de quelle manière M. le marquis a démontré ce théorème, s'il a employé les principes du calcul de la variation, comme M. Euler avait fait, ou s'il a déduit sa démonstration des principes du Calcul différentiel; de même, je souhaiterais d'apprendre s'il a considéré les caractères d'intégrabilité pour les formules intégrales doubles ou triples, tels que $\iint V dx\, dy$ ou $\iiint V dx\, dy\, dz$. Si vous vouliez bien, Monsieur, me faire la grâce de m'en instruire, comme aussi de me faire connaître vos sentiments sur les petites productions dont je viens de parler, je devrais le regarder comme un honneur des plus singuliers qui me soient arrivés de ma vie.

Quoique la santé de M. Euler se rétablisse de mieux en mieux chaque jour, il n'a pas encore pu profiter de l'honneur de vous écrire; il m'a seulement recommandé de vous témoigner qu'il est extrêmement sensible aux sentiments d'amitié et d'affection que vous venez, Monsieur, de témoigner pour lui dans votre dernière Lettre.

(^{1}) *De criteriis integrabilitatis formularum differentialium,* p. 127 et suiv.
(^{2}) *De criteriis integrabilitatis formularum differentialium, dissertatio secunda,* t. XVI des *Novi Commentarii,* p. 171.

Je finis en vous assurant des sentiments de respect et d'attachement avec lesquels j'ai l'honneur d'être, Monsieur,

Votre très humble et très obéissant serviteur,

A.-F. Lexell.

Voici encore un fort curieux problème analytique de M. Euler qu'il a trouvé en traitant des corps solides dont les surfaces peuvent être déployées sur des plans : *Trouver six quantités l, m, n, λ, μ, ν, telles que les formules*

$$l\,dx + \lambda\,dy, \quad m\,dx + \mu\,dy, \quad n\,dx + \nu\,dy$$

soient intégrables et qu'on ait

$$l^2 + m^2 + n^2 = 1, \qquad \lambda^2 + \mu^2 + \nu^2 = 1, \qquad l\lambda + m\mu + n\nu = 0.$$

J'en ai trouvé cette solution :

Sur une surface sphérique, soit décrite une ligne courbe quelconque

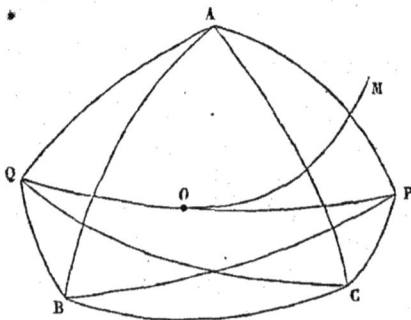

MO, soit POQ un grand cercle qui touche MO en O, et posons

$$PO = MO \quad \text{et} \quad PO \pm QO = 90^\circ.$$

Soient de plus trois points A, B, C tellement situés que les arcs AB, AC, BC soient chacun égaux à 90°; et joignons AP, BP, CP; AQ, BQ, CQ. A présent, si l'arc MO est nommé ω, que s soit une quantité variable indépendante de ω, on doit prendre

$$x = \varphi(\omega) + s \sin\omega \quad \text{et} \quad y = \psi(\omega) + s \cos\omega,$$

où $\varphi(\omega)$, $\psi(\omega)$ sont des fonctions quelconques de ω; mais les quantités λ, μ, ν seront égales aux cosinus des arcs AP, BP, CP, de même que l, m, n aux cosinus des arcs AQ, BQ, CQ.

(Au verso, de la main de Lagrange :
Répondu dans une Lettre à M. Euler du 15 juillet 1773.)

28.

EULER A LAGRANGE.

Saint-Pétersbourg, $\dfrac{\text{24 septembre}}{\text{5 octobre}}$ 1773 ([1]).

Monsieur et très honoré Confrère,

Ayant enfin reçu la traduction française de mon Algèbre, j'ai l'honneur de vous témoigner ma très parfaite reconnaissance de la peine que vous vous êtes donnée d'y ajouter vos très profondes recherches sur l'Analyse indéterminée, et je vous prie de vouloir bien présenter tant à M. Bernoulli qu'aux libraires mes très humbles remerciments.

J'ai lu avec la plus grande satisfaction les excellents Mémoires dont vous venez d'enrichir les *Mémoires de l'Académie royale de Berlin;* les belles démonstrations que vous y donnez du théorème de M. Waring ([2]) m'ont causé un très grand plaisir, et j'en ai aussi trouvé une démonstration fondée sur des principes tout à fait différents.

Soit $2p+1$ le nombre premier dont il s'agit, et il est certain qu'il y a toujours une infinité de nombres a, tels que les puissances $1.a.a^2.a^3\ldots$ jusqu'à a^{2p-1}, étant divisées par $2p-1$, produisent des restes tout différents entre eux, de sorte que a^{2p} soit la première puissance après l'unité qui reproduise le reste 1, d'où il s'ensuit que la puissance a^p donne -1 pour reste. Comme donc tous les restes mentionnés sont

---

([1]) Ms. in-4°, f° 40. — *Opera postuma*, t. I, p. 583.
([2]) Édouard Waring, né à Shrewsbury en 1734, mort en 1798.

inégaux entre eux, leur nombre étant $2p$, tous les nombres $1.2.3.4...2p$ y seront compris. Soit maintenant M le produit de tous ces nombres $1.2.3.4...2p$, et il est clair que ce produit M, étant divisé par $2p+1$ laissera le même reste que le produit de toutes les puissances rapportées; or ce produit est ouvertement $a^{p(2p-1)}$, que je représente par ce produit $a^{2p(p-1)}a^p$, dont le premier facteur $a^{2p(p-1)}$ étant une puissance de a^{2p} laissera l'unité pour reste, mais l'autre facteur a^p donnera le reste -1; d'où il est clair que le reste qui résulte de cette puissance entière sera égal à -1, de sorte qu'aussi le produit M doit donner le même reste, d'où il s'ensuit que la formule $M+1$ sera divisible par le nombre proposé $2p+1$.

Or, pour ce qui regarde le nombre a, il faut qu'il soit tel que la formule x^2-a ne puisse jamais devenir divisible par le nombre premier $2p+1$; ainsi, par rapport à chaque nombre premier $2p+1$, tous les nombres se partagent en deux classes : la première de ceux que je nommerai b, d'où la formule x^2-b peut devenir divisible par $2p+1$, et l'autre classe contient les nombres a dont je viens de parler. Pour trouver dans chaque cas ces deux classes de nombres indiqués par les lettres b et a, j'ai trouvé, par hasard, une règle très facile, qui mérite d'autant plus d'attention que je ne suis pas en état d'en donner une démonstration rigoureuse.

Pour cet effet, il faut diviser les nombres premiers en deux classes : l'une de la forme $4n-1$ et l'autre de la forme de $4n+1$. Soit donc, premièrement, le nombre premier proposé de la forme $4n-1$, et j'en forme une progression contenue dans ce terme général $n+z^2+z$, laquelle sera par conséquent

$$n, \ n+2, \ n+6, \ n+12, \ n+20, \ n+30, \ n+42, \ n+56, \ n+72, \ ...,$$

et je puis démontrer que tous les termes de cette série sont compris dans la classe des nombres marqués par b, de sorte qu'une formule x^2-b puisse devenir divisible par $4n-1$, ou bien tous ces nombres sont aussi tels que la formule $b^{2n-1}-1$ soit toujours divisible par $4n-1$, d'où il faut pourtant excepter les cas où b serait égal à $4n-1$

ou un multiple; mais, pour ce que je ne puis pas encore démontrer, c'est que, non seulement tous les termes de cette progression, mais aussi tous les diviseurs de chacun, appartiennent à la classe des nombres b; et, en effet, on observera toujours que, si d est un diviseur de quelques-uns de ces termes, on rencontrera toujours dans la même progression un terme de la forme dk^2 qui est équivalent au nombre d..

Soit, par exemple, le nombre premier proposé $4n - 1 = 71$, et partant $n = 18 = 2.3^2$, et la progression sera

$$18, 20, 24, 30, 38, 48, 60, 74, 90, 108, \ldots,$$

et l'on voit d'abord que les nombres de la classe b sont

$$2, 3, 5, 19, 37, 87.$$

Pour le nombre 2 la chose est claire, puisqu'il se trouve déjà dans le premier terme, multiplié par le carré 9; et le nombre 3 se trouve, multiplié par le carré 16, dans le terme 48; ensuite le second terme 20 renferme le nombre 5 multiplié par le carré 4.

Pour les nombres premiers de la forme $4n + 1$, je forme d'abord la progression de cette formule $n - x - x^2$, qui sera

$$n, \; n - 2, \; n - 6, \; n - 12, \; n - 20, \; n - 30, \; n - 42, \; n - 56, \; n - 72, \; \ldots;$$

et, lorsque ces termes deviennent négatifs, on n'a qu'à les traiter comme positifs, puisque si b est un tel nombre, non seulement la formule $x^2 - b$, mais aussi $x^2 + b$ pourra devenir divisible par $4n + 1$. Ici la même propriété a lieu que non seulement tous les termes de cette progression, mais aussi tous leurs diviseurs, fournissent des nombres de la classe b, et tous les nombres qui ne s'y trouvent pas sont ceux qui constituent la classe a; ainsi, prenant pour exemple $4n + 1 = 89$ ou bien $n = 22$, notre progression sera

$$22, 20, 16, 10, 2, 8, 20, 34, 50, 68, 88, 110, 134, 160, \ldots;$$

d'où l'on voit d'abord que la classe des nombres b contient

$$2, 11, 17, 67, \ldots,$$

où il est clair que le nombre 2 se rencontre lui-même dans cette série et pour le nombre 11, en prenant $x = 33$, le terme de la progression sera $1100 = 11.10^2$; mais il est ici très remarquable que cette belle propriété n'a lieu que si le nombre $4n - 1$ ou $4n + 1$ est premier, car prenant par exemple $4n - 1 = 35$ ou $n = 9$, la progression sera

9, 11, 15, 21, 29, 39, 51, 65, 81, 99, 119, 141, 165, ...

ici, quoique 3 divise plusieurs de ces termes, cependant il ne s'y trouvera aucun qui ait la forme $3k^2$, et il en est de même des nombres 5.7 et d'autres qui sont multipliés par 3.

Je suis fort assuré que la considération de ces circonstances pourra conduire à des découvertes très importantes.

Vous aurez vu, Monsieur, dans mon Algèbre, que le problème de trouver 4 nombres dont les produits 2 à 2, en y ajoutant l'unité, deviennent des nombres carrés, m'a fort embarrassé; et je n'ai pu même assigner, en général, des nombres entiers satisfaisants, quoique je me sois presque souvenu que ce problème a été résolu par Ozanam; mais l'occasion m'a manqué de faire des recherches là-dessus. Or, depuis, j'ai trouvé cette solution assez générale :

Ayant pris à volonté deux nombres m et n, tels que $mn + 1 = l^2$, les quatre nombres cherchés seront

(I)	$m,$	(III)	$m + n + 2l,$
(II)	$n,$	(IV)	$4l(l + m)(l + n),$

où le nombre l peut être pris tant négatif que positif. Peut-être que cette solution se trouve dans l'Algèbre d'Ozanam (¹); mais je n'aurais jamais cru que l'Analyse fût suffisante d'étendre (²) cette question jusqu'à cinq nombres, et je fus ces jours-ci très agréablement surpris lorsque je rencontrai les cinq nombres suivants

$$A = 1, \quad B = 3, \quad C = 8, \quad D = 120 \quad \text{et} \quad E = \frac{777480}{(2879)^2},$$

(¹) *Nouveaux éléments d'Algèbre*. Amsterdam, 1702, in-8°.
(²) C'est-à-dire qu'au moyen de l'Analyse, on pût étendre....

qui satisfont aux dix conditions prescrites de la manière suivante :

(I)	$AB + 1 = 2^2,$		(VI)	$CD + 1 = 31^2,$
(II)	$AC + 1 = 3^2,$		(VII)	$AE + 1 = \left(\dfrac{3011}{2879}\right)^2,$
(III)	$AD + 1 = 11^2,$		(VIII)	$BE + 1 = \left(\dfrac{3259}{2879}\right)^2,$
(IV)	$BC + 1 = 5^2,$		(IX)	$CE + 1 = \left(\dfrac{3809}{2879}\right)^2,$
(V)	$BD + 1 = 19^2,$		(X)	$DE + 1 = \left(\dfrac{10079}{2879}\right)^2;$

et de là je suis parvenu, mais par une méthode très indirecte que je ne saurais expliquer clairement, à donner une solution assez générale; car ayant établi, par les formules données, les quatre premiers nombres A, B, C, D, je fais

$$A + B + C + D = p, \qquad AB + AC + AD + BC + BD + CD = q,$$

$$ABC + ABD + ACD + BCD = r, \qquad ABCD = s,$$

et alors le cinquième nombre sera

$$E = \frac{4r + 2p(s+1)}{(s-1)^2},$$

et, par rapport à ces nombres, cette propriété est fort remarquable, qu'on aura toujours

$$1 + q + s = \tfrac{1}{4}p^2.$$

Cette matière paraît bien digne d'être mise dans tout son jour, mais je m'en sens incapable.

La résolution de la formule $ax^2 + 1 = y^2$ m'a causé autrefois bien de la peine, par rapport aux nombres a qui demandent de très grands nombres pour x et y, comme 61 et 109; mais je viens de trouver un théorème qui conduit d'abord à la solution de ces cas et d'autres semblables.

Connaissant pour le nombre a les valeurs r et s, telles que

$$ar^2 - 4 = s^2,$$

qu'on prenne
$$p = rs \quad \text{et} \quad q = s^2 + 2,$$
et ensuite
$$x = \tfrac{1}{2} p^2 (q^2 - 1) \quad \text{et} \quad y = \tfrac{1}{2} q (q^2 - 3),$$
et il y aura certainement
$$a x^2 + 1 = y^2,$$

où il faut remarquer que, puisque r est par sa nature un nombre impair, ces deux expressions pour x et y donneront des nombres entiers; ainsi, pour le cas $a = 61$, on aura d'abord $r = 5$, $s = 39$, et de là on tire les grands nombres x et y rapportés dans ma Table.

M. Lexell et moi venons de remettre à M. le chevalier Triquet quelques Mémoires pour les *Actes de l'Académie royale de Turin;* il m'a assuré avant son départ que vous y serez incessamment rappelé, et que Sa Majesté le Roi régnant veut remettre son Académie dans son premier état florissant; dans ce cas, l'Académie de Berlin serait bien à plaindre.

Vous voyez, Monsieur, que je vous ai découvert mon cœur tout entier, et je vous prie de me continuer l'honneur de votre amitié en vous assurant que je serai toujours avec le plus inviolable attachement, Monsieur,

Votre très humble et très obéissant serviteur,

LÉONARD EULER.

29.

EULER A LAGRANGE.

DOMINO CELEBERRIMO *de Lagrange* S. P. D. LEONARDUS EULER ([1]),

Sequens theorema attentione geometrarum haud indignum, et analysin prorsus singularem postulare videtur.

([1]) Ms. in-4°, f° 43. — *Opera postuma*, t. II, p. 585.

Theorema demonstrandum. — Si formula differentialis $\dfrac{(x-1)\,dx}{\log x}$ ita integretur ut, facto $x = 0$, integrale evanescat, tum vero statuatur $x = 1$, ejus valor æqualis est logarithmo binarii, ubi quidem logarithmi hyperbolici sunt intelligendi.

> De la main de Lagrange : *reçu le 26 janvier 1775,*
> *répondu le 10 février.*

30.

EULER A LAGRANGE.

A Saint-Pétersbourg, ce 23 mars 1775 ([1]).

MONSIEUR ET TRÈS HONORÉ CONFRÈRE,

Il est bien glorieux pour moi d'avoir pour successeur à Berlin le plus sublime géomètre de ce siècle, et il est certain que je n'aurais pu rendre à l'Académie un plus grand service qu'en prenant mon congé, et, à cet égard, je puis me vanter d'une grande supériorité sur vous, vu que vous ne lui sauriez jamais rendre un tel service.

J'ai parcouru avec la plus grande avidité les excellents Mémoires dont vous avez enrichi les derniers Volumes de Berlin et de Turin, où je n'ai pu assez admirer l'adresse et la facilité avec lesquelles vous traitez tant d'objets épineux qui m'ont coûté bien de la peine. Tel est le mouvement d'un corps attiré vers deux points fixes, et surtout l'intégration de cette équation différentielle

$$\frac{m\,dx}{\sqrt{A + Bx + Cx^2 + Dx^3 + Ex^4}} = \frac{n\,dy}{\sqrt{A + By + Cy^2 + Dy^3 + Ey^4}},$$

toutes les fois que les deux nombres m et n sont rationnels. Cette

---

([1]) Ms. f° 44. — *Opera postuma*, t. II, p. 586.

recherche renferme encore une autre branche, lorsqu'on y ajoute des numérateurs semblables, où il s'agit de trouver un tel rapport entre les variables x et y, que la somme ou la différence de deux telles formules deviennent algébriques; d'où j'ai tiré autrefois la solution de cette question :

Le quart d'une ellipse ACB étant donné (*fig.* 1), y trouver deux points P et Q tels que l'arc PQ soit précisément la moitié de l'arc AB.

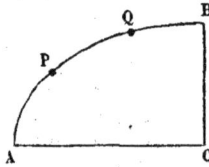

Cette matière me paraît avoir encore beaucoup *in recessu*.

Ce que vous me marquez, Monsieur, à l'occasion du petit théorème

$$\int \frac{(x-1)\,dx}{\log x} = \log^2,$$

en prenant $x = 1$, m'a extrêmement réjoui, et j'ai vu avec la plus grande satisfaction que vous en avez d'abord pénétré tout le mystère, et que vous avez poussé ces recherches beaucoup plus loin que je n'avais fait en quelque Mémoire composé sur ce sujet. J'ai été frappé surtout de cet excellent théorème que, en prenant l'intégrale depuis $x = 0$ jusqu'à $x = \infty$,

$$\int \frac{(x^n - x^m)\,d.x}{(1 + x^r)\log x}$$

est égal à

$$\int \left[\operatorname{tang} \frac{(n+1)\pi}{2r} \operatorname{tang} \frac{(m+1)\pi}{2r} \right],$$

de la vérité duquel je me suis d'abord convaincu par des séries infinies, qui m'ont fait connaître que cette intégrale $\int \frac{x^n\,dx}{(1+x^r)\log x}$, depuis $x = 0$ jusqu'à $x = \infty$, est toujours égale à $\log \operatorname{tang} \frac{(n+1)\pi}{2r}$, après avoir trouvé que $\int \frac{dz}{(1+z^2)\log z}$, depuis $z = 0$ jusqu'à $z = \infty$, est toujours égal à zéro. Comme vous aurez tiré sans doute ce beau théorème de celui-ci : que $\int \frac{x^{n-1}dx}{1+x^r}$, depuis $x = 0$ jusqu'à $x = \infty$, est égal à $\frac{\pi}{r\sin\frac{n\pi}{r}}$, je suis curieux d'apprendre où s'en trouve la démonstration ; car, quoiqu'il me soit connu depuis plus de quarante ans, je n'en ai néanmoins pu trouver une démonstration formelle que depuis peu de temps, et que je n'ai pas encore publiée.

J'attends avec beaucoup d'impatience de voir les profondes recherches que vous aurez communiquées sur ce sujet à l'Académie royale de Berlin.

Le paradoxe dont vous me parlez mérite sans doute toute l'attention des géomètres : que la différence entre ces deux formules intégrales $\int \frac{dy}{\log y}$ et $\int \frac{dz}{\log z}$, comprise entre les mêmes termes 0 et 1, soit égale à $\log \frac{n+1}{m+1}$, dont le dénouement consiste sans doute en ce que l'une et l'autre intégrale devient infiniment grande, où l'égalité n'empêche point que leur différence ne puisse être indéterminée, comme il arrive dans ces formules plus simples $\int \frac{dy}{y}$ et $\int \frac{dz}{z}$, prises depuis 0 jusqu'à ∞ où la différence peut devenir égale à une quantité quelconque, comme en prenant $y = az$, il y aura, sans doute,

$$\int \frac{dy}{y} - \int \frac{dz}{z} = \log a.$$

Je suis tombé ces jours-ci sur un problème mécanique qui m'a tourmenté beaucoup, quoiqu'il paraisse fort simple au premier coup d'œil. Il s'agit de déterminer le mouvement dont une barre descend en glissant sur un axe cylindrique, comme cette figure représente (*fig.* 2). L'analyse m'a d'abord conduit à deux équations différentio-différentielles, assez semblables à celles qui expriment le mouvement d'un corps attiré vers deux points fixes ; mais, jusqu'ici, je n'en ai pu tirer qu'une seule équation intégrale, en négligeant même le frottement ; mais, si l'on en voulait tenir compte, je ne vois d'autre ressource que de poursuivre le mouvement de la barre quasi pas à pas, et c'est sur ce pied que j'ai développé un cas déterminé.

Fig. 2.

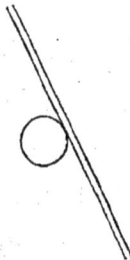

En parcourant le dernier Volume des *Mémoires de Berlin*, je ne fus pas peu surpris qu'il puisse encore être question d'un satellite de Vénus et même d'un tel, qui renverserait tous les principes de l'Astronomie; et je n'aurais pas cru non plus que le principe de la raison suffisante osât encore paraitre sur le théâtre.

Je suis entièrement convaincu, qu'à moins que vous ne réussissiez à retrouver les démonstrations perdues de Fermat, elles resteront perdues à jamais. Tous mes soins là-dessus ont été inutiles jusqu'ici, sans en exclure celui où il s'agit de prouver que cette égalité

$$x^n \pm y^n = z^n$$

est toujours impossible, à moins que l'exposant n ne soit au-dessous de 2. Nous avions cru autrefois que cette impossibilité s'étendait plus loin, à ces formules

$$a^3 \pm b^3 = z^3, \quad a^4 \pm b^4 \pm c^4 = z^4, \quad a^5 \pm b^5 \pm c^5 \pm d^5 = z^5, \quad \ldots;$$

mais il n'y a pas longtemps que j'ai été convaincu de la fausseté de la seconde, ayant trouvé quatre nombres a, b, c, d, tels que $a^4 + b^4 \pm c^4 + d^4$.

Vous recevrez en peu de temps le Volume XVIII de nos *Commentaires*, et la première classe du Tome XIX est déjà imprimée. J'y ai donné une idée d'étendre la Table des nombres premiers jusqu'au delà d'un million, où j'ai même donné tous les nombres premiers entre

1 000 000 et 1 002 000 ; un tel Ouvrage demanderait un Volume in-4°
de la même épaisseur que nos Commentaires.

Je finis, Monsieur, ayant l'honneur d'être, avec les sentiments du
plus parfait dévouement,

Votre très humble et très obéissant serviteur,

L. Euler.

P.-S. — Permettez-moi, Monsieur, d'ajouter encore deux théorèmes
qui me paraissent vrais, quoique je n'en aie pu encore trouver la démonstration :

Théorème I. — *Il n'y a point de courbe algébrique dont un arc quelconque soit égal au logarithme d'une fonction quelconque.*

Théorème II. — *Hormis le cercle, il n'y a point de courbe algébrique
dont un arc quelconque soit égal à un arc de cercle.*

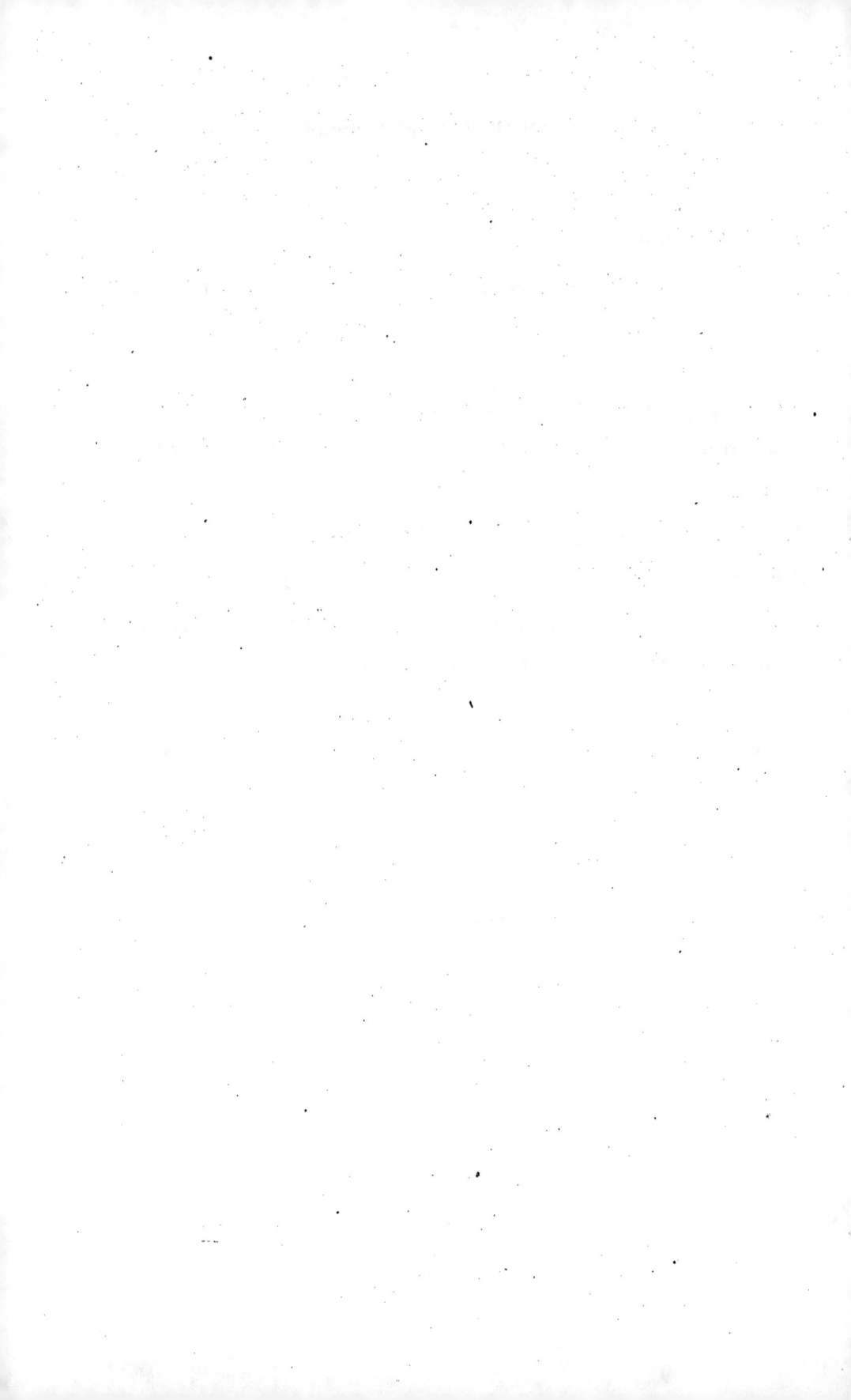

LETTRES ET PIÈCES DIVERSES.

LETTRES ET PIÈCES DIVERSES.

LAGRANGE AU COMTE GIULIO CARLO DA FAGNANO ([1]).

Torino, 24 décembre 1755.

Io mi sento in obbligo di supplicare la bontà di V. S. a volermi perdonare la omai troppo lunga negligenza, che ho finora usata nello scriverle; non essendomi mai più per tutto quest'anno approfittato della cortesia sua e dell'onore che ella mi ha ben sempre voluto fare di ricevere graziosamente le mie lettere. La cagione di questa mia si grande trascuraggine non viene certamente da mancanza di quell'affetto e stima, che io dappoichè ho avuta la sorte di poter entrare nel novero de'suoi devotissimi servidori, ho sempre avuta verso la chiarissima di lei persona, e che tuttavia conservo e per sempre conserverò viva nel più intimo del mio cuore; ma procede bensi parte dal non aver io più avuta cosa che mi paresse in qualche modo degna dell'attenzione di V. S., e parte anco da alcune occupazioni sovraggiuntemi, le quali mi

---

([1]) Cette lettre et les deux suivantes ont été publiées avec un intéressant commentaire par le savant académicien M. A. Genocchi, dans le tome IX des *Atti* de l'Académie des Sciences de Turin, à laquelle il les avait communiquées le 21 juin 1874, et que nous devons remercier ici de l'extrême bienveillance avec laquelle il a bien voulu parler de notre précédent Volume.

On trouvera plus loin (p. 263) une lettre de Lagrange à Lorgna en date du 25 mai 1781 que M. A. Genocchi a jointe à sa publication et que le prince Boncompagni a réimprimée.

Le comte Giulo Carlo de Fagnano, marquis de Toschi et de s. Onorio, né à Sinigaglia le 6 décembre 1682, mort le 26 septembre 1766. Il passait pour l'un des géomètres les plus distingués de l'Italie. Les Mémoires qu'il avait insérés dans les journaux italiens et dans les *Actes* de Leipsick ont été avec d'autres travaux inédits réunis par lui et publiés sous le titre de : *Produzioni matematiche*, in Pesaro, l'anno de Giubbileo, 1750, 2 vol. in-4°. — *Voir* l'analyse que Montucla en donne dans son *Histoire des Sciences mathématiques*, 1802, t. III, p. 285, note.

hanno tenuto, e mi tengono tuttora eziandio, non poco occupato. Nell'ultima lettera che io ebbi l'onore di scriverle, le dimandai se ella avea letta l'opera euleriana intitolata *Methodus maximorum et minimorum*, perciocchè io le stava facendo sopra alcune piccole riflessioni : ma ella mi rispose tosto che non aveva mai veduta detta opera, onde io conobbi che non poteva parteciparle niente di dette mie meditazioncelle, perchè esse supponevano una perfetta notizia del libro e delle materie. Se non fossero stati alcuni disturbi che m'hanno impedito, ne avrei probabilmente stampato il risultato di esse mie speculazioni con le sufficienti notizie. Ma non potendo, mi sono contentato di communicarle al signor Euler, autore di detto libro, il quale mi ha riposto con una onorevolissima lettera, esortandomi insieme a continuare a travagliare su detta materia che egli stima capace di essere ancor di molto approfondita. Essa non consiste in altro che nel tanto celebrato problema degli isoperimetri trovato prima dai fratelli Bernoulli, e di cui si rinvengono i principii nelle loro opere, e che fu poscia ridotto in formole e portato alla quasi massima possibile universalità nella detta opera euleriana. Ma il signor Euler per far questo ha seguite le traccie dei primi inventori, servendosi di certe costruzioni lineari ridotte per altro da esso a molta semplicità e perfezione. Laddove io coi puri primi principii del Calcolo differenziale, senza veruna linear costruzione, mi sono aperta la strada a trovar esse formole tutte con altre molto più astruse, facendo in poche righe star quelle risoluzioni dei detti problemi, per cui egli ha nel suo libro impiegate delle pagine tre e quattro di calcolo. Queste mie si fatte cosuccie non mancherò certamente di pubblicarle al più presto che mi sarà possibile. Se V. S. per altro ne desiderasse prima qualche notizia, non avrebbe che a comandarmi, avendole io ora ridotte a forma assai intelligibile per poco che si abbia di cognizione in detta materia. Questo è quanto io posso al presente dire a V. S. intorno a'miei studii matematici, de'quali mi si è sempre mostrata per sua infinita bontà non poco affezionata; e questo potrà anche in parte servire per mia giusta discolpa del silenzio cosi lungo sin ora usatole. Del resto non debbo tacerle l'impiego di fresco da

S. Maestà conferitomi di maestro nelle regie scuole matematiche d'artiglieria; il che certamente per esser io giovane di non ancor venti anni, è stato da tutti reputato per una cosa assai particolare e maravigliosa. Dico questo a V. S. perciocchè ella ha in questa mia promozione avuta buona parte per via delle cosi belle ed onorevoli lettere che si è degnata sempre di scrivermi, congiunte alla fama grandissima che qui appo di tutti ha la persona sua riguardo alle Matematiche. Ma questa lettera è ormai troppo lunga, e il volersi distendere ancora, saria un abusarsi troppo della bontà e cortesia somma di lei. Perciò faccio fine con annunciarle felicissime le prossime sante feste del Natale, e farle insieme i migliori augurii che da un servitor vero se le possano fare per il seguente prossimo anno e gli altri che verranno. Onde pregandola a conservarmi sempre la sua buona grazia resto, ecc.

LAGRANGE A ZANOTTI ([1]).

Turin, 17 novembre 1762 ([2]).

ILL^{mo} SIG^r SIG^r PRON. COL^{mo},

Io son vergognoso di aver indugiato tanto a rendere a V. S. Illma le dovute grazie del favore che le è piaciuto di farmi col dono del suo dottissimo libro *De viribus centralibus* ([3]). In colpa di ciò è stato unicamente il voler io, nel pagar questo debito a V. S. Illma, avere insieme

---

([1]) Francesco Maria Zanotti, philosophe et littérateur, né le 6 janvier 1692 à Bologne, où il est mort le 25 décembre 1777.

([2]) Cette lettre, dont l'original est à la bibliothèque de Bologne, fut communiquée à l'Académie des Sciences de cette ville, le 16 janvier 1873 par le vice-secrétaire, M. le professeur E. Beltrami, qui en devait la connaissance à M. le professeur Teza. Elle fut insérée dans les Comptes rendus des séances de la savante Compagnie (années 1873-1874, p. 97) et a été réimprimée dans les *Atti* de l'Académie des Sciences de Turin, mai-juin 1874, p. 758.

([3]) *De viribus centralibus, quibus corpora per sectiones conicas evolvuntur, centro virium in foco manente, brevis ac facilis expositio in capita sex distributa. Opusculum eorum gratia conscriptum, qui ad Newtonianorum physicam introduci volunt.* Bononiæ, 1762 (in-4° di p. 63, con 3 tavole).

E. B.

l'onore di presentarle il secondo Volume della nostra Società, che era ancor sotto il torchio quando io ricevetti le sue grazie. Io pensava di trasmettergliene un esemplare per mezzo di un mio amico che dee far il viaggio d'Italia; e questa ragione mi ha fatto procrastinare più del dovere a soddisfare al mio obbligo verso V. S. Illma onde per non differir di vantaggio ho preso ora il partito di servirmi della strada ordinaria della posta. La supplico pertanto a voler scusare questa mia troppa tardanza; e a ricevere il mio presente ossequio come un piccolo tributo dell'altissima stima e di riconoscenza che io le professo.

Ho letto con somma soddisfazione il sua trattato delle forze centrali; ed ho sopratutto ammirato la maniera facile, chiara ed elegante con cui ella ha saputo maneggiare una tal materia per sè molto difficile ed astrusa. Io me ne rallegro con lei davvero che abbia reso un cosi grande servizio ai studiosi di una scienza che ha sempre fatta la mia più grande passione. Mi farebbe V. S. Illma una somma grazia, se volesse onorarmi del suo giudizio intorno ai miei deboli lavori : la supplico umilmente di questa grazia e dell'onore di qualche suo comandamento mentre con tutto l'ossequio mi dico

Di V. S. Illma

Umil^{mo} devot^{mo} ed obbligat^{mo} servitore,

DE LAGRANGE.

LAGRANGE A LORGNA ([1]).

Berlin, 25 juin 1770.

MONSIEUR,

Je vous dois bien des excuses d'avoir été si longtemps sans avoir

([1]) Les dix lettres qui suivent ont été publiées avec un long commentaire par le prince Boncompagni dans le tome VI, mars 1873, de son *Bullettino di bibliografia delle Scienze matematiche e fisiche*, p. 131 et suiv. Les originaux sont conservés dans la bibliothèque communale de Vérone.

Antonio Maria Lorgna, géomètre, né à Cerea le 18 octobre 1735, mort à Vérone le 28 juin 1796.

l'honneur de vous répondre, et de vous remercier du beau présent (¹)
que M. Formey m'a fait de votre part. M. le comte Bernini, en m'envoyant votre Lettre, de Silésie, m'avait fait l'honneur de me marquer
qu'il comptait de passer par Berlin à son retour en Italie. J'ai donc
remis de jour en jour à vous écrire, dans l'espérance de pouvoir vous
faire parvenir plus sûrement ma lettre et mes remerciements par le
moyen de ce seigneur, mais ne l'ayant pas encore vu jusqu'à présent,
et ne sachant pas même s'il est encore en Silésie ou non, je ne veux
pas différer davantage à m'acquitter envers vous de mon devoir. J'ai lu
vos Ouvrages avec beaucoup de satisfaction, et j'y ai surtout admiré la
netteté et l'élégance avec laquelle vous avez traité des matières aussi
importantes que difficiles. Je voudrais bien pouvoir vous offrir aussi
quelque chose de ma façon; mais, jusqu'à présent, il n'y a rien d'imprimé de moi que ce qu'on trouve dans les *Mémoires de la Société de
Turin*, et dans les derniers Volumes de l'Académie de Berlin. J'ai
donné dans ceux-ci (année 1767) un Mémoire *Sur la résolution numérique des équations* (²), où j'ai fait un grand usage de la méthode des
substitutions des nombres naturels à la place de l'inconnue, que vous
avez aussi employée avec succès dans votre beau Mémoire *Sur la résolution des équations cubiques et carré-carrées* (³); mais, pour ce qui regarde
l'approximation, j'ai suivi une méthode différente de la méthode ordinaire de Newton, qui ne me paraît pas exempte d'inconvénients; on
imprime même actuellement dans le Volume de l'année 1768 (⁴) un
autre Mémoire sur la même matière, qui par son importance me paraît
mériter que les géomètres s'en occupent plus qu'ils n'ont fait jusqu'à
présent. Il ne serait pas impossible que je fisse un voyage en Italie ou
l'année prochaine ou celle d'après; et vous jugez bien que je passerai
par Vérone, ne fût-ce que pour avoir l'honneur de vous y voir et de

---

(¹) Il s'agit probablement de l'Ouvrage intitulé : *Opuscula mathematica et physica*; Vé-
rona, 1770, in-4°.

(²) *Voir* la présente édition, T. II, p. 539.

(³) *De æquationum cubicarum et biquadraticarum resolutione*. Ce Mémoire fait partie
des *Opuscula tria ad res mathematicas pertinentia*, 1767, in-4°.

(⁴) *Voir* la présente édition, T. II, p. 581.

vous assurer de l'estime infinie avec laquelle j'ai l'honneur d'être
Monsieur,

Votre très humble et très obéissant serviteur,

DE LAGRANGE.

LE MÊME AU MÊME.

Berlin, 1ᵉʳ juillet 1774.

MONSIEUR,

L'Académie acceptera avec reconnaissance la dédicace de l'Ouvrag
que vous avez dessein de lui présenter (¹); et elle a chargé M. Forme
de vous marquer ses sentiments sur ce sujet, comme vous pourrez l
voir par la Lettre ci-jointe. D'après ce que vous me dites de votre nou
velle méthode pour la sommation des séries, je ne doute pas que ce n
soit une découverte fort importante dans l'Analyse, et qui fasse beau
coup d'honneur à son auteur; il ne tiendra sûrement pas à moi qu
l'Académie ne lui rende la justice qui lui sera due. Lorsque vous vou
drez nous faire parvenir des exemplaires de votre Ouvrage, je vou
prierai d'adresser le paquet à M. Formey, parce que, en qualité d
Secrétaire, il a tous les ports francs. Je crois qu'il ne vous sera pas dif
ficile de le faire tenir ici par la voie de Vienne, qui, si elle n'est pas l
plus courte, me paraît du moins devoir être la plus commode et l
plus facile. Quant à mon voyage en Italie, je n'en ai pas abandonné l
projet; mais, comme il dépend de différentes circonstances qui ne son
pas en mon pouvoir, je ne puis savoir d'avance quand je pourrai l'exé
cuter. Un des principaux motifs qui me le font désirer est l'envie d
connaître personnellement plusieurs personnes de mérite qui fon
honneur à leur pays, et à la tête desquels je crois devoir vous placer

(¹) *Specimen de seriebus convergentibus;* Vérone, 1775, in-4°. — Voir *Bullettino*, p. 102

J'ai l'honneur d'être avec la plus parfaite considération, Monsieur,

Votre très humble et très obéissant serviteur,

DE LAGRANGE.

LE MÊME AU MÊME.

Berlin, le 23 février [1776].

MONSIEUR,

M. Formey m'a remis votre Lettre et un exemplaire de votre bel Ouvrage sur les séries; je vous remercie de l'une et de l'autre; je suis
d'autant plus sensible à l'attention dont vous m'honorez que je la
regarde comme une marque flatteuse de votre estime et de votre amitié
pour moi, et je vous prie d'être persuadé du vif désir que j'ai de les
mériter.

La méthode que vous employez pour la sommation des séries est
une des plus belles découvertes qu'on ait faites dans cette matière;
elle a même plus d'étendue que vous ne lui en donnez, puisqu'elle
s'applique aussi aux séries dont chaque terme est le produit du terme
précédent par un ou plusieurs facteurs donnés. Je ne doute pas que
vous n'ayez trouvé cette méthode de vous-même, mais elle ne pouvait
rester si longtemps inconnue aux géomètres. Aussi a-t-elle été déjà
donnée par M. Euler dans le Tome VI des anciens *Commentaires* de Pétersbourg (¹) dans un Mémoire intitulé : *Methodus generalis summandi
progressiones*. Je trouve même qu'elle n'a pas été inconnue à Leibnitz,
comme on le voit par les Lettres XXXVII et XXXVIII du *Commercium
philosophicum et mathematicum*, imprimé à Genève en 1745. On voit,
de plus, par la lettre XXXIX, que Jean Bernoulli avait aussi déjà eu
l'idée de réduire la sommation des séries des puissances réciproques à
la quadrature des hyperboles de différents ordres. Mais la difficulté de

---

(¹) Ce volume est de l'année 1739.

la sommation de ces sortes de séries consiste à trouver une méthode directe qui les réduise à la quadrature du cercle, ou aux logarithmes, et c'est à quoi on n'a pu parvenir jusqu'à présent, du moins pour les puissances impaires supérieures à la première. Quoique vous ayez été prévenu par ces grands géomètres, il n'y a pas moins de mérite de votre part à avoir fait cette découverte après eux; et je vous rends de mon côté toute la justice qui vous est due à cet égard.

J'ai l'honneur d'être avec la plus forte estime et la plus parfaite considération, Monsieur,

Votre très humble et très obéissant serviteur,

De Lagrange.

A Monsieur Lorgna, Colonel des Ingénieurs et Professeur de Mathématiques, à Verona.

LE MÊME AU MÊME.

Berlin, 12 mai 1777.

Monsieur,

Je réponds à la fois à vos deux Lettres du 5 mars et du 1er avril, que j'ai reçues presque en même temps. Je suis très sensible à tout ce que vous me dites d'obligeant et de flatteur, et à tout l'intérêt que vous prenez à ce qui me regarde; je ne puis mériter ces sentiments de votre part que par le désir que j'ai de m'en rendre digne, et je vous demande comme la grâce la plus flatteuse de me procurer des occasions de vous convaincre de toute l'estime et de toute l'amitié que vous m'avez inspirées. Je me tiendrai toujours très honoré de la correspondance d'une personne de votre mérite, et je ne plaindrai point les frais de poste pour recevoir des nouvelles de vos travaux, et de ceux de mes autres compatriotes qui font honneur à l'Italie.

Des deux équations que vous me proposez, je ne m'attacherai qu'à celle en y comme un peu plus simple, l'autre n'étant d'ailleurs, comme vous le remarquez, qu'une transformation de celle-ci par la substitution de $\frac{x-1}{2}$ à la place de y.

Je remarque d'abord que cette équation

$$(1+9z^2)\,d^2y + 12z\,dy\,dz - 2y\,dz^2 - (1+3z)^{-\frac{5}{3}}dz^2 - (1-3z)^{-\frac{5}{3}}dz^2 = 0,$$

étant du second ordre, son intégrale complète doit renfermer deux constantes arbitraires; ainsi l'intégrale que vous trouvez

$$y = -\frac{(1+3z)^{\frac{1}{3}}}{4} - \frac{(1-3z)^{\frac{1}{3}}}{4}$$

est doublement incomplète; et comme, d'ailleurs, vous n'exigez qu'une seule condition, savoir, que $y = 0$ lorsque $z = 0$, il s'ensuit que, après avoir satisfait à cette condition par le moyen d'une des arbitraires, l'expression de y doit encore en contenir une qui pourra être tout ce qu'on voudra.

La valeur précédente de y ne peut pas servir à trouver l'intégrale complète, mais elle sert, du moins, à simplifier l'équation en y faisant évanouir les termes en z seul; car, faisant

$$y = t - \frac{(1+3z)^{\frac{1}{3}}}{4} - \frac{(1-3z)^{\frac{1}{3}}}{4},$$

et substituant, on aura

$$(1+9z^2)\,d^2t + 12z\,dt\,dz - 2t\,dz^2 = 0.$$

J'observe présentement qu'on peut satisfaire à cette équation par cette valeur de t, savoir

$$t = (1+3z\sqrt{-1})^{\frac{1}{3}},$$

comme on peut s'en assurer par la substitution; d'où, à cause de l'ambiguïté du signe de $\sqrt{-1}$ et de ce que la variable t entre dans tous les termes de la proposée sous une forme linéaire, je conclus tout de suite l'intégrale complète de cette équation, laquelle sera

$$t = A(1+3z\sqrt{-1})^{\frac{1}{3}} + B(1-3z\sqrt{-1})^{\frac{1}{3}},$$

A et B étant deux constantes arbitraires. Ainsi, l'intégrale complète de la proposée en y sera

$$y = A\left(1 + 3z\sqrt{-1}\right)^{\frac{1}{3}} + B\left(1 - 3z\sqrt{-1}\right)^{\frac{1}{3}} - \frac{(1+3z)^{\frac{1}{3}}}{4} - \frac{(1-3z)^{\frac{1}{3}}}{4}.$$

Pour déterminer les deux constantes A et B, supposons en général que, lorsque $z = 0$, on doive avoir $y = a$ et $\dfrac{dy}{dz} = b$; donc

$$a = A + B - \tfrac{1}{2}, \qquad b = (A - B)\sqrt{-1};$$

d'où

$$A = \tfrac{1}{4} + \frac{a + \dfrac{b}{\sqrt{-1}}}{2}, \qquad B = \tfrac{1}{4} + \frac{a - \dfrac{b}{\sqrt{-1}}}{2},$$

et substituant,

$$y = (a + \tfrac{1}{2})\frac{\left(1 + 3z\sqrt{-1}\right)^{\frac{1}{3}} + \left(1 - 3z\sqrt{-1}\right)^{\frac{1}{3}}}{2}$$

$$+ b\frac{\left(1 + 3z\sqrt{-1}\right)^{\frac{1}{3}} - \left(1 - 3z\sqrt{-1}\right)^{\frac{1}{3}}}{2\sqrt{-1}} - \frac{(1+3z)^{\frac{1}{3}} + (1-3z)^{\frac{1}{3}}}{4}.$$

Ces deux expressions

$$\frac{\left(1 + 3z\sqrt{-1}\right)^{\frac{1}{3}} + \left(1 - 3z\sqrt{-1}\right)^{\frac{1}{3}}}{2} \quad \text{et} \quad \frac{\left(1 + 3z\sqrt{-1}\right)^{\frac{1}{3}} - \left(1 - 3z\sqrt{-1}\right)^{\frac{1}{3}}}{2\sqrt{-1}},$$

quoique sous une forme imaginaire, sont néanmoins toujours réelles, comme on peut s'en convaincre en réduisant en série les deux radicales cubiques. D'ailleurs il est facile de prouver que, si l'on prend un angle φ dont la tangente soit égale à $3z$, les deux quantités dont il s'agit deviendront

$$\sqrt{1 + 9z^2}\cos\tfrac{\varphi}{3} \quad \text{et} \quad \sqrt{1 + 9z^2}\sin\tfrac{\varphi}{3}.$$

Enfin, si l'on fait l'équation du troisième degré en x,

$$4x^3 - 3x\sqrt[3]{1 + 9z^2} - 1 = 0,$$

laquelle tombe dans le cas irréductible et a, par conséquent, trois racines réelles, et qu'on nomme x' et x'' deux des racines de cette équation, la troisième étant égale à $-x'-x''$, on prouvera aisément que les deux quantités proposées se réduiront, la première à $-x'-x''$ et la seconde à $\dfrac{x'-x''}{\sqrt{3}}$.

Voilà, Monsieur, tout ce que je puis vous dire sur l'équation sur l'intégration de laquelle vous m'avez fait l'honneur de me demander mon avis; je regrette de ne pouvoir mieux répondre à la confiance que vous avez bien voulu me témoigner.

J'ai été enchanté de faire la connaissance de M. le chevalier Sagramoso, qui a laissé ici une grande réputation. Nous avons beaucoup parlé de vous, et, lorsque vous aurez le bonheur de l'embrasser, je vous prie de me rappeler dans son souvenir et dans son amitié. Si je puis vous être bon à quelque chose dans ce pays, je vous prie de ne me point épargner, n'ayant rien tant à cœur que de vous donner des marques de l'estime et de la considération distinguée avec laquelle j'ai l'honneur d'être, Monsieur,

Votre très humble et très obéissant serviteur,

De Lagrange.

P. S. A l'égard de la méthode que vous proposez pour déduire l'intégrale complète de l'équation (m) de l'intégrale particulière $y = x$, elle ne me paraît pas pouvoir servir; et il me semble qu'elle ne donnera jamais autre chose que $y = x$.

———

LE MÊME AU MÊME.

Berlin, 20 décembre 1777.

Monsieur et très honoré Confrère,

J'ai reçu le paquet que vous avez bien voulu m'envoyer. M. Formey s'est chargé de faire parvenir à M. Euler ce qui le regarde. J'ai remis

de votre part un exemplaire à M. Bernoulli, et j'en ai présenté un autre
à notre Académie, laquelle m'a chargé de vous en témoigner sa reconnaissance (¹). Je suis, de mon côté, infiniment sensible à l'honneur
que vous m'avez fait de m'adresser un Ouvrage si important et dont je
sens tout le prix, quoiqu'il roule sur des matières qui me sont presque
étrangères, n'ayant jamais eu, jusqu'ici, occasion de m'en occuper
sérieusement. Je trouve vos réflexions très judicieuses, et je vous
exhorte à profiter autant qu'il vous est possible des circonstances
favorables où vous êtes pour cultiver une science si nécessaire et si
imparfaite encore, malgré les travaux de ceux qui vous ont précédé.
J'ai la collection de nos auteurs italiens, imprimée à Parme, et je l'ai
parcourue il y a quelque temps pour me mettre au fait de ce qu'on sait
ou qu'on croit savoir dans la théorie des fleuves; mais je dois vous
avouer que, à l'exception de quelques principes généraux dont l'application a rarement lieu, je n'y ai trouvé que des raisonnements et
des expériences trop vagues encore pour pouvoir servir de fondement
à une théorie rigoureuse et géométrique. Il en est, jusqu'ici, de cette
science comme de la Médecine pratique, laquelle, malgré son extrême
importance et malgré les belles découvertes qui ont été faites dans
l'Anatomie, la Chimie, l'Histoire naturelle, etc., n'est guère plus
avancée que du temps d'Hippocrate, si même elle ne l'est pas moins.
J'ai lu, il y a un an, un petit Ouvrage allemand dont j'ai oublié le titre
dans lequel on a rassemblé les résultats des recherches des principaux
auteurs d'Hydraulique; si la langue dans laquelle il est écrit ne vous
empêche pas de pouvoir le lire, je vous en enverrai un exemplaire à la
première occasion que je pourrai avoir; et, si vous souhaitez quelque
autre chose de ce pays, je vous prie de ne pas m'épargner; je vous
demande même, comme la grâce la plus flatteuse, de me procurer des
occasions de vous servir.

Je n'ai rien à ajouter à ce que j'ai eu l'honneur de vous mander touchant l'intégration des équations que vous m'aviez proposées; il me

_____

(¹) Il s'agit, comme on le voit quelques lignes plus bas, de l'Ouvrage de Lorgna intitulé :
Memorie intorno all'acqui correnti; Vérone, 1777, in-4°.

paraît impossible de délivrer des imaginaires l'expression des racines des équations du troisième degré dans le cas irréductible, à moins de la réduire en suite infinie ; mais cette expression, ainsi compliquée d'imaginaires, ne représente pas moins une quantité réelle, ainsi qu'on le démontre dans le théorème de la trisection de l'angle. Je regarde comme un des pas les plus importants que l'Analyse ait faits dans ces derniers temps, de n'être plus embarrassée des quantités imaginaires et de pouvoir les soumettre au calcul comme les quantités réelles. En général, il me semble qu'il est aussi impossible de délivrer l'expression de la racine, dans le cas irréductible, des imaginaires, qu'il le serait de délivrer la valeur de la diagonale de l'irrationnalité radicale.

J'ai l'honneur de vous souhaiter, dans ce renouvellement d'année, toute sorte de prospérité et de bonheur, et de vous renouveler les assurances des vifs sentiments d'estime et d'amitié que vous m'avez inspirés.

Votre très humble et très obéissant serviteur,

DE LAGRANGE.

LE MÊME AU MÊME.

10 juillet 1778.

MONSIEUR,

Recevez mes très sincères remerciements du nouveau présent dont vous venez de m'honorer. J'ai présenté un exemplaire de votre Ouvrage à notre Académie qui m'a chargé de vous en témoigner sa vive reconnaissance. M. Bernoulli étant actuellement absent, je n'ai pas pu m'acquitter de votre commission, mais je ne manquerai pas de lui remettre à son retour l'exemplaire que vous lui avez destiné. J'ai prié M. Formey de se charger de faire parvenir votre paquet à M. Euler, et il m'a promis de profiter pour cela de la première occasion qui se présentera. J'ai lu avec beaucoup de satisfaction vos recherches sur le cas irréductible (¹),

(¹) *De casu irreductibili tertii gradus et seriebus infinitis exercitatio analytica*; Vérone, in-4°, 1771.

et je ne doute pas qu'elles ne méritent le suffrage de tous les géomètres par tout ce qui regarde la manière dont vous réduisez au Calcul intégral la résolution des équations du troisième degré. Quoique cette idée ne soit pas nouvelle, il me semble que personne n'avait encore rempli cet objet par une analyse aussi simple et élégante que la vôtre. Le calcul que vous donnez à la page 18, § XVII, me parait sujet à quelques difficultés que je vais prendre la liberté de vous exposer. La question consiste à éliminer S des deux équations

$$R^3 - 3RS = \frac{q}{2}, \qquad (3R^2 - S)\sqrt{-S} = \sqrt{\frac{q^2}{4} - \frac{p^3}{27}};$$

en tirant de la première la valeur de S et la mettant dans la seconde après l'avoir carrée, je trouve, après la réduction de cette réduite en R,

$$(2R)^9 - 3q(2R)^6 + (3q^2 - p^3)(2R)^3 - q^3 = 0,$$

qui se décompose en ces deux-ci

$$(2R)^3 - p(2R) - q = 0$$

et

$$(2R)^6 + p(2R)^4 - 2q(2R)^3 + p^2(2R)^2 - pq(2R) + q^2 = 0.$$

La première n'est autre chose que la proposée

$$x^3 - px - q = 0,$$

en y supposant $x = 2R$, ce qui s'accorde avec votre équation (E); la seconde est une autre équation étrangère à la question. Ainsi, cette analyse ne mène à rien de nouveau et ne peut pas servir à prouver que l'expression de Cardan est réelle, puisqu'on ne fait que retrouver la même équation du troisième degré dont cette expression est la racine.

La différence entre mon calcul et le vôtre vient de ce que vous avez substitué à l'équation

$$3R^2\sqrt{-S} - S\sqrt{-S} = \sqrt{\frac{q^2}{4} - \frac{p^3}{27}}$$

cette autre

(B) $$\qquad 3R^2 S - S^2 = \sqrt{\frac{p^3}{27} - \frac{q^2}{4}},$$

qui ne lui est nullement équivalente, comme vous pouvez vous en convaincre avec un peu de réflexion.

Si vous avez occasion d'écrire à M. le bailli de Sagramoso, je vous prie de lui dire combien j'ai été flatté de la marque de souvenir qu'il a bien voulu me donner, et combien je désirerais avoir des occasions de le convaincre du cas infini que je fais des sentiments dont il veut bien m'honorer. J'ai fait ses compliments à M. le marquis de Rosignan et à l'abbé Bastiani : le premier est parti pour retourner en Piémont, et le second est en Silésie, d'où je doute qu'il revienne tant que la guerre durera.

On imprime actuellement le Volume de 1776, et il ne serait pas impossible que les circonstances ne retardassent encore davantage l'impression des Volumes suivants.

J'ai l'honneur d'être avec la plus parfaite considération, Monsieur et très honoré Confrère,

Votre très humble et très obéissant serviteur,

DE LAGRANGE.

LE MÊME AU MÊME.

Berlin, 25 mai 1781 (1).

ILL^{mo} SIG^r PRON. ST^{mo},

Ho avuto le due lettere ch'ella si è compiaciuta di scrivermi per invitarmi ad aver parte nella raccolta che si sta apparecchiando costì dalla società privata da lei nuovamente formata. Io le chiedo prima scusa della mia trascuranza nel rispondere, cagionata unicamente dalle mie occupazioni, le rendo poscia infinite e distinte grazie dell'onore ch'ella mi fa con tal invito, e della memoria che conserva di me : per quanto io sia ansioso di meritare questo onore, e di mostrarmi nello

---

(1) Cette lettre a été insérée en 1874 par M. Genocchi dans le tome IX (p. 761) des *Atti* de l'Académie des Sciences de Turin.

stesso tempo buon compatriota, non posso non di meno prometterle cosa alcuna per il primo tomo, non avendo ora altro in pronto se non alcune Memorie lette all'Accademia e destinate per i volumi di essa. Procurerò quanto prima di dar l'ultima mano ad alcune coserelle, et se riusciranno non del tutto indegne della sua attenzione avrò l'onore di trasmettergliele acciocchè ella ne faccia quell'uso che le parrà. Ho veduto il prodromo dell'*Enciclopedia italiana* (¹) e ne son rimasto assai soddisfatto, se non che i due articoli di Matematica mi son paruti troppo diffusi, e troppo discosti dallo scopo di una enciclopedia. Avrei caro di sapere se questo lavoro verrà continuato non ostante la morte dell'Editore.

La prego a conservarmi la sua amicizia di cui sono ambizioso, e a voler gradire i miei ossequiosi sentimenti, co'quali ho l'onore di protestarmi

Di V. S. Illma

Um° Dm° Ob^mo Serv^re,

DE LAGRANGE.

A Monsieur Lorgna, Colonel des Ingénieurs, des Académies de Berlin, Pétersbourg, etc., etc., à Vérone.

LE MÊME AU MÊME.

Berlin, 30 juillet 1782.

MONSIEUR,

Je voulais attendre à vous répondre que je pusse vous envoyer quelque chose pour votre nouvelle Société; mais, différentes occupa-

---

(¹) Ce projet d'encyclopédie à l'instar de l'*Encyclopédie* de d'Alembert n'eut pas de suite. « E noto, dit le prince Boncompagni (p. 128), che anima di questa impresa era il Veneziano Alessandro Zorzi, che, al tempo in cui vi fu posto mano, abitava in Ferrara sotto un medesimo tetto col Malfatti, al quale era legato dalla più candida amicizia. L'immatura morte di questo ardimentoso interruppe l'esecuzione del vasto disegno, cui dunque s'avea dato cominciamento già colla pubblicazione del Prodromo. »

tions m'ayant toujours empêché de mettre la dernière main à quelques Mémoires que je lui destinais, je ne puis encore que vous témoigner mon regret de ne pouvoir profiter de vos invitations obligeantes et flatteuses, et vous prier de vouloir bien en recevoir mes très humbles et très sincères excuses. L'objet principal de cette lettre est de vous recommander M. le chevalier de Ribas qui a bien voulu s'en charger, et qui m'a paru désirer et mériter de faire votre connaissance. Je suis persuadé que vous serez charmé, de votre côté, de connaître en lui un de nos compatriotes qui, par son mérite et la faveur dont il jouit à la cour de Pétersbourg, fait beaucoup d'honneur à sa patrie, et qui est, d'ailleurs, grand ami de notre très respectable comte de Sagramoso. Je ne doute pas qu'à ces titres vous ne vous fassiez un plaisir de lui procurer tous les agréments qui dépendront de vous, et je vous en aurai, en mon particulier, de grandes obligations.

Il est vrai qu'on m'avait fait, vers la fin de l'année passée, quelque proposition vague pour l'Académie de Naples ; mais, le peu de disposition que j'ai montrée à entrer dans une nouvelle carrière et peut-être quelques circonstances que j'ignore ont dû déranger ce projet. Je ne désespère, cependant, pas de trouver quelque jour l'occasion de voir l'Italie, et je me ferai une fête de vous assurer en personne des vifs et sincères sentiments d'estime et de reconnaissance que je vous ai voués et avec lesquels j'ai l'honneur d'être, Monsieur,

Votre très humble et très obéissant serviteur,

De Lagrange.

LE MÊME AU MÊME.

Berlin, 17 juin 1783.

Monsieur,

Je n'ai reçu que depuis peu, quoique par la voie assez coûteuse de la poste, le paquet que vous m'aviez annoncé dans votre lettre du

XIV.   34

18 janvier; c'est ce qui a retardé ma réponse et mes remerciements; je vous [prie] d'en recevoir mes très humbles excuses. Le Volume de la Société italienne (¹), sur lequel je n'ai pu encore que donner un coup d'œil, me paraît également recommandable [tant] par la beauté de l'impression que par l'importance des matières qui y sont traitées. Je désire de tout mon cœur que cette entreprise, propre à faire honneur à son auteur et au pays, puisse être continuée, et je voudrais bien pouvoir y concourir aussi, ne fût-ce que pour répondre à l'honnêteté de vos sollicitations; mais, n'ayant actuellement rien de prêt et devenant de jour en jour plus difficile sur mes Ouvrages, je ne puis encore prévoir quand je serai en état de fournir mon contingent à cet égard.

Je présenterai jeudi, de votre part, à l'Académie un exemplaire de ce Volume, et j'en remettrai un autre à M. Formey pour qu'il le fasse passer à M. Euler, mais sans la lettre dont vous l'aviez accompagné, puisqu'elle ne s'est point trouvée dans le paquet. Quant à celui que vous m'avez destiné, je le garderai avec le Traité de Statique qui y est joint (²), comme une marque flatteuse des sentiments dont vous m'honorez. Je ne doute pas que ce nouveau présent de votre part, en augmentant ma reconnaissance, n'augmente aussi beaucoup la grande opinion que j'ai de vos talents, ainsi que l'estime particulière qu'ils m'ont inspirée, et avec laquelle j'ai l'honneur d'être, Monsieur,

Votre très humble et très obéissant serviteur,

DE LAGRANGE.

A monsieur Lorgna, Directeur des Écoles militaires, etc., à Vérone.

(¹) *Voir* la note 1 de la page suivante.
(²) *Saggi di Statica e Mecanica applicate alle arti;* Verona, in-8°, 1782.

LE MÊME AU MÊME.

Berlin, 1er octobre 1786.

Monsieur,

J'aurais dû vous remercier plus tôt de l'honneur que vous m'avez procuré de la part de la Société italienne ([1]), et auquel je suis très sensible; mais, si le témoignage de ma reconnaissance est un peu tardif, elle n'en est pas moins vive, ni moins sincère. Je vous dois maintenant de nouveaux remerciements pour les Mémoires que vous avez bien voulu m'envoyer par M. le prince de Cardite. Je les ai lus avec plaisir, et j'ai remis à M. Achard ([2]) ceux qui traitent d'objets physiques.

Vos remarques sur l'alcali marin et sur la nature de la magnésie me paraissent fort curieuses ([3]), et elles deviendront des découvertes intéressantes si des expériences décisives peuvent leur imprimer le sceau de la certitude.

A l'égard de votre nouvelle méthode de Calcul intégral ([4]), elle me semble plus ingénieuse qu'exacte, car l'emploi d'une intégrale incomplète altère et dénature l'équation différentielle, en sorte qu'elle ne saurait plus avoir, en général, la même intégrale complète qui résulte de sa forme primitive; c'est ce qui se trouve vérifié par votre premier exemple de la page 192, où l'intégrale complète que vous trouvez n'est pas la véritable, comme on peut s'en convaincre par la différentiation même, ou par la comparaison de cette intégrale avec celles qui résultent des autres méthodes.

([1]) Il avait été nommé l'un des quarante Membres dont se composait la *Società italiana*, société dont Lorgna avait été l'un des fondateurs et qui publia son premier volume de Mémoires à Vérone, en 1782, in-4°. *Voir* les statuts dans le tome III.

([2]) Friedrich Carl Achard, physicien et chimiste, membre de l'Académie de Berlin (1776), mort le 21 avril 1821.

([3]) *Ricerche intorno all'origine del natro o alcali marino nativo,* dans le tome III des *Memorie della Società italiana,* p. 39.

([4]) *Sopra l'integrazione della formula* $Q\,dx + P y^2\,dx + dy = 0$ *(Ibid.* p. 220).

Si je suis quelquefois en reste avec vous des devoirs que vos attentions obligeantes exigent de moi, je vous prie, Monsieur, d'être persuadé que je ne le suis jamais des sentiments que je dois à votre mérite et à l'amitié dont vous m'honorez, et avec lesquels j'ai l'honneur d'être, Monsieur,

Votre très humble et très obéissant serviteur,

DE LAGRANGE.

A monsieur le chevalier Lorgna, des Académies de Pétersbourg, Berlin, etc., à Vérone.

LAGRANGE AU SECRÉTAIRE PERPÉTUEL DE L'ACADÉMIE DES SCIENCES (GRANDJEAN DE FOUCHY).

Berlin, 29 juin 1772 (¹).

MONSIEUR,

La lettre dont vous m'avez honoré pour me notifier ma réception à l'Académie (²), quoique datée du 28 mai, ne m'est parvenue que le 25 de ce mois. Ce délai a un peu retardé ma joie et ma reconnaissance. Comme je crois qu'il est de mon devoir d'écrire des lettres de remerciements au Ministre et à l'Académie, je vous prie de me permettre de vous les envoyer. Celle qui est adressée à votre illustre Compagnie (³) ne contient qu'une faible expression de ma vive reconnaissance et du vrai désir que j'ai de mériter l'honneur dont elle vient de me combler.

(¹) Nous donnons cette lettre d'après le fac-similé publié par l'*Isographie* (1843), où l'on indique que l'original appartenait à Mᶫᶫᵉ Cuvier. Cette pièce, sans aucun doute, avait fait partie des Archives de l'Académie des Sciences.

(²) Séance du 20 mai 1772 : « L'Académie ayant procédé suivant la forme ordinaire à l'élection d'un sujet pour remplir la place d'Associé étranger de M. Morgagni, la pluralité des voix a été pour M. de Lagrange. » (Procès-verbaux manuscrits de l'Académie des Sciences.)

(³) Lue dans la séance du 11 juillet 1772, elle n'a pas été copiée sur le registre.

Oserais-je vous prier, Monsieur, de vouloir bien y suppléer vous-même, et être auprès d'elle l'interprète des profonds sentiments dont je suis pénétré à la vue de ses bontés?

J'ai l'honneur d'être, avec la plus grande considération et avec le plus sincère dévouement, Monsieur,

Votre très humble et très obéissant serviteur,

LOUIS DE LAGRANGE.

LAMBERT A LAGRANGE.

19 janvier 1774 (¹).

C'est avec bien des remerciements que j'ai l'honneur de renvoyer à M. de Lagrange la pièce sur les comètes ci-incluse et les deux Ouvrages sur les perturbations de Saturne.

Quant à la pièce sur les comètes, je crois n'en devoir juger que comparativement, ce qui pourra se faire après avoir reçu et lu celle qui a concouru en même temps (²); car la valeur absolue de la ci-incluse pourrait être bien plus grande qu'elle ne me paraît. Je souhaiterais surtout que l'auteur eût trouvé quelques nouveaux théorèmes qui pourraient conduire plus directement au but que ceux qui sont déjà connus.

Dans la pièce de M. Euler, de 1748, il y a, page 107, un troc de la quantité $-243'' \int (2\omega - p)$ que donne la théorie, contre $+297'' \int (2\omega - p)$, que donnent les observations. Avec tout cela, M. Euler dit avoir calculé juste. Mais, tout en changeant le coefficient, il retient la période.

LAMBERT.

(¹) Mss. in-4°, t. V, f° 196.
(²) Il s'agit du concours pour un prix proposé par l'Académie de Berlin, sur la théorie des comètes, et qui fut remis à l'année 1778. *Voir* t. XIII, p. 284 et, plus haut, p. 21.

LAGRANGE A J.-J. DE MARGUERIE.

De Berlin, 24 février 1774.

(Fragments) (¹).

..... Je vois avec la plus profonde satisfaction que vous avez hérité
du génie de feu M. Fontaine (²), et je vous crois destiné à réparer la
perte que les Sciences ont faite par la mort prématurée de ce grand
géomètre.....

Votre méthode pour trouver l'équation résolvante d'un degré quelconque me plaît beaucoup. Elle a l'avantage de donner cette équation sous la forme la plus simple qu'il soit possible, et je crois que
cette méthode peut être aussi d'une très grande utilité dans beaucoup
d'autres occasions. Mais la longueur du calcul pourrait rebuter ceux
qui n'auraient pas autant de courage et de dextérité que vous à le manier.....

J'ai admiré comment, à l'aide de substitutions convenables, vous
avez trouvé moyen de simplifier le calcul de l'élimination et surtout
de vous débarrasser des facteurs inutiles qui font monter l'équation
finale à un degré beaucoup plus élevé qu'elle ne doit être. Je crois que
vous êtes le premier qui ait donné le résultat de l'élimination pour le
cinquième degré. C'est un véritable service que vous avez rendu aux
analystes ; mais il serait à désirer que l'on pût trouver la loi de ces

---

(¹) Les fragments de cette lettre dont, malgré nos recherches, nous n'avons pu retrouver l'original, ont été publiés par M. Levot dans l'article du Supplément de la *Biographie
universelle*, consacré à Marguerie. Les éloges donnés par Lagrange au savant officier de
marine se rapportent aux travaux qu'il avait insérés dans le Tome unique des *Mémoires
de l'Académie de Marine*. — *Voir* plus haut, p. 17 et 18.

(²) « Le comte de Roquefeuil, mort vice-amiral, protecteur éclairé des Sciences qu'il
cultivait lui-même avec succès, raconte M. Levot, ayant entendu faire l'éloge de Marguerie, consulta Fontaine qui lui répondit : « Qu'il était au moins aussi fort que lui sur
l'Analyse ». *Voir* l'article cité dans la note précédente, p. 127.

résultats pour les degrés successifs ; cela serait surtout utile pour le cas où l'on a à traiter des équations numériques.....

..... Ce que vous avez fait sur les séries mérite également la reconnaissance des géomètres. Quoique vos méthodes ne soient pas tout à fait nouvelles, l'application que vous en avez faite n'en est pas moins intéressante. Il est surtout fort satisfaisant d'avoir des formules générales toutes calculées, auxquelles on puisse rapporter sur-le-champ chaque cas particulier.....

LAGRANGE AU P. GHERLI ([1]).

Berlino, 5 juglio 1776.

Troppo d'onore m'ha fatto V. R. col mandarmi un esemplare del suo nuovo Corso di Matematica, pervenutomi solamente la settimana passata, e le ne rendo le dovute cordialissime grazie. Io l'ho scorso con grandissima soddisfazione, ed ho ammirato la vasta erudizione matematica di V. R., e la singolare chiarezza con cui ella ha sviluppati i più profondi misteri dell'Analisi. Codesto corso è a mio giudizio il più compito di quanti sin'ora ne siano stati pubblicati, e la nostra Italia ha grandi obbligazioni a V. R. per un cosi prezioso dono. Me ne rallegro seco moltissimo, e spero, che alla sarà per ricevere quell'applauso, che è ben dovuto alle sue nobili fatiche. Il secondo Tomo è interessantissimo per il gran numero di materie, che vi son contenute, e che mancano nella maggior parte degli altri trattati d'Algebra. Desidererei che ella avesse avuto il comodo di leggere una lunga memoria sulle equazioni, che si trova ne'due primi Tomi de'nuovi *Atti* della nostra Accademia, perchè son certo, che ella avrebbe trovato da poterne ca-

([1]) Odoardo Gherli, dominicain, mathématicien, né à Guastalla en 1730, mort à Parme en 1780. — Cette lettre, publiée en 1777 dans la préface du tome VII des *Elementi delle matematiche pure* de Gherli, a été réimprimée par M. Genocchi dans le tome IX, p. 760, des *Atti* de l'Académie des Sciences de Turin.

vare alcune riflessioni per rischiarire i metodi del Cardano, del Bombelli ([1]), ecc. Bramerei ancora, che V. R. avesse detto qualche cosa intorno alle radici immaginarie, e alla maniera di ridurle alla forma $A + B\sqrt{-1}$ mediante la multiplicazione degli angoli. Il metodo dell'Articolo IX del Capo III per trovar le radici delle equazioni numeriche è stato da prima proposto dal Lagni nel Tomo delle *Memorie di Parigi* dell'anno 1722 ([2]), ed è certo uno de' più semplici e più esatti, che aver si possano; ma egli richiede di essere accompagnato dalle regole, che ho date nella mia Memoria sopra questo argomento, le quali servono a far conoscere qual progressione aritmetica si debba scegliere per sicuramente scoprire tutte le radici dell'equazione proposta.

Aspetto con gran desiderio il settimo ed ultimo Tomo, nel quale spero di trovare la maggior parte de'metodi concernenti il calcolo integrale, e soprattutto quelli che sono stati scoperti in questi ultimi tempi. Io ho letto l'anno passato alla nostra Accademia una Memoria, che contiene una aggiunta importante da farsi al Calcolo integrale; essa sarà pubblicata nel Tomo, che è di presente sotto il torchio; ma poichè ne ho fatti tirare alcuni esemplari a parte, procurerò di trasmettergliene uno costì in Modena per la via di Torino, acciocchè, se sarò ancora in tempo, e se lo giudicherà a proposito, ne possa fare un estratto per inserirlo nel medesimo Tomo.

Ho l'onore di protestarmi colla più profonda stima
Di V. Riv.

Umil[mo] ed oblig[mo] serv.,

De Lagrange.

([1]) Jérôme Cardan, né à Pavie le 24 septembre 1501, mort à Rome le 21 septembre 1576. — Raphaël Bombelli, né à Bologne au XVIe siècle. Il a laissé un célèbre Traité d'Algèbre (en italien), publié à Bologne, en 1572 et 1579; in-4°.

([2]) *Traité des progressions arithmétiques de tous les degrés à l'infini,* dans les *Mémoires de l'Académie des Sciences,* année 1722, p. 264. — Thomas Fantet de Lagny, né à Lyon en 1660, membre de l'Académie des Sciences (1695), mort à Paris le 12 avril 1734. *Voir* son éloge par Fontenelle dans le Volume de 1734, p. 107.

BEAUSOBRE A LAGRANGE.

(1776) (¹).

M. de Lagrange pourrait-il me communiquer son Mémoire sur l'établissement pour le fonds des veuves? Un de mes amis voudrait le lire. Je lui réponds qu'il ne s'agit pas de le copier, ni d'en faire un extrait, ou d'en communiquer quelques idées au public. Je sais trop ce que les gens de lettres se doivent pour risquer de demander quelque chose qui puisse par la suite causer quelques regrets à M. de Lagrange.

Au dos, de la main de Lagrange :
J'ai envoyé mon Mémoire à M. de Beausobre le 14 avril 1776.

LAGRANGE A ....

Berlin, 11 juillet 1778 (²).

Monsieur,

M. Verney, qui est parti il y a huit ou dix jours avec M. le marquis de Rosignan, vous remettra d'abord un paquet de ma part contenant quatre estampes du Roi (³), dont deux, une grande et une petite, sont pour vous, et dont les deux autres sont destinées pour mon père, à qui je vous prie de vouloir bien les remettre. M. Verney a bien voulu se charger aussi d'un autre paquet pour vous, contenant les deux premiers Volumes de l'*Histoire diplomatique universelle* de M. Weguelin (⁴),

---

(¹) Mss. in 4°, t. VI, f° 76. Ce billet n'est ni daté, ni signé, mais la Note écrite au dos par Lagrange indique suffisamment, outre la date, le nom du signataire, Louis de Beausobre, membre de l'Académie de Berlin (1755), mort le 3 décembre 1783.

(²) Cette lettre a été publiée dans la *Revue philosophique* (t. VIII, p. 633) par M. Charles Henry, d'après l'original conservé à la Bibliothèque Nationale (Ms. fr. *Acquisitions nouvelles*, n° 4073).

(³) Du roi de Prusse.

(⁴) Jacques Wegelin, membre et archiviste de l'Académie de Berlin, né à Saint-Gall en 1721, mort à Berlin en 1791. Son *Histoire,* qui finit avec la dynastie des Carlovingiens, forme trois Volumes in-4° (1776-1780). — *Voir* Tome XIII, p. 317, 324.

mais vous ne le recevrez que lorsque l'équipage de M. le marquis de Rosignan sera arrivé ; je profiterai des occasions qui se présenteront pour vous envoyer la suite de cet Ouvrage, à mesure qu'elle paraîtra. Je vous remercie d'avance de tout ce que vous voulez bien m'envoyer ; mais je vous avoue que j'ai maintenant quelque inquiétude sur l'envoi de M. Rabbi, à cause des grandes armées qui sont maintenant en campagne et qu'on ne peut éviter de traverser pour entrer dans ce pays, à moins de faire un grand détour. J'ai répondu à tous les articles de votre dernière lettre, dans celle que j'ai insérée dans le paquet que M. Verney vous remettra à son arrivée à Turin ; ainsi je n'y reviendrai plus ici. Je ne vous donnerai pas non plus des nouvelles de guerre, ne s'étant jusqu'à présent encore rien passé, du moins que je sache, entre les différentes armées ; mais, comme on assure que le Roi est entré en Bohême, on ne tardera pas à apprendre quelque chose d'intéressant. Je vous félicite de n'être que spectateur de cette grande tragédie qui va se jouer dans nos quartiers.

Je suis bien fâché du désagrément que vient d'avoir notre ami Denina (¹), que j'aime et que j'estime infiniment. J'espère qu'on aura égard à son mérite et à l'honneur qu'il fait à sa patrie ; mais ce que je n'espère presque pas, c'est qu'il puisse se corriger de ces petites étourderies, qui, dans un pays tel que le vôtre, ne laissent pas de faire beaucoup de mal. Je crois que, en général, un des premiers principes que doit avoir tout homme sage, c'est de se conformer strictement aux lois du pays dans lequel il vit, quand même il y en aurait de déraisonnables. D'ailleurs, j'ai toujours observé que, en général, les Ouvrages, qui ont attiré le plus de contradictions et de tracasseries à leurs auteurs, n'étaient pas ceux qui étaient les plus propres à leur acquérir une réputation solide, témoin l'*Encyclopédie* et plusieurs autres Ouvrages français et même italiens. Notre grand Galilée ne doit sa vraie gloire qu'à ses découvertes sur le mouvement et sur les satellites de

---

(¹) Il avait publié un Livre intitulé : *Dell'impiego delle personne* (Florence, 1777). L'édition fut supprimée ; et l'auteur exilé à Verceil perdit la chaire qu'il occupait à l'Université de Turin.

Jupiter. Ses fameux Dialogues, auxquels il a dû tous ses malheurs, sont le moins bon de tous ses Ouvrages, et l'on n'en peut plus soutenir la lecture. Sans eux, il aurait vécu plus heureux, et serait peut-être devenu encore plus grand par d'autres découvertes. Je gage que le nouvel Ouvrage de notre ami, dont il n'a que du chagrin, est bien au-dessous de son Histoire d'Italie ([1]), qui ne lui a produit que de la satisfaction. Que ne s'exerce-t-il dans la carrière de l'Histoire, où il a déjà eu tant de succès? C'est la partie de la Littérature que j'estime le plus, et où il y a le moins de danger, pourvu qu'on veuille adopter la devise que devrait prendre tout historien : *sine ira et studio.* J'ai été autrefois plus que personne entiché de ces petitesses, et irrité des per-sécutions auxquelles je voyais souvent les gens de lettres exposés ; mais je vous assure que j'en suis bien désabusé. L'âge et peut-être plus encore le climat où je vis m'ont donné un sang-froid que je n'avais pas, et qui me fait voir maintenant bien des choses sous un autre aspect que celui où j'avais coutume de les voir.

Je joins aux deux jetons une médaille de l'Impératrice de Russie, frappée à l'occasion du dernier Jubilé académique, et que j'ai reçue de l'Académie. On m'a dit que la tête de l'Impératrice est très ressem-blante.

Voici deux Lettres que je prends la liberté de vous envoyer et que je vous prie de remettre à leurs adresses. Saluez de ma part tous nos amis communs, et donnez-moi surtout des nouvelles de notre ami Denina, pour qui je prends tout l'intérêt qu'un mérite tel que le sien peut inspirer. Je vous prie aussi de dire au Dr Cigna ([2]) que je viens enfin de recevoir son paquet du 10 novembre, et que je lui répondrai inces-samment; j'ai demandé de ses nouvelles à M. Richeri, secrétaire de M. le comte Fontana, qui est son compatriote et même son parent, sui-vant ce qu'il m'a dit, mais il n'a pu m'en donner ne l'ayant pas vu avant son départ de Turin.

Conservez-moi votre précieuse amitié dont je fais le plus grand cas,

---

([1]) Son Ouvrage *Delle rivoluzioni d'Italia* avait paru de 1769 à 1771, 9 vol. in-4°.
([2]) J. Fr. Cigna, anatomiste, né à Mondovi, le 2 juillet 1734, mort à Turin en 1790.

et à laquelle je tâche de répondre par toute la mienne, et par les vifs sentiments d'estime et de considération avec lesquels j'ai l'honneur d'être, Monsieur,

Votre très humble et très obéissant serviteur,

DE LAGRANGE.

LAGRANGE A BÉZOUT.

Berlin, le 12 juillet 1779 ([1]).

MONSIEUR,

Je vous dois des remerciements infinis, non seulement pour l'honneur que vous m'avez fait en m'envoyant votre *Théorie des équations* ([2]), mais encore pour le plaisir que la lecture de cet Ouvrage m'a causé. J'y ai trouvé beaucoup à m'instruire, et je le mets dans le petit nombre de ceux qui sont véritablement utiles aux progrès des Sciences. J'ai surtout été frappé et enchanté de l'usage que vous faites de la méthode des différences pour déterminer le nombre des termes restants, ou la différence entre le nombre des termes de l'équation somme et le nombre des coefficients utiles de tous les polynômes multiplicateurs, et pour parvenir par ce moyen à l'expression algébrique déterminée du degré de l'équation finale. Cette partie de votre Travail est un chef-d'œuvre d'Analyse, et suffirait seule pour rendre l'Ouvrage très intéressant pour les géomètres; mais le prix en est encore beaucoup augmenté par les autres recherches ingénieuses et savantes qu'il renferme, parmi lesquelles je distingue principalement la règle pour l'élimination dans les équations du premier degré, les remarques sur les facteurs et sur l'abaissement de l'équation finale, la manière d'avoir les équations de condition les plus simples au moyen des coefficients in-

---

([1]) Nous devons la communication de cette lettre à l'obligeance de M. Berthoud, horloger à Argenteuil, dont la grand-mère était nièce de Bézout.

([2]) *Théorie générale des équations algébriques*, 1779; in-4°.

déterminés, et celle de reconnaître les équations qui sont une suite nécessaire des autres, l'examen et la simplification des polynômes multiplicateurs tant dans les équations régulières que dans les irrégulières, etc. Un avantage, particulier à votre méthode d'élimination et dont vous n'avez point parlé, consiste en ce qu'on peut avoir avec la même facilité l'expression la plus simple des valeurs des autres inconnues. En effet, si D est le degré de l'équation finale en x, et que, dans l'équation somme, on fasse disparaître la puissance x^D, en conservant à sa place le terme affecté de y ou de z, etc., on aura, pour la détermination de y en x, une équation de la forme

$$ky + (x)^{D-1} = 0;$$

il peut arriver que le coefficient k soit nul, ce sera le symptôme de l'abaissement de l'équation en x; dans ce cas, il faudra conserver dans l'équation somme le terme affecté de y^2, mais cela me paraît susceptible de plusieurs variétés qui mériteraient d'être discutées. Vous êtes, Monsieur, plus en état de remplir cet objet que personne, et j'ose vous y inviter, persuadé qu'il en pourra résulter un nouveau degré de perfection dans votre théorie. J'ajouterai encore que, ayant, par votre méthode, ces équations identiques

$$(x)^D = (x\ldots n)^T (x\ldots n)^t + (x\ldots n)^T (x\ldots n)^{t\prime} + \ldots,$$
$$ky + (x)^{D-1} = ((x\ldots n))^T (x\ldots n)^t + ((x\ldots n))^T (x\ldots n)^{t\prime} + \ldots,$$
$$\ldots\ldots\ldots\ldots\ldots\ldots\ldots\ldots\ldots\ldots\ldots\ldots\ldots\ldots\ldots\ldots\ldots,$$
$$k'z + ((x))^{D-1} = \ldots;$$

et ainsi de suite (les doubles crochets indiquant des polynômes de la même forme, mais avec des coefficients différents); il est clair que les équations proposées

$$(x\ldots n)^t = 0, \quad (x\ldots n)^{t\prime} = 0, \quad \ldots$$

donneront nécessairement celles-ci

$$(x)^D = 0, \quad ky + (x)^{D-1} = 0, \quad k'z + ((x))^{D-1} = 0,$$

qui sont le résultat de l'élimination; mais, pour que ces dernières puis-

sent être censées épuiser entièrement les premières, ou leur être tout
à fait équivalentes, ne faudrait-il pas aussi que, les dernières étant
posées, les premières s'ensuivissent nécessairement? et cette condition ne demanderait-elle pas que, en éliminant des équations

$$0 = (x\ldots n)^{\mathrm{T}}(x\ldots n)^{t} + (x\ldots n)^{\mathrm{T}'}(x\ldots n)^{t'} + \ldots,$$

$$0 = ((x\ldots n))^{\mathrm{T}}(x\ldots n)^{t} + ((x\ldots n))^{\mathrm{T}'}(x\ldots n)^{t'} + \ldots,$$

$$\ldots\ldots\ldots\ldots\ldots\ldots\ldots\ldots\ldots\ldots\ldots\ldots\ldots\ldots\ldots,$$

les quantités $(x\ldots n)^{t}$, $(x\ldots n)^{t'}$, …, regardées comme des inconnues
particulières, l'équation de condition qui en résulterait entre les poly-
nômes multiplicateurs $(x\ldots n)^{\mathrm{T}}$, $(x\ldots n)^{\mathrm{T}'}$, …; $((x\ldots n))^{\mathrm{T}}$, $((x\ldots n))^{\mathrm{T}'}$, …
ne pût jamais être satisfaite au moyen des mêmes équations

$$(x)^{\mathrm{D}} = 0, \qquad ky + (x)^{\mathrm{D}-1} = 0, \qquad k'z + ((x))^{\mathrm{D}-1} = 0, \qquad \ldots?$$

Je suis enchanté, Monsieur, d'avoir cette occasion de vous renouveler les assurances des sentiments d'estime et de reconnaissance que
vous m'avez inspirés pendant mon séjour à Paris, et qui viennent
d'être infiniment augmentés par votre Lettre et par votre présent; je
vous prie d'être convaincu du cas que je fais de votre mérite et du
plaisir que j'aurai toujours à vous le témoigner. J'ai l'honneur d'être,
avec la considération la plus distinguée, Monsieur,

Votre très humble et très obéissant serviteur,

DE LAGRANGE.

*A M. Bézout, de l'Académie des Sciences, Examinateur des Gardes
du Pavillon de la Marine.*

LAGRANGE AU MARQUIS DOMENICO CARACCIOLI.

Berlin, 13 octobre 1781 ([1]).

Ho ricevuto questa settimana le due lettere con cui mi avete onorato da Napoli, l'una in data de' 13 agosto, l'altra de' 12 settembre. Risponderò dunque ad amendue con questa sola, e comincerò da quella in cui mi domandate il mio parere interno ad alcuni punti della teoria de' proietti, sebbene la mia risposta non ritrovandovi in Napoli non potrà esservi di quell'uso, a che l'avevate destinata. Quanto al primo, cioè se il Galileo abbia supposte omogenee le forze della gravità e della impulsione, rispondo francamente di no; anzi dico che egli non ha considerate queste forze in se stesse, ma solamente i moti da esse prodotti. Il suo processo è questo : egli chiama moto uniformemente accelerato quello, nel quale la velocità va crescendo secondo che cresce il tempo, e da questa sola definizione ricava poi geometricamente le altre proprietà di questa specie di moto. Ma per poter paragonare i moti fatti sopra diversi piani inclinati egli suppone di più questo principio, che le velocità acquistate nello scendere per piani diversamente inclinati, ma ugualmente alti, siano sempre uguali. Con questo supposto egli dimostra tutte le proprietà de' piani inclinati, fra le quali la più bella è l'uguaglianza de' tempi delle scese per tutte le corde di un cherchio, terminate al punto più basso. Per prova che la supposta legge di accelerazione sia appunto quella che sieguono i gravi naturalmente discendenti, il Galileo accenna solo alcune esperienze fatte con piani inclinati, ed afferma averle trovate sempre d'accordo colle conclusioni dimostrate. Nella prima edizione de' dialoghi, fatta in Leida

([1]) La copie de cette lettre a été trouvée dans les papiers du comte Ludovico Morozzo, mort en 1804. Elle a été communiquée à l'Académie des Sciences de Turin, le 28 janvier 1872, par son président, le comte F. Sclopis, et publiée dans les *Atti* de la savante Compagnie, vol. VII, dispensa 3ª (janvier 1872).

l'anno 1638 (¹), il principio dell'uguaglianza delle velocità ne' piani inclinati ugualmente alti è solamente supposto, ma nelle altre edizioni fatte dopo la morte dell'Autore, questo principio si trova dimostrato, e la dimostrazione è cavata da un teorema di Statica sulla proporzione tra 'l peso e la resistenza nelli piani inclinati. Questa deve essere una giunta del Torricelli ma di invenzione del Galileo. Venendo ora al moto de' proietti, osservo che il Galileo non ha considerata la composizione delle forze, ma solo quella de' moti. Egli suppone che ne' proietti il moto impresso si mantenga sempre eguabile, e che il moto naturale *deorsum* mantenga parimenti il suo tenore di andarsi accelerando secondo la proporzione duplicata de' tempi, e ne inferisce con dimostrazione geometrica che la linea descritta dal mobile è una parabola. La composizione delle forze è una conseguenza naturale di quella de' moti, e delle velocità : ma voi avete ragione di affermare che la teoria di questa composizione, e sopra tutto l'applicazione di essa alla Statica, è posteriore ai tempi di Galileo, e mi pare di doversi attribuire al Newton ed al Varignon.

Quanto poi alla alterazione cagionata dalla resistenza del mezzo, niuno che io sappia ha ancor dubitato che questo mezzo non sia l'aria. Galileo medesimo ne parla nel 4° dialogo, ma dice non potere dare ferma scienza, e perciò doversene fare astrazione. Newton è stato il primo a dare la legge di questa resistenza, la quale cresce secondo i quadrati delle velocità, e a cercare la vera curva descritta dai proietti. Ma l'Analisi ai suoi tempi era ancora troppo imperfetta per potere somministrare una soluzione abbastanza esatta per la pratica. Non è difficile il ridurre il problema ad equazione, ma questa equazione essendo differenziale, richiede delle integrazioni, le quali non si possono ottenere che mediante le serie, e tutto il punto consiste che esse siano convergenti. L'Eulero ha dato un methodo di approssimazione col quale si sono costrutte delle tavole stampate prima in Germania, ed ultima-

---

(¹) L'Ouvrage est intitulé : *Discorsi e dimostrazione matematiche intorno a due nuove Scienze attenenti alla mecanica ed i movimenti locali,* in-4°. Il se compose de quatre dialogues.

mente anche in Inghilterra. Ma non credo che esse siano conosciute nel rimanente dell'Europa. La nostra Accademia ha proposto questo soggetto pel premio di Matematica dell'anno vegnente, e di già un capitano di artiglieria (¹) ha dato fuori una nuova soluzione di questo problema, la quale concorda bene colle esperienze; ora sta costruendo delle nuove tavole per gli artiglieri.

Questo è quanto ho saputo dire per ubbidire ai vostri comandi; prego la vostra bontà a compatirmi se non vi ho soddisfatto pienamente; procurerò di far meglio un'altra volta. Ma che debbo ora rispondervi per riguardo di quello mi (avete) fatto l'onore di scrivermi nell'altra lettera? Sento la forza delle ragioni che mi adducete provenienti dalle qualità fisiche del paese dove si abita, ma parmi ch'esse non abbiano nella felicità degli uomini tanta parte quanta dovrebbono naturalmente averne. Se gli inverni fossero qui men lunghi, e le occasioni di guerra meno prossime, non mi resterebbe da desiderare altro che di finire i miei giorni in questo paese dove si gode sicurezza, quiete e libertà. La vostra patria è esente da' suddetti svantaggi, ma forse ne ha degli altri a me ignoti, e che non posso prevedere. Io non sono nè ambizioso, nè interessato. Sono avvezzo ad una maniera di vivere semplice, e retirata, ed amo la Geometria unicamente per se stessa, e senza voglia di farne pompa. La pensione che godo tuttavia è quella medesima che mi fu assegnata da principio, e che passa i sei mila franchi; non ho ricevute di poi grazie nè distinzioni particolari, ma non le ho nemmeno ricercate, nè desiderate. Tutto l'obligo mio consiste d'intervenire alle adunanze dell'Accademia, le quali si fanno ogni giovedì, di rendervi conto, e dare giudizio delle opere, ed invenzioni che vengono di quando in quando presentate, et di leggere tre, o quattro Memorie l'anno sopra qualsivoglia soggetto di Matematica, le quali Memorie si stampano poi nel tomo degli *Atti;* in somma questa Accademia è in tutto e per tutto simile a quella delle Scienze di Francia. Non conoscendo all'incontro la forma et le leggi di cotesta

---

(¹) Le capitaine Tempelhoff dont il a été déjà parlé.

vostra Accademia; mi è impossibile il giudicare se le mie fatighe possano essere confacenti alle sue occupazioni, et sopra di ciò vi supplico a volermi dare particolare notizia. Non sono di natura inclinato al cambiamento, e so che nelle cose umane non vi è maggiore distruttore del bene che il desiderio del meglio; ma non ho perduto l'attaccamento all'Italia, e mi sarebbe di somma consolazione il potere ravvicinarmi a voi, e rinnovare quella dolce conversazione, di che mi ricordo sempre con infinito piacere, avendo passato in essa le ore le più felici di mia vita. Vi supplico a conservarmi la vostra grazia e 'l vostro preziosissimo affetto, e resto con tutto il rispetto

Umil° div° ed obb° Servidore,

De Lagrange.

LACROIX A LAGRANGE.

(De Besançon) le 9 septembre 1789 (1).

Monsieur,

Tout concourt à augmenter le prix des bontés dont l'Académie a daigné m'honorer (2). L'intérêt que vous avez bien voulu prendre à moi dans cette occasion aurait de quoi m'enorgueillir, si l'on ne savait pas que l'indulgence est le partage des savants distingués et qu'ils se plaisent à encourager ceux qui entrent dans la carrière des sciences par leur accueil, comme ils en aplanissent les difficultés par leurs leçons.

----

(1) Nous donnons cette Lettre d'après la minute autographe conservée dans les papiers de Lacroix donnés à la Bibliothèque de l'Institut par M. Charles Lévêque, membre de l'Académie des Sciences morales.

Silvestre-François Lacroix, géomètre, membre de l'Académie des Sciences (1799), né en 1765 à Paris, où il est mort le 25 mai 1843.

(2) Il venait d'être nommé Correspondant de l'Académie. Sa nomination donna lieu à un incident rapporté ainsi dans les procès-verbaux manuscrits de l'Académie :

Séance du 2 septembre 1789. — « M. Jeaurat ayant réclamé sur ce que la distribution

Je me regarderais comme le plus heureux des hommes si je pouvais joindre à l'agréable nouvelle dont vous m'avez fait part la certitude de vous posséder à Besançon et de vous y témoigner de vive voix les sentiments de respect et d'admiration avec lesquels j'ai l'honneur d'être, Monsieur,

Votre très humble et très obéissant serviteur,

LACROIX.

LAGRANGE AU PRINCE ....

Paris, 24 octobre 1791 (¹).

Votre souvenir, Monsieur le Prince, et les nouveaux témoignages d'intérêt que vous avez la bonté de me donner me touchent d'autant plus que je devais craindre que mon silence n'eût refroidi les sentiments dont vous m'honorez. Je vous supplie de ne l'attribuer qu'à l'incertitude où j'étais de votre demeure, et à l'agitation dans laquelle j'ai vécu pendant nos troubles. Pour n'avoir été que simple spectateur de tous les événements qui sont arrivés, je n'en ai pas été moins affecté. Maintenant que la tranquillité et l'ordre sont rétablis, je ne regrette pas d'avoir assisté à un spectacle, le plus intéressant pour les philosophes mêmes, celui d'une grande nation qui se crée un nouveau gou-

---

des Correspondants n'avait pas été faite suivant l'usage, et ayant demandé M. De La Croix à la place de M. de Condorcet qui se l'était attribué, on a délibéré. Il a été arrêté que les travaux de M. De La Croix étant analogues à ceux de M. de Condorcet, qu'on ne changerait rien à ce qui a été fait, mais qu'à l'avenir la distribution des Correspondants se ferait dans l'Académie, suivant l'usage. »

Dans la séance du 29 août 1789, les commissaires de l'Académie chargés de proposer les Correspondants et de les distribuer entre les académiciens avaient probablement laissé Condorcet prendre pour lui Lacroix, sans attendre le vote de la Compagnie. Ces Commissaires étaient tirés au sort, un dans chaque classe. Il y avait huit classes.

(¹) Cette lettre, dont l'original se trouve à la bibliothèque de l'Université de Pise, a été publiée dans la *Nuova anthologia*. Nous en devons la copie à M. Charles Henry. On ignore à qui elle est adressée.

vernement, non par la force des armes, mais par celle de la parole et de l'opinion publique.

Je vous remercie de tout mon cœur de la part que vous voulez bien prendre à ce que l'Assemblée nationale a fait à mon égard. Si elle m'a conservé la pension que le Roi m'avait donnée, c'est qu'elle a voulu respecter un engagement dont les titres existaient au bureau des Affaires étrangères, et d'après lequel j'avais demandé mon congé à Berlin pour venir m'établir en France. Je ne crois pas que Mirabeau y ait contribué en rien; il était alors dans un tourbillon qui ne lui permettait pas de s'occuper d'affaires particulières, et nous ne nous sommes point vus pendant tout le temps qu'il a été à l'Assemblée. J'ai été bien flatté de l'honneur qu'on m'a fait de m'inviter à venir en Toscane; ma répugnance à changer de situation sans nécessité, et surtout à entreprendre une nouvelle carrière, m'a empêché d'en profiter; je n'en suis que plus sensible à vos bontés qui me l'ont attiré. Le séjour de Paris n'a rien perdu de ses avantages et de ses agréments pour ceux qui ne les faisaient pas consister à faire leur cour et à attraper des grâces; il a même acquis un plus grand intérêt par la discussion publique des principaux objets du gouvernement. Je désirerais bien que vos campagnes fussent dans les environs de Paris, qui ne le cèdent peut-être à ceux de Naples que par le climat; nous pourrions y philosopher quelquefois sur la vanité et la fragilité des choses humaines, dont on a eu ici un grand exemple; mais je ne puis que vous offrir de loin les assurances des vrais sentiments d'estime et d'attachement que vos bontés m'ont inspirés pour la vie. J'ai l'honneur d'être avec respect, Monsieur le Prince,

Votre très humble et très obéissant serviteur,

De Lagrange.

AUX CITOYENS ADMINISTRATEURS DU DÉPARTEMENT DE PARIS.

Paris, 26 prairial, l'an II de la République française une
et indivisible (13 juin 1794) (1).

Citoyens,

Vous me demandez mon avis sur le Mémoire du citoyen Guyard (2), que je vous renvoie ci-joint. Je suis obligé d'avouer que je n'y entends rien. Il prétend avoir trouvé que le nombre $9\frac{89}{99}$ est moyen proportionnel entre les nombres 7 et 14. Suivant la langue des géomètres, il faudrait, pour que cela fût, que le produit de 7 par 14, savoir 98, égalât le carré de $9\frac{89}{99}$, c'est-à-dire de $\frac{980}{99}$. Or ce carré est $\frac{960\,400}{9801}$ ou bien $97\frac{9703}{9801}$, et l'on voit que ce dernier nombre est moindre que 98 de la fraction $\frac{98}{9801}$. Il prétend, de plus, pouvoir donner le rapport exact de la diagonale au côté du carré, ce qui est impossible en nombres, et n'a aucune difficulté en Géométrie. Comme il ne donne pas sa méthode, je n'en puis rien dire; mais, à coup sûr, elle ne peut pas être bonne, puisqu'elle conduit à des conséquences contraires à la vérité.

Salut et fraternité,

LAGRANGE.

(1) Communication du savant chimiste feu M. Dubrunfaut.
(2) Si je ne me trompe, le citoyen Guyard est le professeur Guillard, qui était agrégé divisionnaire de Mathématiques au collège Louis-le-Grand lorsqu'il périt écrasé par une charrette dans une cour de cet établissement.

LAGRANGE A ....

Paris, 10 germinal, 3ᵉ Répub. (3o mars 1795) (¹).

Je vous adresse, citoyen, conformément à l'invitation que je viens de recevoir, la note de mes noms, etc. :

Joseph-Louis Lagrange, géomètre, né à Turin, le 25 janvier 1736, établi à Paris, et membre de la ci-devant Académie des Sciences depuis 1787, professeur de l'École Normale, demeurant depuis 1788 rue Fromenteau, nº 4, section du Muséum.

Salut et fraternité,

LAGRANGE.

LAGRANGE A MADEMOISELLE SOPHIE GERMAIN (²).

Paris, ce 17 germinal (mercredi).

Lagrange présente ses respects à Mademoiselle Germain; étant de retour de la campagne où il a passé quelques jours, il se fait un devoir de la prévenir qu'il sera à ses ordres le 19 et le 20 (vendredi et samedi); il ne sortira pas ces jours-là, à moins que Mademoiselle Germain n'aime mieux qu'il vienne chez elle, auquel cas il la prie de vouloir bien l'en avertir.

(¹) La copie de cette lettre nous a été donnée d'après l'original faisant partie de la collection Potiquet.

(²) Cette lettre, dont l'original existe à la Bibliothèque nationale (Mss. fr. *Acquisitions nouvelles,* nº 4073, fº 22), a été publiée par M. Charles Henry dans la *Revue philosophique,* t. VIII, p. 633; année 1879.

Sophie Germain, célèbre géomètre, née le 1ᵉʳ avril 1776 à Paris, morte le 17 juin 1831.

DE SALUCES A LAGRANGE.

Turin, ce septembre 1796 (¹).

MONSIEUR ET TRÈS CHER AMI,

Voici trente ans que nous sommes séparés, et en voici au moins une dizaine que je n'ai plus reçu de vos chères nouvelles, du moins directement : après avoir perdu une grande partie de mes amis, dont quelques-uns étaient aussi les vôtres, les circonstances paraissent avoir conjuré contre moi, en m'ôtant tous les moyens de cultiver votre précieuse amitié.

Je dois regarder comme le plus grand des bonheurs celui que me procure aujourd'hui la destination, auprès de la République française, de M. le comte Balbo, mon parent (²), et auquel je suis lié par les sentiments de l'estime la mieux méritée ; cela me fournit un nouveau moyen de me rappeler à votre souvenir et de m'entretenir quelquefois avec vous, dans le désir constant de pouvoir vous convaincre de la sincérité inaltérable du plus tendre dévouement.

Permettez que je vous recommande ce cher et respectable neveu ; il a eu le bonheur d'être élève d'un grand ministre, M. le comte Bogin (³), qui en soigna l'éducation, et qui lui fournit tous les moyens de développer ses talents et les ressources d'un esprit précoce sous la direction des célèbres Beccaria, Bon et Denina. Ce jeune élève a si bien répondu à l'attente de cet illustre confident du grand Charles-Emmanuel, qu'il eut la consolation de lui voir accorder la considération la plus distinguée par ses compatriotes les plus éclairés. L'Académie, après l'avoir admis parmi ses membres, créa une nouvelle place pour lui entre ses officiers, en le nommant sous-secrétaire adjoint.

(¹) Mss. in-4°, t. V, f° 197. *Voir* sur Saluces, t. XIII, p. 86. Note.

(²) Le comte de Balbo fut présenté au Directoire comme ambassadeur du roi de Sardaigne le 10 frimaire an V. — *Voir* le *Moniteur* à la date du 13 frimaire.

(³) J.-B. Bogin, né à Turin en 1701, mort en 1784. Il fut grand chancelier de Victor-Emmanuel, puis ministre de Charles-Emmanuel.

Les qualités de son cœur égalent certainement celles de son esprit; vous en jugerez par vous-même, mieux encore de ce que je puis vous en dire, et j'ai tout lieu d'espérer que vous reconnaîtrez en lui un homme qui peut mériter votre amitié et votre estime.

Vous sentez combien sa commission est difficile et délicate; j'espère néanmoins qu'il réussira au gré des deux nations, et qu'il parviendra à renouer une confiance dont la réciprocité doit fixer le bonheur et la tranquillité, après laquelle je ne doute pas que soupirent les personnes honnêtes de chaque côté.

Cette douce espérance me fait encore concevoir celle de pouvoir vous embrasser, et je me flatte que vous ne me préférerez personne en arrivant dans cette capitale; vous y serez en toute liberté, et en ami de la famille, qui ne désire pas moins que moi le bonheur de vous voir : recevez ses hommages, présentez les miens à Mme votre épouse, et croyez-moi constamment avec autant d'estime que d'amitié, Monsieur et très cher ami,

Votre très humble serviteur et affectionné ami,

DE SALUCES.

P. S. — M. le comte est chargé de vous remettre le premier Recueil des Ouvrages de ma fille ([1]); elle s'est adonnée à cette partie de la littérature, et nous avons cru, sa mère et moi, ne pas devoir apporter la moindre contrainte à ses dispositions naturelles. Je souhaite que ces productions puissent vous amuser et vous procurer quelque soulagement dans les moments dont vous pouvez disposer.

Monsieur de Lagrange (Paris).

(*En note, de la main de Lagrange :* Répondu le 1er juin et envoyé un exemplaire de mon Ouvrage. Le tout remis à l'ambassade de Sardaigne.)

([1]) Dieudonnée de Saluces, poète, née le 31 juillet 1774 à Turin où elle mourut le 24 janvier 1840. — Elle avait épousé, en 1799, le comte de Revel, qui mourut au bout de trois ans. Le premier Recueil de ses poésies, celui dont parle son père, venait de paraître à Turin, in-12.

RAPPORT ([1]).

Paris, ce 7 ventôse, an VI (25 février 1798).

Le jury d'instruction publique pour les écoles centrales propose à l'administration du département de la Seine le citoyen la Romiglière ([2]), professeur d'Histoire aux écoles centrales, à la place du professeur de Grammaire, vacante par la démission du citoyen Daunou ([3]). Il propose en même temps le citoyen Coquebert ([4]) pour remplir la place d'Histoire que le citoyen la Romiglière laisserait alors vacante.

LAPLACE, GARAT, LAGRANGE.

GRÜSON A LAGRANGE ([5]).

Berlin, 14 juillet 1798.

J'ai cru ne pouvoir mieux témoigner ma vive reconnaissance à M. Lagrange, pour les bontés qu'il m'a témoignées jusqu'ici, qu'en rassemblant les fautes d'impression de la *Théorie des fonctions* ([6]), et j'ose ajouter ici encore quelques doutes sur la déduction de la quadra-

([1]) Communiqué par feu M. Dubrunfaut.
([2]) Le célèbre philosophe et professeur Pierre Laromiguière, membre de l'Académie des Sciences morales, né le 3 novembre 1756 à Livignac-le-Haut (Aveyron), mort le 12 août 1837.
([3]) P.-Cl.-François Daunou, homme politique et historien, né le 18 août 1761 à Boulogne-sur-Mer, mort Secrétaire perpétuel de l'Académie des Inscriptions, le 20 juin 1840.
([4]) Le baron Charles-Étienne Coquebert de Montbret, membre associé de l'Académie des Sciences, né à Paris le 3 juillet 1755, mort le 9 avril 1831.
([5]) Mss. in-folio, t. VII, f° 112, verso. — Johann Philipp Grüson, membre de l'Académie de Berlin (1798), mort le 16 novembre 1857.
([6]) La première édition de la *Théorie des fonctions analytiques* parut à Paris, 1797, in-4°. Les corrections que Grüson adresse à Lagrange sont au nombre de quatre-vingt-cinq et occupent les folios 111 et 112 du manuscrit.

ture de la surface d'un corps rond (n° 137), où il me semble que la considération géométrique est fausse, savoir : *Les deux tangentes menées aux extrémités de cet arc décriront des zones coniques, entre lesquelles la zone conoïdique sera nécessairement renfermée.* Je ferai voir, *in concreto,* le contraire (¹).

Soit *ape* une parabole dont le paramètre est égal à *p*, l'abscisse *x* commence en *g*, la valeur particulière de l'abscisse $gq = a$; la partie

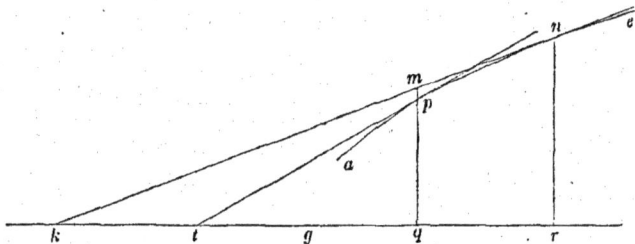

indéterminée $qr = i$ et le rapport du rayon à la circonférence entière du cercle. On a, comme on sait, la zone conoïdique décrite par l'arc *pn*

$$\frac{\pi \sqrt{p}}{6} \left\{ [p + 4(a + i)]^{\frac{3}{2}} - (p + 4a)^{\frac{3}{2}} \right\},$$

et la zone du cône décrit par la tangente *mn*

$$\frac{\pi i (a + \frac{3}{4} i) \sqrt{p}}{a + i} \sqrt{p + 4(a + i)}.$$

Égalant les deux valeurs, on reçoit pour *i* l'équation cubique

$$i^3 - (7a + \tfrac{15}{4} p) i^2 + (3p^2 + 6ap - 8a^2) i + 3ap(p + 4a) = 0,$$

d'où l'on tire pour chaque valeur de *a* au moins toujours une valeur possible pour *i*.

(¹) Cette observation, parfaitement fondée, s'applique uniquement à la première édition de la *Théorie des fonctions.* Dans l'édition suivante, qui a paru en 1813, Lagrange a modifié le passage qui se trouve critiqué ici; mais il a employé une méthode toute différente de celle que propose plus loin le traducteur allemand. Voir *OEuvres de Lagrange,* T. IX, p. 244.

Pour $a = o$, on a

$$i = \frac{15 + \sqrt{33}}{8}\, p.$$

Si, au lieu de l'égalité de deux zones, on suppose entre elles une inégalité quelconque, telle que la zone conoïdique soit plus petite que la zone conique, on recevra d'une manière semblable, au moins, toujours une valeur possible pour i; même toute autre courbe nous conduira au moins à une valeur possible pour i.

Le contraire de ce que M. Lagrange a avancé tombe, comme je crois, sans peine, d'abord dans les yeux, si la courbe est un cercle, et que celui (-ci) engendre une sphère. Il me semble donc que la démonstration du n° 137 doit être comme il suit :

1° La corde est

$$\sqrt{i^2 + [f(x + i) - f(x)]^2};$$

or, par le n° 53,

$$f(x + i) = f(x) + i f'(x + j);$$

donc la corde est

$$i \sqrt{1 + [f'(x + j)]^2} = i \varphi(x + j);$$

partant :

2° La zone conique engendrée par cette corde est

$$\pi i \left[f(x) + \frac{i}{2} f'(x + j) \right] \varphi(x + j).$$

3° Par le n° 53, on a aussi

$$\Phi(x + i) = \Phi(x) + i \Phi'(x) + \frac{i^2}{2} \Phi''(x + j);$$

donc on a la zone conoïdique

$$\Phi(x + i) - \Phi(x) = i \left[\Phi'(x) + \frac{i}{2} \Phi''(x' + j) \right],$$

laquelle est toujours plus grande que la zone conique dans 2°.

4° D'un autre côté, la zone conique décrite par la tangente $i\varphi(x)$ est

$$= \pi i \left[f(x) + \frac{i}{2} f'(x) \right] \varphi(x),$$

et toujours plus grande (^{1}) que la zone conoïdique dans 3°; donc on a toujours, quelle que soit la valeur de i,

$$i \left[\Phi'(x) + \frac{i}{2} \Phi''(x+j) \right] < \pi i \left[f(x) + \frac{i}{2} f'(x) \right] \varphi(x)$$

et, en même temps,

$$> \pi i \left[f(x) + \frac{i}{2} f'(x+j) \right] \varphi(x+j).$$

5° L'intervalle de ces deux limites est

$$\pi i \left\{ \left[f(x) + \frac{i}{2} f'(x) \right] \varphi(x) - \left[f(x) + \frac{i}{2} f'(x+j) \right] \varphi(x+j) \right\}.$$

6° Comme la différence de la zone conoïdique et d'une de ses limites doit être toujours plus petite que cet intervalle, on a nécessairement, pour toutes les valeurs de i,

$$i \left[\Phi'(x) + \frac{i}{2} \Phi''(x+j) \right] - \pi i \left[f(x) + \frac{i}{2} f'(x+j) \right] \varphi(x+j)$$
$$< \pi i \left\{ \left[f(x) + \frac{i}{2} f'(x) \right] \varphi(x) - \left[f(x) + \frac{i}{2} f'(x+j) \right] \varphi(x+j) \right\},$$

savoir

$$i \left[\Phi'(x) + \frac{i}{2} \Phi''(x+j) \right] < \pi i \left[f(x) + \frac{i}{2} f'(x) \right] \varphi(x)$$

ou bien

$$\Phi'(x) + \frac{i}{2} \Phi''(x+j) < \pi \left[f(x) + \frac{i}{2} f'(x) \right] \varphi(x).$$

(^{1}) Il y a ici une erreur du même genre que celle dans laquelle était tombé Lagrange; à la page précédente, l'auteur de la Lettre vient lui-même de montrer que la zone conique peut être égale à la zone conoïdique.

Au reste, tout ceci n'a d'intérêt que si l'on adopte le point de vue de Lagrange et de M. Grüson, car, pour comparer à d'autres surfaces la zone conoïdique, il faudrait commencer par la définir.

7° Enfin

$$\Phi'(x) - \pi f(x) \varphi(x) < \frac{i}{2} [\pi f'(x) \varphi(x) - \Phi''(x+j)].$$

8° Mais il est évident que cette condition ne peut avoir lieu pour une valeur de i aussi petite qu'on voudra, à moins que le terme affecté de i ne disparaisse; car, autrement, on pourrait toujours prendre i aussi petit, pour que [contre la condition fondamentale dans (7.)] la première quantité devienne plus grande que la seconde, puisqu'il suffirait, pour cela, de prendre

$$i < \frac{2\Phi'(x) - 2\pi f(x) \varphi(x)}{\pi f'(x) \varphi(x) - \Phi''(x+j)};$$

donc la condition dans (7) emporte nécessairement celle-ci

$$\Phi'(x) = \pi f(x) \varphi(x) = \pi y \sqrt{1 + y'^2};$$

donc on aura la surface du conoïde proposé, etc.

Les objections que je viens de faire ne se trouvent pas dans ma traduction allemande, parce que je ne voulais rien changer sans le consentement de son auteur illustre.

Si M. Lagrange juge à propos de me répondre au sujet des difficultés ci-dessus, je ne manquerai pas de faire part au public, pour ma traduction allemande, de la correction que M. Lagrange lui-même trouvera nécessaire. Je demande encore mille pardons, et en remerciant M. Lagrange pour les Ouvrages reçus en cadeau, j'ai l'honneur d'être, avec la plus haute considération, le très humble et très obéissant serviteur,

GRÜSON.

V. FOSSOMBRONI A LAGRANGE.

Firenzo, 14 settembre 1798 (¹).

Monsieur,

Mi lusingo ch' ella sarà persuaso ché il desiderio di trattenermi seco per lettera, è in me contrastato soltanto dal timore di incomodarla. Spero nondimeno mi perdonerà se ho superato un tal ritegno nella circostanza in cui si porta costi il mio degno amico sig^r Giovanni Fabbroni (²), sottodirettore di questo R. Museo, ed a cui sta sommamente a cuore di conoscerla, e di averne un pretesto con presentarli questa lettera.

Il sig^r Fabbroni è incaricato da S. A. R. per portarsi in cotesta città a consultare sul principio fondamentale dell' unità dei pesi e misure. Anco per questo in consequenza sarà grato a lei dei lumi che vorrà somministrarli nel oggetto di corrispondere al desiderio che ha il Governo toscano di mostrare la propria aderenza alle filosofiche intrapresi dell' Istituto nazionale.

Invidio al sig^r Fabbroni il bene di conoscerla, e di ammirare da vicino le di lei rare doti. Io faccio una vita opposta al mio genio, ed alle mie abitudini, e pure non mi sono ancora scordato delle Matematiche, e mi passano per la testa alcune idee sulla Meccanica specialmente che (se i tempi della pace tanto desiderati arrivevanno) mi lusingo di sotto mettere al di lei inappellabile giudizio.

La prego a credermi, con la più alta cosiderazione e stima,

Suo devotissimo,

V. Fossombroni.

(¹) Mss. in-4°, t. V, f° 199. — Le comte Vittorio Fossombroni, ingénieur et homme d'État, né le 15 septembre 1754, mort le 13 avril 1844. — Le *Catalogue of scientific Papers*, publié par la Société royale de Londres, donne (t. II, p. 673) la liste des travaux qu'il a insérés dans les Mémoires de diverses sociétés italiennes.

(²) Le baron Jean-Valentin-Mathias Fabbroni, ingénieur, naturaliste, né à Florence le 13 février 1752, mort le 17 décembre 1822.

LAGRANGE A LAGARDE.

Paris, 25 nivose an IX ([1]).

Monsieur,

J'ai reçu, mon cher correspondant, avec autant de plaisir que de reconnaissance votre dernière lettre et le paquet que Duprat ([2]) m'a envoyé de votre part. Je lui ai remis aussitôt les 28¹ du prix du X⁰ Volume de Pétersbourg. Je vous prie instamment de ne pas négliger de me faire passer les suivants à mesure qu'ils paraîtront, ainsi que ceux de Berlin dont le dernier que j'ai est celui de 1794-95, qui a paru en 1799. Je vous remercie des différents cadeaux que vous avez bien voulu me faire et, en particulier, de l'Ouvrage de Denina sur le Piémont que je lis avec d'autant plus de plaisir que je me suis depuis quelque temps un peu adonné à l'histoire. Je vous prie de me rappeler à son souvenir et à son amitié. Ma femme joint ses remerciements aux miens pour le beau roman que vous lui avez envoyé. C'est en effet une des meilleures productions de Mme de Genlis et on en a déjà fait une ou deux éditions ([3]). Elle a voulu profiter d'un envoi que Fuchs (?) avait à vous faire pour envoyer à son tour une bagatelle à Mme de Lagarde. C'est un bonnet d'hiver en turban suivant la dernière mode. J'espère que la boîte arrivera en bon état et avant le printemps; elle a dû partir il y a déjà quelques jours. J'ai mis dans la même boîte un petit paquet cacheté qui m'a été remis par Touin ([4]) à qui je l'avais demandé,

([1]) Cette lettre est la première des deux lettres publiées en photolithographie par le prince Boncompagni et dont nous avons réimprimé la seconde (*voir* p. 131). Le Tome XIV des *Atti,* p. 459, contient une très intéressante Communication que le savant M. Genocchi a faite sur ces deux lettres à l'Académie de Turin le 23 février 1879. Il y est démontré que le destinataire de celle-ci, qui était sans adresse, est un libraire de Berlin, nommé Lagarde.

([2]) Libraire à Paris.

([3]) Probablement *Les mères rivales,* roman qui parut à Paris en 1800, 4 vol. in-8°, et a eu plusieurs éditions.

([4]) André Thouin, botaniste, jardinier en chef du Jardin des Plantes, membre de l'Académie des Sciences, né à Paris le 10 février 1747, mort le 27 octobre 1824.

contenant des graines du chanvre de la Chine avec une petite instruc
tion sur la manière de les semer. Je n'ai pu les avoir plutôt, mais elle
vous seraient parvenues plus promptement si la boîte n'avait pas ét
partie lorsque M. de Lucchesini (¹) m'offrit de vous faire passer mo
paquet par un de ses courriers. Je profiterai de ses bontés pour u
autre envoi.

Je n'ai pas une trop bonne idée de la seconde partie de l'*histoire* d
Montucla qui est sous presse (²). Je crois que la matière était au-dessu
des forces de l'auteur, je parle de la partie qui traite des progrès de
Mathématiques dans le siècle qui vient de s'écouler, car pour la parti
déjà connue il me semble qu'elle laisse bien peu à désirer. Le manu
scrit est, je crois, achevé, du moins je ne sache personne qui soit charg
de le continuer. Lalande a soin de l'impression, mais il n'est pas e
état de suppléer ce qui peut manquer.

Il me semble avoir lu quelque part que Kestener (³) avait donné un
histoire des Mathématiques. Si vous en connaissez une de lui, je vou
serais infiniment obligé de me la faire parvenir, à votre commodité.

L'arrivée de M. de Lucchesini m'a fait un bien grand plaisir. Il m'
donné des nouvelles de tout ce qui m'intéresse à Berlin et a renouvel
des souvenirs qui me sont bien chers. J'espère que nous pourrons nou
voir plus souvent lorsque les affaires lui permettront plus de loisirs
mais cet avantage ne diminuera jamais rien du prix que j'attache à l
correspondance dont vous m'honorez, et que je vous prie de vouloi
bien me continuer. Je vous offre de mon côté l'hommage sincère de

---

(¹) Jérôme, marquis de Lucchesini, diplomate prussien, né à Lucques en 1752, mort
Florence le 19 octobre 1825. Il était alors ministre de Prusse à Paris.

(²) Jean-Étienne Montucla, membre de l'Académie des Sciences, puis de l'Institut, né
Lyon le 5 septembre 1725, mort à Versailles le 18 décembre 1799. La première édition d
l'*Histoire des Mathématiques* est de 1758, 2 vol. in-4°. La seconde, considérablement aug
mentée, fut achevée par Lalande dont le travail justifia les craintes de Lagrange. Elle pa
rut de 1799 à 1802 en 4 volumes in-4°.

(³) Abraham-Gotthelf Kaestner, mathématicien, professeur à l'Université de Göttingu
né à Leipzig en 1719, mort le 20 juin 1800. La mémoire de Lagrange ne le trompait pa
car on a de lui : *Geschichte der Mathematik*, Göttingen, 1796, 4 vol in-8°.

sentiments par lesquels je vous suis attaché, ainsi que le désir de trouver des occasions de vous en donner des preuves.

L. G.

ROHDE A LAGRANGE.

Potsdam, 3 avril 1803 ([1]).

CITOYEN,

Avant toutes choses, je réclame votre indulgence pour le mauvais français d'un Hongrois de nation. J'ai fait mes hommages à l'illustre Institut national d'un Mémoire intitulé : *Principes du nivellement pour la figure composée de la Terre, ayant égard à toutes les différences de la réfraction; avec l'application à l'ellipsoïde osculateur de la France, et avec des Tables entièrement nouvelles;* Halle, chez Renger, 1803 ([2]), dont douze exemplaires sont partis de Halle, avec la poste du 23 de mars, sous le couvert de Amand König, libraire à Paris. Quoique les Tables en aient été calculées avec beaucoup d'attention il y a un an, néanmoins ce n'est que dans ce moment que je m'aperçois, en frémissant, d'une grande faute de calcul, relativement à la Table seconde. La source de cette faute est la ligne 4e, du n° 7 à la page 15 où, au lieu de

pour le logarithme de Briggs $\theta = 55326 \left(1 + \dfrac{T}{200}\right)$ pieds,

j'aurais dû mettre simplement

$$\theta = 24080 \left(1 + \dfrac{T}{200}\right) \text{ pieds.}$$

([1]) Mss. in-4°, t. V, f° 201.

([2]) 38 p. in-4°. — En tête se lit la dédicace suivante à l'Institut national de France : Citoyens, membres de l'Institut national, n'ayant trouvé dans vos ouvrages immortels aucune trace de cet égoïsme qui, répandant en général des biens très précieux, traite avec indifférence le sentiment de reconnaissance des étrangers qui en jouissent, je me livre sans réserve à ce sentiment le plus doux, et, sans chercher des termes expressifs dans une langue qui ne m'est pas familière, je dis simplement ce que je sens en ce moment :

Sine me ibis in urbem,

Daignez, citoyens, recevoir avec indulgence ce Mémoire dicté par le respect le plus pur.

C'est pourquoi chaque nombre de la seconde Table devrait encore être multiplié par cette fraction $\frac{55326}{24080}$. Quoique cette faute n'influe point du tout sur le fond du Mémoire, néanmoins je supplie l'illustre Institut national de vouloir bien me la pardonner, peut-être en faveur du reste, et de me permettre de lui envoyer le plus respectueusement une feuille de supplément, contenant cette seconde Table entièrement corrigée.

La poste étant sur le point de partir, je ne vous demande, mon maître indulgent à qui je dois tant, que d'agréer les assurances de mon sentiment de reconnaissance le plus respectueux.

ROHDE,

Capitaine au service prussien.

Au citoyen Lagrange, de l'Institut national de France, à Paris.

Frey bis an die Gränze.

LAGRANGE A GAUSS ([1]).

Paris, 31 mai 1804 ([2]).

MONSIEUR,

L'honneur que vous m'avez fait de me choisir pour votre correspondant exigeait de moi une réponse plus prompte. Je vous prie d'excuser ce retard, dû uniquement à différentes occupations, et peut-être aussi à ma paresse naturelle à écrire des lettres. La vôtre m'a été d'autant

---

([1]) Cette lettre et la suivante appartiennent à la Société des Sciences de Göttingue. Nous en devons la copie à l'extrême obligeance de l'éditeur des Œuvres de Gauss, le savant directeur de l'observatoire de cette ville, M. le professeur Ernst Schering, que nous prions de vouloir bien recevoir ici tous nos remerciements. Dans la lettre qui accompagnait son envoi, adressé à M. Hermite, nous lisons le passage suivant :

« Je me réjouis à la pensée que ces Lettres prendront place dans les Œuvres complètes du grand géomètre français. Elles jettent une belle lumière sur le caractère si noble de Lagrange, en même temps qu'elles font voir sa grande admiration et son estime pour les travaux de Gauss. »

Ch. Fred. Gauss, célèbre géomètre et astronome, né à Brunswick le 30 avril 1777, mort à Göttingue le 13 février 1855. Il était, depuis le 4 septembre 1820, Associé étranger de l'Académie des Sciences.

([2]) D'après une Note de M. Schering, la date de 1804 a été rajoutée sur la lettre par Gauss.

plus agréable, que je craignais que les circonstances de votre pays, en influant sur votre sort, ne vous eussent détourné de vos intéressantes recherches sur l'Arithmétique et sur la théorie des planètes.

Vos *Disquisitiones* vous ont mis tout de suite au rang des premiers géomètres, et je regarde la dernière section comme contenant la plus belle découverte analytique qui ait été faite depuis longtemps. Votre travail sur les planètes aura de plus le mérite de l'importance de son objet; et, si vous n'aviez point de répugnance à le publier dans ce pays, il ne serait pas difficile de vous en fournir les moyens. J'ai lu au Bureau des Longitudes et à l'Institut les articles de votre lettre qui contiennent les éléments de la nouvelle planète et vos deux théorèmes arithmétiques. Un de nos astronomes s'est chargé de vous communiquer les observations faites ici, et les résultats qu'on en a déduits, qui diffèrent peu des vôtres. Quant aux théorèmes d'Arithmétique, je ne puis vous en rien dire, si ce n'est qu'ils me paraissent aussi beaux que difficiles à démontrer. J'ai depuis longtemps abandonné ces sortes de recherches, mais elles ont conservé beaucoup d'attrait pour moi, et je me contente maintenant de jouir sur cette matière, comme sur plusieurs autres, du fruit des veilles d'autrui. C'est pourquoi je désirerais fort que vous pussiez faire paraître la seconde Partie de vos *Disquisitiones* que vous m'annoncez comme étant presque achevée, mais elle ne pourrait être imprimée ici qu'en français, pour faire suite à la première Partie dont on vient de donner une traduction sous le titre de *Recherches arithmétiques.* Recevez, Monsieur, les assurances des vifs sentiments d'estime, d'admiration et d'attachement que vous m'avez inspirés, et croyez que personne n'applaudit plus sincèrement que moi à vos succès.

LAGRANGE.

L'incluse a été remise à son adresse.

A Monsieur Charles Frédéric Gauss, à Brunsvic.

N° 67, jul. 17.
Lagrange.
Cette Note est écrite par Gauss. (*E. Schering.*)

LAGRANGE AU MÊME.

Paris, ce 17 avril 1808.

MONSIEUR,

Permettez-moi de vous offrir un exemplaire de la nouvelle édition du *Traité de la résolution des équations*. Cet hommage vous est dû surtout comme à l'auteur de la belle découverte dont j'ai profité pour ramener la résolution des équations à deux termes au même principe que celle des équations du troisième et du quatrième degré. Votre dernière lettre m'a fait beaucoup de peine, et j'ai cru vous rendre service en la montrant au Prince Primat, qui est rempli d'estime pour vous, et qui s'intéresse particulièrement à ce qui vous regarde. Il m'a assuré depuis qu'il avait pris des mesures pour vous tirer d'embarras dans les circonstances actuelles. Je lui en ai d'autant plus d'obligation qu'il y avait à craindre que les Sciences ne souffrissent beaucoup par la perte de votre repos, et l'interruption forcée de vos travaux. Je suis bien impatient de voir l'Ouvrage que vous m'annoncez sur les orbites des planètes; je désirerais que vous eussiez traité en même temps des perturbations qui sont maintenant la partie la plus importante du Système du monde, et sur laquelle nous ne pouvons attendre que de vous de nouvelles lumières. Je vous prie d'agréer les assurances de ma haute estime et de mon sincère attachement.

J.-L. LAGRANGE.

RUMFORD A LAGRANGE.

Paris, jeudi 15 janvier 1807 [1].

MONSIEUR,

Je fais dans ce moment-ci dans ma chambre l'expérience avec les

----

[1] Mss. in-4°, t. V, fos 203-204. — Benjamin Thomson, comte de Rumford, chimiste et physicien, né le 26 mars 1753 à Woburn (État de Massachussetts), mort le 21 août 1814, à Auteuil. Il avait épousé en 1805 la veuve de Lavoisier dont il se sépara à l'amiable en 1809.

tuyaux capillaires de différentes longueurs, que vous m'aviez proposée. Elle m'a donné plusieurs résultats qui me paraissent fort intéressants. Voulez-vous venir les voir?

Recevez l'assurance de mon attachement bien sincère et de ma haute considération.

RUMFORD.

Expérience.

1° On a plongé dans de l'eau colorée l'extrémité inférieure d'un tube capillaire de 8 $\frac{1}{2}$ pouces de longueur.

Élévation de l'eau au-dessus du niveau............... 12 $\frac{1}{2}$ lignes.

2° Le même tube a été plongé dans le même liquide, de manière que la portion non immergée avait 12 $\frac{1}{2}$ lignes de longueur.

Élévation de l'eau au-dessus du niveau............... 8 lignes.

3° Le même tube a été plongé de manière que la partie non immergée avait 4 $\frac{1}{2}$ lignes de longueur.

Élévation de l'eau au-dessus du niveau............... 12 $\frac{1}{4}$ lignes.

4° Le même tube a été plongé de manière que la portion non immergée n'avait que 2 $\frac{1}{2}$ lignes de longueur.

L'eau s'est élevée jusqu'à l'orifice du tube; car, du moment qu'on a appliqué le doigt à l'orifice, elle a manifesté sa présence, mais il n'y a point eu d'écoulement.

Ces expériences ont été répétées et variées en employant des tubes de différente longueur et de différente capillarité, et les résultats ont été analogues à ceux qui viennent d'être exposés.

LAGRANGE A SON EXCELLENCE....

Paris, 15 janvier 1809 ([1]).

J'ai reçu la lettre par laquelle Votre Excellence me fait l'honneur

---

([1]) Cette lettre, communiquée par feu M. Dubrunfaut, est bien probablement adressée au Ministre de l'Intérieur (Crétet). — Le premier volume de la traduction de Ptolémée, qui est annotée par Delambre, parut en 1816, in-4°.

de me demander mon opinion sur l'importance et l'utilité de la traduction de l'*Almageste* de Ptolémée, que M. Halma vient d'achever. M. Delambre, qui en a reçu une pareille, a eu la bonté de me communiquer sa réponse et je l'ai trouvée si bien motivée et si exacte dans tous les points, que j'ai jugé que je ne pouvais rien faire de mieux que de m'y conformer et de l'adopter en entier. Je prie donc Votre Excellence de vouloir bien regarder cette réponse de M. Delambre comme commune à nous deux, et de me permettre de joindre mes vœux aux siens pour qu'elle veuille bien honorer ce travail de M. Halma de sa protection, et procurer aux savants la jouissance d'une traduction qui est désirée depuis longtemps.

Je prie Votre Excellence d'agréer l'hommage de ma haute considération et de mon respect.

J.-L. LAGRANGE.

Les six lettres suivantes, communiquées à M. Charles Henry par diverses personnes dont nous donnons les noms en note, ont été publiées par lui, pour la première fois, en mars 1886, dans le *Bullettino di Bibliografia e di Storia delle Scienze matematiche e fisiche*, du prince Boncompagni, t. XIX.

LAGRANGE A .....? ([1]).

San Martino del Motto.

MONSIEUR,

On ne saurait être plus sensible que je suis à votre complaisance ni plus pénétré de cette nouvelle marque de votre amitié. Ma reconnaissance est sans bornes, et durera autant que ma vie; je m'estimerais très heureux si je pouvais trouver des occasions de vous en donner des preuves réelles, et je vous demande comme grâce la plus flatteuse de m'en procurer. J'ai fait dresser la procuration que je vous envoie par

[1] Communication de M. le professeur Joseph Molinari.

le même avocat qui avait fait la première; elle est seulement moins ample, n'étant plus question que de percevoir les intérêts de capitaux placés chez le Marquis de Rod. Cependant, comme la circonstance de la mort de mon frère pourrait donner lieu à quelques discussions, j'y ai fait insérer une clause relative à cet objet, afin que vous soyez autorisé à régler toutes choses soit avec mon frère, soit aussi avec mon père, s'il voulait faire valoir ses droits. Comme, jusqu'à présent, mes frères ont reçu en leur propre nom, et sans aucune quittance de moi, les intérêts qui me revenaient, je vous prie d'en donner de ma part une décharge générale à mon frère, s'il en est besoin; ensuite, comme, pour la partie qui me revient des effets mobiliers de mon frère défunt, il s'offre de vous en passer une obligation, je vous prie de la recevoir, mais sans entrer dans aucune discussion judiciaire par rapport à la valeur de ces effets. Il fait monter le tout à 600^{fr}, et j'y acquiesce de tout mon cœur. A l'égard des intérêts que vous toucherez en mon nom, je vous prie de me dire au juste à quoi ils doivent se monter, et je me réserve de vous marquer l'usage que je souhaite que vous en fassiez. J'en destine une partie à mon frère comme auparavant. Enfin la même procuration contient une révocation de toute procuration précédente, ce que j'ai cru nécessaire pour éviter tout embarras. Au reste, si vous avez besoin de pouvoirs plus amples, vous n'avez qu'à me le marquer. Je ne veux pas finir ce chapitre sans vous renouveler mes remerciements et vous dire combien je me tiens heureux de pouvoir remettre mes intérêts entre vos mains.

LAGRANGE A SON FRÈRE ([1]).

(Fragment.)

Ma santé est toujours assez bonne, ainsi que celle de ma femme. Je vous prie d'embrasser de ma part tous mes amis et de leur donner de

---

([1]) Fragment communiqué par M. le marquis Joseph Campori, de Modène.

mes nouvelles. Conservez-moi votre tendre amitié et comptez toujours sur la mienne; je vous suis entièrement dévoué pour la vie.

Votre très humble et très obéissant serviteur,

DE LAGRANGE.

Adresse : *A Monsieur l'avocat De Lagrange, à Turin.*

LAGRANGE A ..... ([1]).

Paris, 22 brumaire.

J'ai été bien flatté, mon cher compatriote et ami, de recevoir des marques de votre souvenir par la lettre dont vous venez de m'honorer; et je suis, on ne peut pas plus reconnaissant de l'intérêt que vous prenez à ma famille. Le ministre Chaptal ([2]) m'a dit qu'on lui avait mandé que mon frère avait refusé la place qu'on lui avait offerte : je lui ai expliqué la chose, et il m'a promis de renouveler ses instances pour lui en faire obtenir une convenable à sa situation et aux longs services de notre famille.

Je vous serai bien obligé de le voir de ma part, de lui dire que j'ai reçu ses dernières lettres, et que je lui répondrai lorsque j'aurai quelque chose d'intéressant à lui mander; qu'il faut qu'il prenne un peu patience, et surtout qu'il évite de se faire des ennemis par des indiscrétions.

Je vous prie de vouloir bien témoigner à votre collègue le comte Bossi toute ma sensibilité pour la part qu'il veut bien prendre à cette affaire, qui me tient à cœur comme si elle me regardait personnelle-

---

([1]) Communication de M. Borbonese, secrétaire du Musée civique de Turin.
([2]) Chaptal fut Ministre de l'Intérieur d'octobre 1800 à décembre 1804.

ment. Agréez mes salutations remplies d'estime, d'amitié et de reconnaissance.

LAGRANGE.

———————

LAGRANGE A .....

Paris, 22 juillet ([1]).

J'ai l'honneur de renvoyer à mon illustre Collègue ce premier volume,
dont la lecture m'a beaucoup intéressé et me fait désirer la suite. Je le
prie d'agréer toute ma reconnaissance et l'hommage de mes sentiments
les plus distingués.

LAGRANGE.

———————

LAGRANGE A DE GRIMALDI ([2]).

Paris, 25 mars 1806.

MONSIEUR,

Je suis infiniment sensible à la distinction flatteuse dont l'Académie
Napoleone vient de m'honorer en m'admettant au nombre de ses
membres. Je vous prie de vouloir bien vous charger de m'acquitter
auprès d'elle, et de présenter à son auguste fondatrice ([3]) l'hommage
de ma profonde reconnaissance. Je voudrais bien pouvoir répondre à
l'invitation de cette illustre Compagnie en lui envoyant quelque chose
digne d'elle, mais je ne suis plus occupé que de revoir et de corriger
mes anciens Ouvrages, pour les rendre moins indignes de l'attention
des savants.

[1] Communication de M. Borbonese.
[2] Extrait de l'Ouvrage rarissime du Dr Angelo Bertacchi : *Storia dell'Accademia
Lucchese. Lucca, Tipografia Giusti*, 1881. Tome I, page 278 (Note de M. Charles Henry).
[3] Élisa Bonaparte, femme de F.-P. Bacciochi. Son frère Napoléon l'avait créée en 1805
princesse de Piombino, puis de Lucques. Elle devint ensuite grande-duchesse de Toscane.

Recevez, Monsieur, tous mes remerciements, et l'assurance des vifs sentiments d'estime et de considération que vous m'avez inspirés et avec lesquels j'ai l'honneur de vous saluer.

LAGRANGE.

A Monsieur de Grimaldi, secrétaire perpétuel de l'Académie Napoleone, à Lucques.

LAGRANGE A PAROLETTI (¹).

Paris, 12 mars 1810.

MONSIEUR,

Je ne comptais pas hier d'aller aux Tuileries à cause de la parade, mais ayant reçu à 11ʰ la réponse de M. de Montesquiou (²), qui me prévenait que S. M. recevrait notre hommage après la messe, je m'y suis rendu avec M. de Saint-Martin et j'y ai trouvé MM. Botta et Bossi (³); mais, n'ayant pas les Volumes, je me suis contenté de faire nos excuses à M. de Montesquiou, et de prendre jour pour dimanche prochain après la messe, où j'espère que rien ne dérangera plus notre cérémonie. Je vous prie d'en prévenir nos Confrères, et de recevoir l'assurance de mes sentiments les plus distingués.

J.-L. LAGRANGE.

Adresse : *A Monsieur Paroletti, membre du Corps législatif, rue Croix-des-Petits-Champs, Hôtel du Levant, n° 31, à Paris.*

(¹) Communication de M. Borbonese.

(²) Le comte de Montesquiou-Fezensac qui était à la fois grand chambellan de France et président du Corps législatif.

(³) Ch. Botta, historien, né à Saint-Georges (province d'Ivrée), le 6 novembre 1766, mort à Paris le 10 août 1837. — J.-Charles-Aurèle Bossi, diplomate, administrateur, poète, né à Turin le 15 novembre 1758, mort à Paris le 20 janvier 1823. Il fut successivement préfet de l'Ain (1805), puis (1810) préfet de la Manche et baron.

LAGRANGE AU MÊME ([1]).

Paris, dimanche 3 janvier 1813.

MONSIEUR ET CHER COLLÈGUE,

J'ai reçu votre lettre. Je me proposais de me rendre aux Tuileries pour me réunir à l'Institut qui sera admis à présenter ses hommages à Sa Majesté, et me joindre ensuite à la Commission qui doit lui présenter les Volumes de Turin. Mais je ne me sens pas bien ; j'ai un peu de mal de tête et j'ai eu de la fièvre la nuit. Je craindrais, en m'exposant au froid, de m'attirer une maladie qui viendrait d'autant plus mal à propos que j'ai deux Ouvrages sous presse qu'il m'importe de ne pas laisser imparfaits ([2]). Je vous prie d'agréer mes sincères excuses et de les faire agréer à nos Collègues.

Je vous offre l'assurance de mes sentiments les plus distingués.

J.-L. LAGRANGE.

Adresse : *A Monsieur Paroletti, membre sortant du Corps législatif, membre de l'Académie impériale de Turin, rue et hôtel de Grenelle, faubourg Saint-Germain, à Paris* (pressée).

LAGRANGE A MADEMOISELLE JULIA DE SAINT-CLAIR ([3]).

Paris, ce 13 mars 1813.

MADEMOISELLE,

J'ai reçu avec autant de plaisir que de reconnaissance, comme une marque flatteuse de votre bon souvenir, le beau présent que M. de Chau-

---

([1]) Communication de M. Vincenzo Promis.

([2]) Il s'agissait de nouvelles éditions de la *Mécanique analytique* (2 vol. in-4°) dont le second Volume a été publié après la mort de Lagrange par Prony, Garnier et I. Binet, et de la *Théorie des fonctions analytiques*, 1813, in-4°.

([3]) D'après l'original appartenant à M. Lud. L.

lieu m'a apporté de votre part. J'ai attendu son retour pour vous en remercier et vous envoyer en même temps un petit cadeau, que je vous prie d'accepter comme un faible hommage de mes sentiments pour vous, et comme un témoignage du désir que j'ai de conserver ceux dont vous voulez bien m'honorer.

J'ai l'honneur de vous offrir l'assurance de mon tendre respect.

LAGRANGE.

MONGE A LAGRANGE (¹).

Il s'agit de démontrer que si, après avoir mené par un même point A trois droites AD, AF, AH, et les avoir coupées par deux autres droites LB, LD, menées par un même point L, on mène les quatre diagonales

Fig. 1.

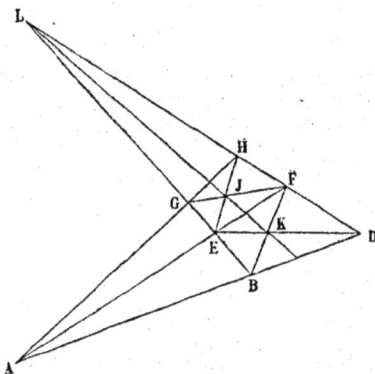

BF, DE, EH, FG, les deux points K et J d'intersection de ces diagonales, considérées deux à deux, sont sur une droite dirigée au point L.

Soit A l'origine des coordonnées rectangulaires x, y, les y étant comptées sur AL; soit la distance AL $=$ a, soient aussi

$y = \alpha x + $ a l'équation de la droite BL;

$y = \gamma x$ celle de AD;

(¹) Cette note et la suivante se trouvent dans le Tome IX, f°s 77-80, de la série in-folio des manuscrits de Lagrange.

$y = \rho x + $ a celle de la droite DL;

$y = \delta x$ celle de AF;

$y = \varepsilon x$ celle de AH.

En éliminant convenablement entre les cinq équations, on aura les coordonnées des six points d'intersection B, D, E, F, G, H, et les valeurs de ces coordonnées seront

Pour le point B... $\begin{cases} x = \dfrac{a}{\gamma - \alpha}, \\ y = \dfrac{a\gamma}{\gamma - \alpha}, \end{cases}$ Pour F.......... $\begin{cases} x = \dfrac{a}{\delta - \alpha}, \\ y = \dfrac{a\delta}{\delta - \alpha}, \end{cases}$

Pour D.......... $\begin{cases} x = \dfrac{a}{\gamma - \rho}, \\ y = \dfrac{a\gamma}{\gamma - \rho}, \end{cases}$ Pour G.......... $\begin{cases} x = \dfrac{a}{\varepsilon - \alpha}, \\ y = \dfrac{a\varepsilon}{\varepsilon - \alpha}, \end{cases}$

Pour E.......... $\begin{cases} x = \dfrac{a}{\delta - \alpha}, \\ y = \dfrac{a\delta}{\delta - \alpha}, \end{cases}$ Pour H.......... $\begin{cases} x = \dfrac{a}{\varepsilon - \rho}, \\ y = \dfrac{a\varepsilon}{\varepsilon - \rho}. \end{cases}$

Or on sait que l'équation d'une droite menée par deux points dont les coordonnées sont M, N pour le premier, et M′, N′ pour le second, est

$$y(M - M') = x(N - N') + MN' - M'N.$$

Substituant donc d'une manière convenable pour M, N, M′, N′ leurs valeurs, on trouvera successivement pour les quatre diagonales les équations suivantes :

Pour BF... $y[\delta - \rho - (\gamma - \alpha)] = x[\gamma(\delta - \rho) - \delta(\gamma - \alpha)] + a(\delta - \gamma),$

Pour DE... $y[\delta - \alpha - (\gamma - \rho)] = x[\gamma(\delta - \alpha) - \delta(\gamma - \rho)] + a(\delta - \gamma),$

Pour EH... $y[\varepsilon - \rho - (\delta - \alpha)] = x[\delta(\varepsilon - \rho) - \varepsilon(\delta - \alpha)] + a(\varepsilon - \delta),$

Pour FG... $y[\varepsilon - \alpha - (\delta - \rho)] = x[\delta(\varepsilon - \alpha) - \varepsilon(\delta - \rho)] + a(\varepsilon - \delta).$

Donc, en éliminant d'abord entre les deux premières de ces équations, puis entre les deux dernières, on aura les valeurs des coordonnées des points d'intersection K et J, et les valeurs seront

Pour le point K.....
$$\begin{cases} x = \dfrac{2\,a(\alpha - \rho)}{(\gamma - \rho)(\delta - \rho) - (\gamma - \alpha)(\delta - \alpha)} = \dfrac{P}{R}, \\[2ex] y = \dfrac{a(\gamma + \delta)(\alpha - \rho)}{(\gamma - \rho)(\delta - \rho) - (\gamma - \alpha)(\delta - \alpha)} = \dfrac{Q}{R}, \end{cases}$$

Pour le point J......
$$\begin{cases} x = \dfrac{2\,a(\alpha - \rho)}{(\delta - \rho)(\varepsilon - \rho) - (\delta - \alpha)(\varepsilon - \alpha)} = \dfrac{P}{V}, \\[2ex] y = \dfrac{a(\delta + \varepsilon)(\alpha - \rho)}{(\delta - \rho)(\varepsilon - \rho) - (\delta - \alpha)(\varepsilon - \alpha)} = \dfrac{S}{V}. \end{cases}$$

Actuellement, pour que les deux points K et J soient sur une droite dirigée au point L, il faut qu'en accentuant les coordonnées du point J on ait

$$\frac{a - y}{x} = \frac{a - y'}{x'},$$

ou, substituant les valeurs précédentes, que l'on ait

$$\frac{aR - Q}{P} = \frac{aV - S}{P}$$

ou enfin

$$a(R - V) = Q - S,$$

c'est-à-dire

$$a[(\gamma - \rho)(\delta - \rho) - (\gamma - \alpha)(\delta - \alpha) - (\delta - \rho)(\varepsilon - \rho) + (\delta - \alpha)(\varepsilon - \alpha)]$$
$$= a(\alpha - \rho)(\gamma - \varepsilon),$$

équation qui est identique.

Monge a l'honneur d'assurer Monsieur La Grange de ses respects et de lui envoyer le calcul de la proposition de perspective.

Si Monsieur La Grange le fait d'une manière plus élégante, Monge le prie de vouloir bien le lui communiquer.

Monsieur La Grange, de l'Académie royale des Sciences, rue Froidmanteau.

LE MÊME AU MÊME.

Le calcul que j'ai eu l'honneur de vous remettre hier, mon cher Confrère, peut encore se simplifier, car les valeurs des coordonnées

Fig. 1.

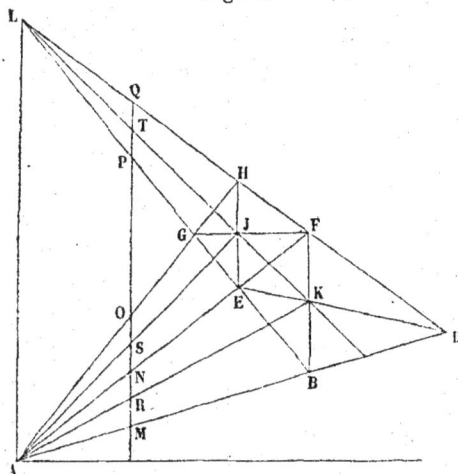

des points K et J peuvent être divisées haut et bas par $\alpha - \rho$, ce qui donne

$$\text{Pour le point K} \dots \left\{ \begin{array}{l} x = \dfrac{2a}{\gamma + \delta - \alpha - \rho}, \\[2mm] y = \dfrac{a(\gamma + \delta)}{\gamma + \delta - \alpha - \rho}, \end{array} \right.$$

$$\text{Pour le point J} \dots \left\{ \begin{array}{l} x' = \dfrac{2a}{\delta + \varepsilon - \alpha - \rho}, \\[2mm] y' = \dfrac{a(\delta + \varepsilon)}{\delta + \varepsilon - \alpha - \rho}; \end{array} \right.$$

or, pour que les trois points K, J, L soient en ligne droite, il faut que l'on ait

$$\frac{a - y}{x} = \frac{a - y'}{x'}$$

ou

$$a(\gamma + \delta - \alpha - \rho) - a(\gamma + \delta) = a(\delta + \varepsilon - \alpha - \rho) - a(\delta + \varepsilon),$$

équation identique, et qui prouve que la proposition a lieu.

Mais les valeurs de x, y, x' et y' que je viens de rapporter fournissent ce résultat qui est assez remarquable, c'est que, si l'on mène MQ parallèle à AL et qui coupe les cinq droites aux points M, N, O, P, Q, et que, si l'on mène les droites AK, AJ qui coupent la même droite MQ et R et S, enfin que T fût l'intersection de MQ avec KL,

Le point R sera au milieu de MN,
Le point S sera au milieu de NO,
Le point T sera au milieu de PQ,

car l'équation de la droite AR est

$$y = x \frac{\gamma + \delta}{2},$$

celle de AS est

$$y = x \frac{\delta + \varepsilon}{2},$$

celle de LT est

$$y = x \frac{\alpha + \rho}{2} + a \quad (1),$$

et, en éliminant entre celle-ci et chacune des deux autres pour avoir les coordonnées de leurs points d'intersection, on trouve, pour ces coordonnées, les mêmes valeurs que celles des points K et J rapportées ci-dessus.

Il suit de là qu'on peut résoudre un autre problème du même genre :

Étant données deux parallèles inégales, les partager toutes deux en deux parties égales, en ne se servant que de la règle.

Soient AB, CD les deux parallèles inégales données; par chacune

(1) Lagrange a écrit sur un espace blanc de la page :

$$\frac{y}{x} = \frac{\gamma + \delta}{2}; \quad \text{donc} \quad x = \frac{2a}{\frac{2y}{x} - \alpha - \rho},$$

$$2y - (a + \rho)x = 2a;$$

donc, en faisant varier la position de AF, le lieu de K est une droite.

des extrémités A et B de l'une on mènera deux droites aux deux extrémités de l'autre, et, par les deux points F, H où ces quatre droites se
coupent deux à deux, on mènera la droite FH, qui coupera les deux
proposées en deux parties égales.

Fig. 2.

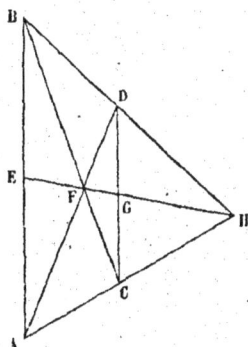

AUTRE. — *Étant données deux parallèles indéfinies, leur mener par un
point donné une troisième parallèle, en ne se servant que de la règle.*

Soient AB, CD les deux parallèles données, et E le point par lequel
il faut leur mener la troisième parallèle NO. Par le point E on mènera

Fig. 3.

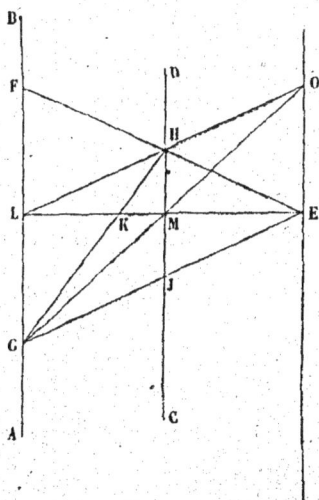

deux droites quelconques EF, EG, qui couperont les parallèles en F,
G, H, J. On mènera les diagonales GH, FJ, et, par leur point de ren-

contre K, on mènera la droite EK qui partagera FG et HJ chacune e deux parties égales, l'une en L, l'autre en M. Cela fait, si l'on mèn les droites FM et LJ, le point N où elles se couperont sera sur droite demandée; de même, si l'on mène GM et LH, leur point O rencontre sera sur la droite demandée.

Mais j'abuse de votre temps et de votre complaisance; je vous e fais mes excuses et vous embrasse de tout mon cœur.

Monsieur Lagrange, de l'Académie royale des Sciences, rue Froidmantea

---

LETTRE DE LAVOISIER A LAKANAL,

POUR OBTENIR DE LA CONVENTION QUE M. LAGRANGE SOIT CONSERVÉ A LA FRANCE (¹

CITOYEN,

Il me paraît évident que le décret qui vient d'être rendu par la Con vention nationale, et qui ordonne que les étrangers nés sur le territoir des puissances avec lesquelles la République française est en guerr seront mis en état d'arrestation, ne peut s'étendre aux savants et sur tout à ceux que le gouvernement français a attirés dans son sein et qu sont pensionnés par la République.

Cependant, *le célèbre la Grange, le premier des géomètres,* qui est n à Turin, mais qui a fait de la France sa patrie adoptive et qui y a fix depuis sept ans domicile, est inquiet relativement à l'exécution de c décret.

L'article 73 ayant excepté des dispositions de la loi les artistes, le ouvriers et tous ceux qui sont employés dans les ateliers et manufac tures, il est bien évident qu'elle ne peut pas avoir eu dessein d'y com prendre un savant distingué qui a servi la République en qualité d

(¹) Mss in-4°, T. V, f° 204.

commissaire des monnaies et qui la sert encore aujourd'hui en qualité de commissaire pour l'établissement des mesures universelles.

Cependant, Citoyen, comme il est de la justice et de la dignité des représentants de la nation de conserver les droits de citoyen à ceux qui, comme le C. Lagrange, en ont rempli tous les devoirs, il paraîtrait nécessaire de prononcer une exception plus formelle en faveur des gens de Lettres et des savants, et il serait encore temps si le procès-verbal de la séance du 4 n'est pas encore relu. L'article II pourrait être alors rédigé comme il suit :

« Art. II. — Sont exceptés de cette disposition les savants et gens de Lettres domiciliés en France depuis deux ans, les artistes, les ouvriers et tous ceux qui sont employés dans les ateliers ou manufactures, etc. »

Le renvoi qu'il serait question d'ajouter au décret est, évidemment, dans l'esprit et dans l'intention de la Convention. Il tranquillisera *un homme célèbre auquel nous devons quelque compte de la préférence qu'il a donnée à la France pour y fixer son domicile.*

Je vous prie de recevoir l'assurance des sentiments d'estime, d'attachement et de fraternité avec lesquels je suis votre concitoyen,

LAVOISIER.

(Le C. Lagrange ignore absolument la réclamation que je fais aujourd'hui en son nom.)

Le 7 septembre l'an II de la République
une et indivisible.

N. B. (d'une autre écriture). — L'exception fut réclamée trois jours de suite et arrachée enfin.

(Aujourd'hui encore M. Lagrange ignore ces faits.)

*Au Citoyen Lakanal, député à la Convention nationale,
au Comité d'instruction publique.*

DISCOURS DE RÉCEPTION DE LAGRANGE
A L'ACADÉMIE DE BERLIN ([1]).

Le 6 novembre 1766 j'ai été installé à l'Académie, et j'y ai fait le compliment suivant :

Messieurs, je ne vous ferai point un discours en forme pour vous témoigner ma reconnaissance de l'honneur que je reçois. La fatigue du voyage et les occupations que j'ai eues depuis mon arrivée ne m'ont encore permis aucune sorte d'application; et, d'ailleurs, il me semble qu'on n'est guères en droit d'exiger une pièce d'éloquence d'un géomètre qui s'est livré, dès son enfance, aux études les plus abstraites. Je me contenterai donc, Messieurs, de vous exprimer de la manière la plus simple et en même temps la plus vraie les sentiments dont je suis pénétré à la vue de vos bontés; et je tâcherai de mériter ces bontés par mon attachement pour vous, et par mon zèle pour la gloire des Sciences et des Lettres que vous cultivez avec tant de succès. Sur ce point seul je me flatte de ne point céder à mon illustre prédécesseur. Puissé-je remplir en quelque façon le vide qu'il a laissé dans cette Académie et répondre aux intentions de notre grand monarque qui, au milieu de sa gloire, daigne s'intéresser à elle et l'honorer de sa protection; et puissiez-vous, Messieurs, trouver en moi un confrère qui ne soit pas tout à fait indigne de votre estime et de votre amitié ([2])!

[1] Mss in-4°, T. V, f° 206.

[2] A la suite de ce discours, Lagrange a ajouté cette note : J'étais arrivé à Berlin le 27 octobre 1766, et j'en suis parti le 18 mai 1787.

FIN DU TOME QUATORZIÈME ET DERNIER.

TABLE ET SOMMAIRES DES LETTRES.

Correspondance de Lagrange avec Condorcet.

Correspondance de Lagrange avec Laplace.

Correspondance de Lagrange avec Euler.

Lettres et pièces diverses.

XIV.

TABLE ALPHABÉTIQUE DES MATIÈRES

CONTENUES DANS LES TOMES XIII ET XIV.

FIN DE LA TABLE ALPHABÉTIQUE DES TOMES XIII ET XIV.

ERRATA.

Tome XIII.

Page 112. — Nous avons mentionné à tort dans la note I l'absence de la Lettre de Lagrange à laquelle d'Alembert répondait. C'est la quarante-huitième du Recueil. (Cette erreur nous a été signalée par M. J. Rister, professeur à l'Université de Gand.)

Page 135, note, ligne 2 : *au lieu de* 1771, *lisez* : 1777.

» 264, note 2 : *au lieu de* tome XIII, 2ᵉ Partie, *lisez* : tome XIV.

» 294. — D'Alembert a attribué à tort au P. Le Moyne la phrase : « Dieu qui est juste donne aux grenouilles de la satisfaction de leur chant. » Elle est du P. Garasse (*Somme théologique,* Paris, 1625, in-f°, p. 418-419). Cette erreur a été relevée par le P. Chérot dans sa très savante *Étude sur la vie et les œuvres du P. Le Moyne.* Paris, 1887, in-8°, p. 106, note.

Page 298, note, *au lieu de* : 14 février, *lisez* : 15 février.

» 323, note, ligne 2. *au lieu de* : 17 mai 1787, *lisez* : 17 août 1786.

Tome XIV.

Page 52, ligne 3, *au lieu de* : Kéroudou, *lisez* : Keroudou.

» 171, ligne 15, *au lieu de* : de *chordis, lisez* : de *chordis.*

www.ingramcontent.com/pod-product-compliance
Lightning Source LLC
Chambersburg PA
CBHW060127200326
41518CB00008B/953